发动机和底盘

黄余平 编著

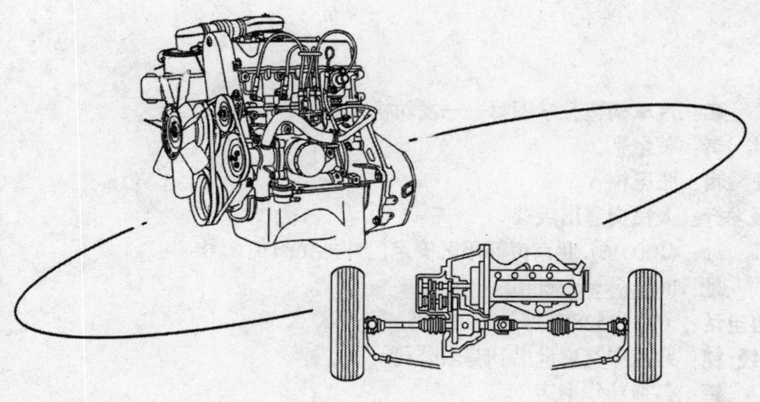

内容提要

本书以图解的形式系统介绍了汽车发动机和底盘各部分的结构及工作原理，内容全面、结构典型、深入浅出、图文并茂。本书着力体现汽车发动机和底盘的新技术、新变化，是一本紧随科技发展、简明实用的汽车普及读物。

本书可供汽车专业教学参考、汽车工程技术人员、汽车驾驶员、汽车维修工及汽车爱好者阅读参考。

图书在版编目（CIP）数据

发动机和底盘/黄余平编著. ——北京：人民交通出版社，2005.1（2007.12 重印）

（汽车构造教学图解）

ISBN 978-7-114-05389-4

Ⅰ.发... Ⅱ.黄... Ⅲ.①汽车－发动机－构造－图解②汽车－底盘－结构－图解 Ⅳ.①U464-64②U463.1-64

中国版本图书馆 CIP 数据核字（2004）第 134678 号

书　　名：汽车构造教学图解——发动机和底盘
著 作 者：黄余平
责任编辑：张玉栋
出版发行：人民交通出版社
地　　址：(100011) 北京市朝阳区安定门外外馆斜街 3 号
网　　址：http://www.ccpress.com.cn
销售电话：(010) 85285838，85285995
总 经 销：北京中交盛世书刊有限公司
经　　销：各地新华书店
印　　刷：北京鑫正大印刷有限公司
开　　本：787×960　1/16
印　　张：11
版　　次：2005 年 1 月第 1 版
印　　次：2008 年 1 月第 3 次印刷
书　　号：ISBN 978-7-114-05389-4
印　　数：8001－10000 册
定　　价：19.00 元
（如有印刷、装订质量问题的图书由本社负责调换）

前　言

在汽车诞生100周年的时候，本人出版了《百年汽车图集》。那本图集仅仅在汽车外形上勾画出汽车发展的历程，并未对汽车的构造作详细介绍。

随着汽车的普及，很多读者并不满足对汽车外观的认识，他们需要全面了解现代汽车的构造及电器电路方面的知识。为此人民交通出版社推出了《汽车构造教学图解·发动机和底盘》和《汽车构造教学图解·电路系统和车身》两本套书。

人类发明了汽车以来，就不断地对汽车加以改进和提高，特别是电子技术在汽车上的广泛应用，使得现代汽车的性能更趋完善。越是先进的汽车，其结构越是复杂。要弄懂这么复杂的汽车结构，仅看看汽车和发动机的外表是远远不够的。对于一般读者来说，他们更需要的是有一本深入浅出的汽车普及图解，帮助他们全面解剖汽车、透视汽车、了解汽车、掌握汽车。在出版社张玉栋同志的总策划下，本人有幸主持了这套书的编绘工作，希望这套书能对读者有所帮助。

本书在内容上除选用汽车的典型结构外，尽可能增加汽车的最新技术和最新结构；在选图上尽可能选用立体图，使读者直观明了；在文字的表述上也尽可能做到通俗易懂。

为了达到全书图面风格的统一，所有的图都经过电脑重新制作，使之更加清晰和统一；有一部分原图因质量不高，根据图意重新绘制；有部分彩色图改画成黑白线图；还有一部分图是重新构思创作的。

本书主编黄余平，副主编许金花、杨宇，参与者还有凌桂云、黄蕾、刘炜、黄余悦、秦蓓蓓、吴文山、朱发英、吴艳、周峰、黄玉祥、陈秀芳、杨莉、沈炳泉、刘玉琴、田爱华。

由于水平有限，书中难免有错误或不当之处，敬请专家和读者批评指正。

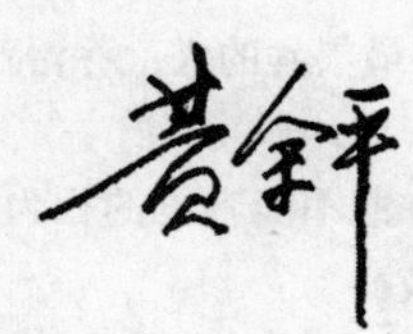

汽车情缘

/ 从小特别喜爱汽车，8～9岁时曾用包装盒纸设计制作成各种各样的汽车造型。其作品得到老师的赞赏，破例在学校里举办了一次个人“汽车展”，从此，对汽车的兴趣大增。

/ 上大学时，系统学习了汽车理论、汽车构造、汽车设计等课程。

/ 有幸分配到汽车厂，接触和了解到从汽车设计、制造、装配、试验的全过程。

/ 得到德国汽车设计专家的培训和指点。

/ 先后出版过与汽车有关的图书：《百年汽车图集》、《汽车电系检修图册》、《轿车的结构、驾驶与维修》、《中华人民共和国道路交通管理条例图解》以及在台湾出版的《百年汽车图集（第二版）》。

/ 最喜欢做的事：研究汽车展中的概念车。

/ 最崇拜的人：乔治亚罗（世界著名汽车设计师）。

/ 最不能容忍的行为：不懂装懂，瞎捣鼓。

汽车构造教学图解

目　录

发动机部分

目　录

底盘部分

发动机部分

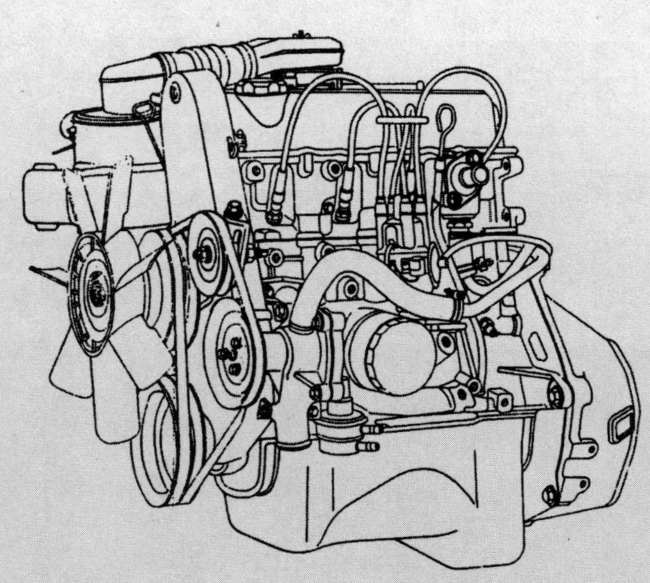

FADONGJI BUFEN

根据中华人民共和国国家标准 GB/T3730.1-2001 的规定，汽车的定义为：由动力驱动，具有 4 个或 4 个以上车轮的非轨道承载的车辆，主要用于：

——载运人员和 / 或货物；

——牵引载运人员和 / 或货物的车辆；

——特殊用途。

乘用车

在设计和技术特性上主要用于载运乘客及其随身行李和 / 或临时物品的汽车，包括驾驶员座位在内最多不超过 9 个座位。它也可以牵引一辆挂车。

乘用车可分为普通、活顶、高级、小型、敞篷、仓背、旅行多用途、短头、越野、专用、旅居、防弹、救护、殡仪等车。

商用车

在设计和技术特性上用于运送人员和货物的汽车，并可以牵引挂车，乘用车不包括在内。

商用车可分为客车、小型客车、城市客车、长途客车、旅游客车、铰接客车、无轨电车、越野客车、专用客车、半挂牵引车、货车、普通货车、多用途货车、全挂牵引车、越野货车、专用作业车、专用货车等。

挂车

就其设计和技术特性需由汽车牵引，才能正常使用的一种无动力的道路车辆，用于：

——载运人员和 / 或货物；

——特殊用途。

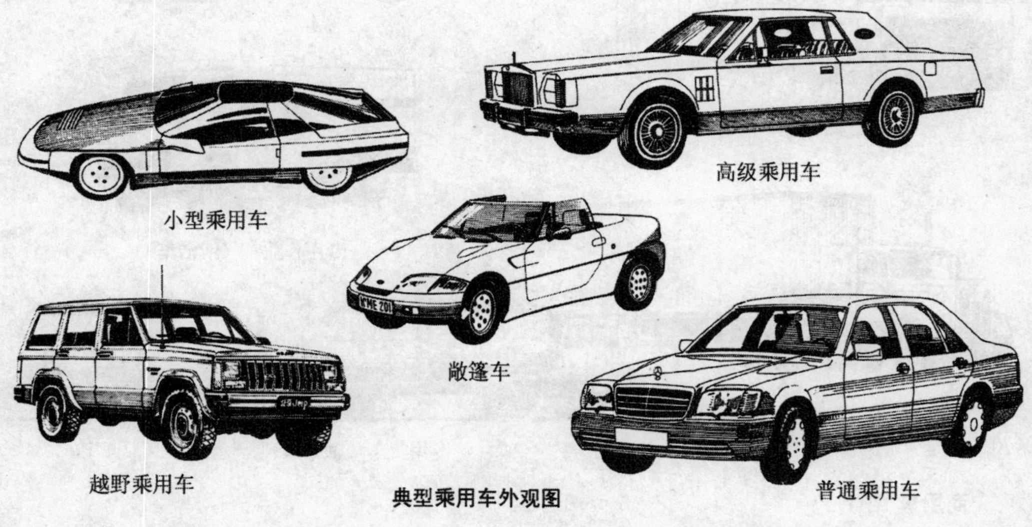

典型乘用车外观图

典型的商用车外观图

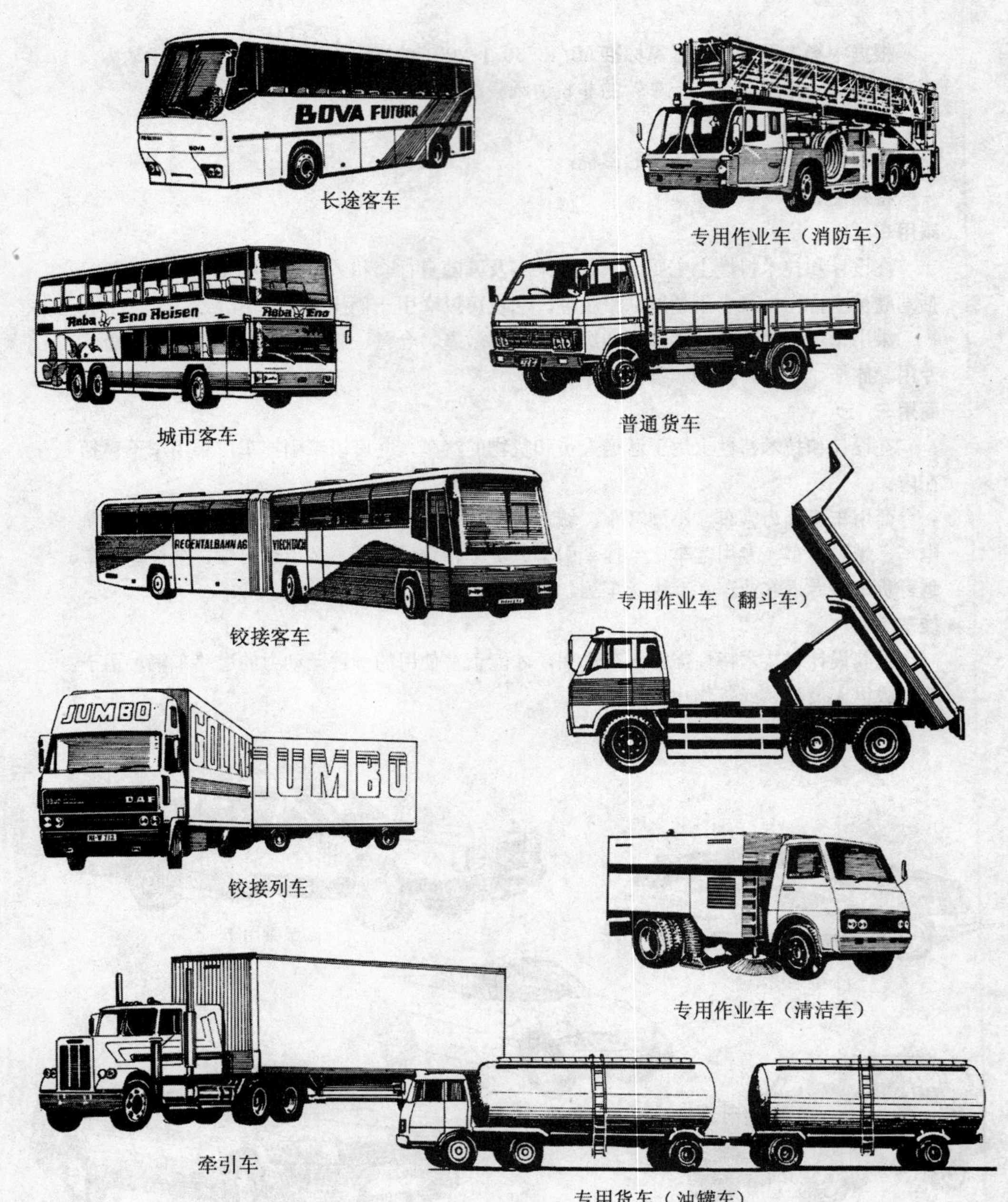

长途客车

专用作业车（消防车）

城市客车

普通货车

专用作业车（翻斗车）

铰接客车

铰接列车

专用作业车（清洁车）

牵引车

专用货车（油罐车）

商用车

商用车按用途大致分为载客（10座以上）、载货（包括专用货车）和专用作业车等。上图为部分典型的商用车外观图。

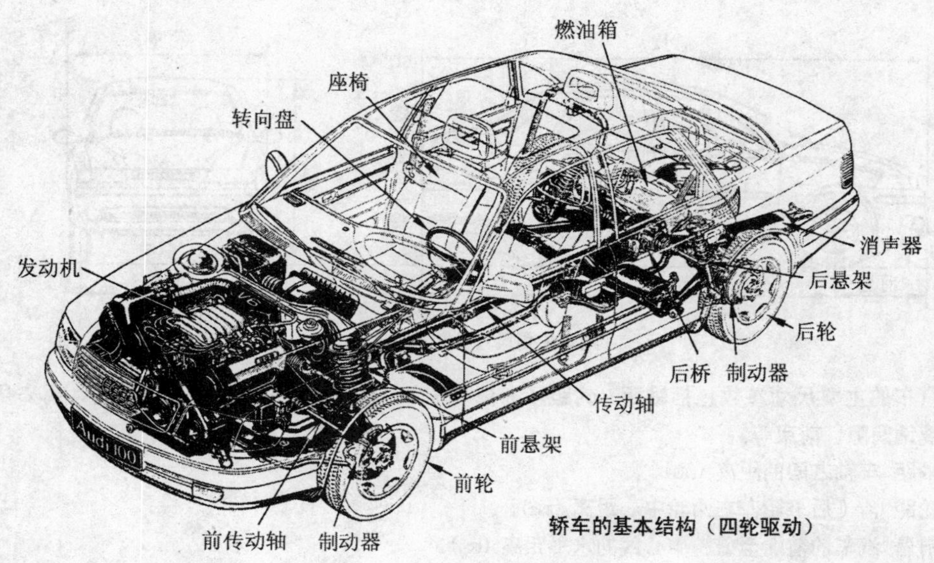

轿车的基本结构（四轮驱动）

汽车的基本结构由**发动机**、**底盘**、**车身**（包括货车的车厢）和**电路系统**四大部分组成。

发动机 是将燃料转换成动力的装置，并通过传动系统驱动汽车行驶

底盘 接受发动机发出的动力，使汽车得以正常行驶。底盘由传动系统、行驶系统、转向系统和制动系统组成。

车身 是汽车的壳体，用以驾驶员操纵、载客或载货。货车车身除驾驶室外和还包括车厢。

电路系统 由电源（包括蓄电池、发电机）、发动机起动系统、点火系统、控制系统、照明、信号、音响以及连接各种设备的电线束等构成。

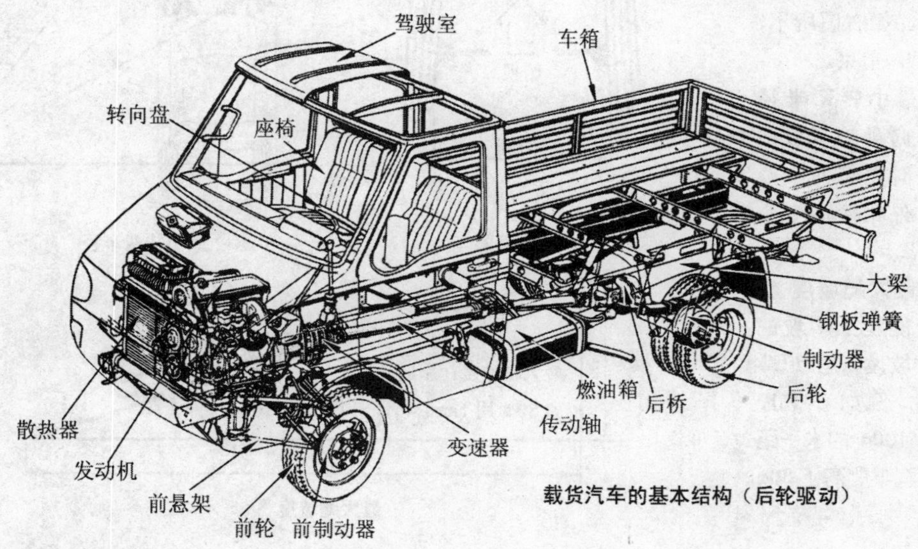

载货汽车的基本结构（后轮驱动）

汽车主要尺寸参数

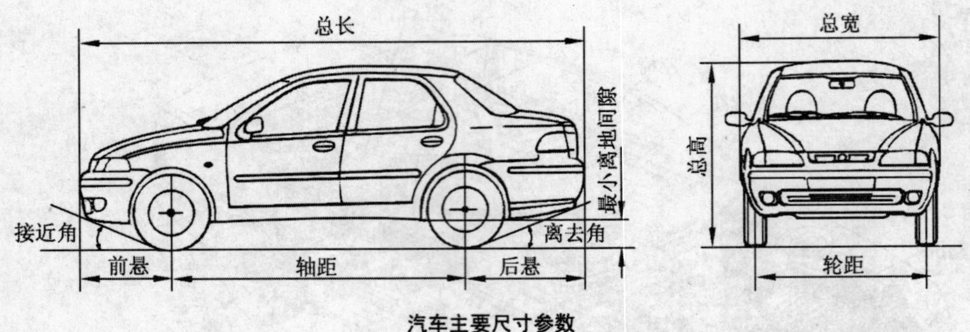

汽车主要尺寸参数

汽车的主要尺寸参数包括**轴距**、**轮距**、**总长**、**总宽**、**总高**、**前悬**、**后悬**、**接近角**、**离去角**、**最小离地间隙**、**前束**等。

轴距 车轴之间的距离(mm)。

轮距 前(后)轮左右两轮中心距离(mm)。

前悬 汽车的前端至前轮中心线的水平距离(mm)。

后悬 汽车的后端至后轮中心线的水平距离(mm)。

接近角 通过汽车最前端最低处作前轮切线与地面所成的交角(°)。

离去角 通过汽车最后端最低处作后轮切线与地面所成的交角(°)。

最小离地间隙 汽车中间区域内最低点与地面之间的距离(mm)。

前轮前束 汽车前轮在俯视的平面里,两轮后端内侧距离与前端内侧距离之差。如右图所示,即 $A-B$= 前束。

最小转弯半径 当转向盘转至极限位置时由转向中心至前外轮接地中心的距离。

最大爬坡度 汽车所能爬上斜坡的最大坡度,用 h(%)表示。例如 30(%),表示 100m 的水平距离,汽车爬高了 30m。

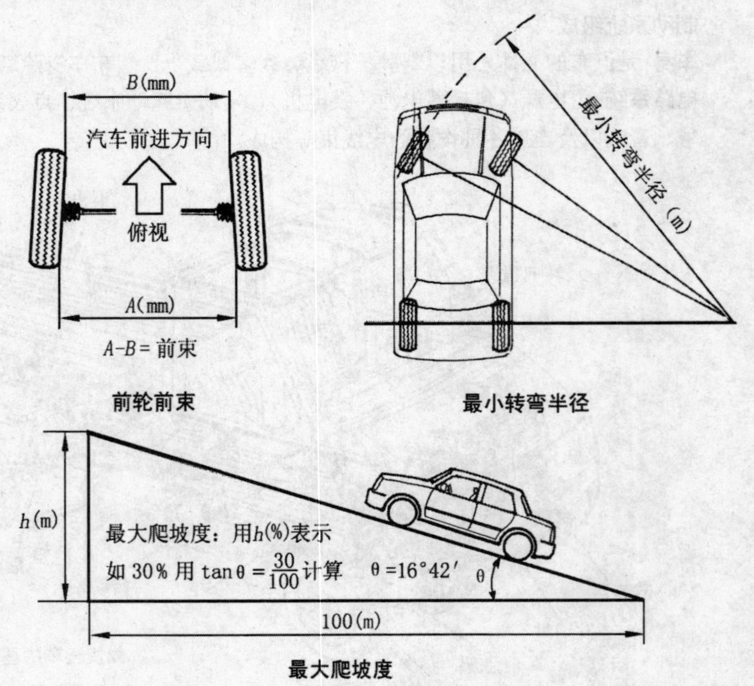

前轮前束

最小转弯半径

最大爬坡度

发动机是汽车的动力源，现代汽车发动机基本上都是热能动力装置，或简称**热机**。热机有**内燃机**和**外燃机**两种。内燃机是指燃料在气缸内燃烧的发动机，外燃机是指燃料在气缸外部燃烧，如蒸气机、汽轮机和热气机（斯特灵发动机）等。内燃机与外燃机相比，具有结构紧凑、体积小、质量轻和容易起动等优点。因此内燃机尤其是活塞式内燃机被广泛用作汽车的动力。

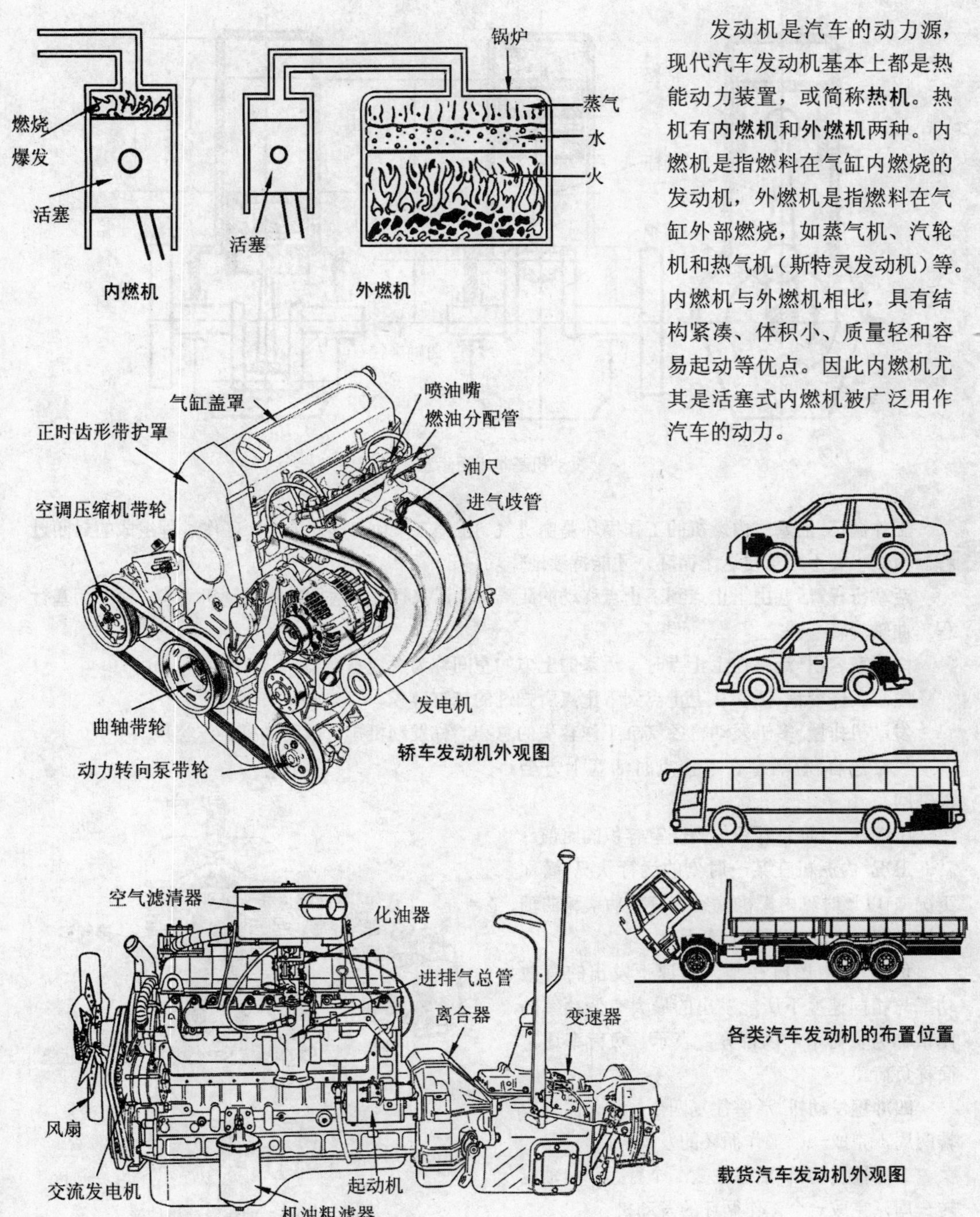

轿车发动机外观图

各类汽车发动机的布置位置

载货汽车发动机外观图

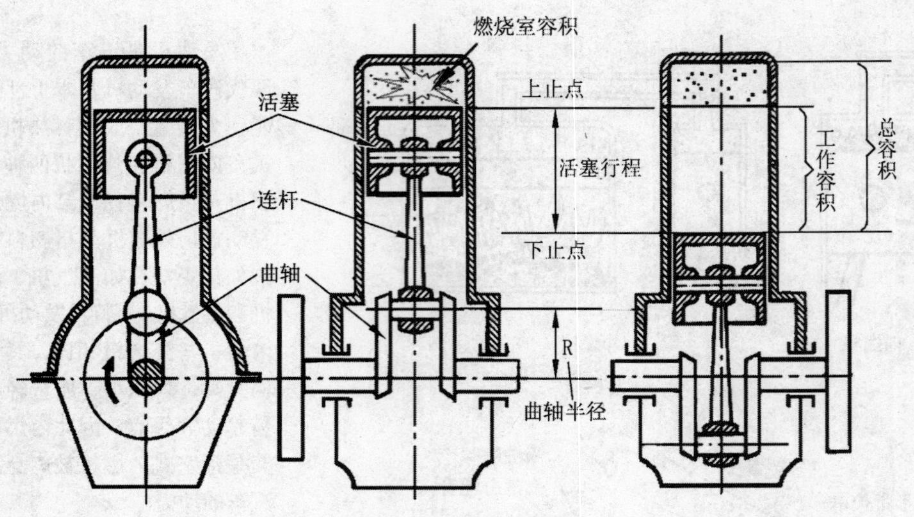

发动机基本术语示意图

工作循环 活塞式内燃机的工作循环是由进气、压缩、作功和排气等 4 个工作过程组成的封闭过程。内燃机要不断重复这个循环，才能持续地作功。

活塞行程 活塞由上止点到下止点移动的距离，称活塞行程。对四冲程发动机而言，两个活塞行程，曲轴旋转一圈。

燃烧室容积 活塞在上止点时，活塞的上方的空间称为燃烧室容积。

气缸工作容积 活塞从上止点到下止点所扫过的气缸容积。

发动机排量 多缸发动机各气缸工作容积的总和，称发动机排量或发动机工作容积。

气缸总容积 活塞在下止点时活塞上方全部空间。

压缩比 气缸总容积与燃烧室容积的比值。

工况 内燃机在某一时刻的运行状况 简称工况，以该时刻内燃机输出的有效功率和曲轴转速（即为内燃机转速）表示。

负荷率 内燃机在某一转速下发出的有效功率与相同速度下所能发出的最大有效功率的比值称为负荷率，以百分数表示。负荷率通常简称负荷。

四冲程发动机 活塞往复四个行程，曲轴旋转两周，完成一个工作循环的发动机。

二冲程发动机 活塞往复二个行程，曲轴旋转一周，完成一个工作循环的发动机。

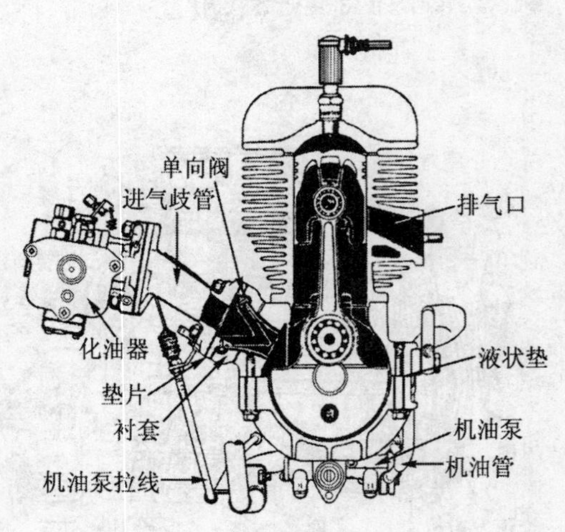

风冷二冲程发动机构造

要使发动机产生动力，必须先将燃料和空气以一定比例混合供入气缸（用化油器或直接喷射），经压缩点火燃烧而变为热能，燃烧后的气体所产生的高温高压，作用于活塞顶部，推动活塞向下运动。同时通过连杆、曲轴飞轮机构而变为旋转的机械能，对外输出作功，完成一个工作循环，如此不断循环往复。在气缸内进行的每一次将热能转换成机械能的一系列过程称发动机的一个工作循环。

进气行程

在进气行程开始时，活塞于上止点，进气门开启，排气门关闭，曲轴转动活塞从上止点向下止点移动，活塞上方容积增大，压力降低，可燃混合气在压力差作用下进入气缸。

压缩行程

压缩行程开始，进、排气门关闭，活塞从下止点向上止点移动，活塞上方容积缩小，压缩混合气，使其压力和温度升高到易燃的程度。

作功行程

作功行程时，进、排气门仍然关闭，当压缩接近终了时，火花塞发出电火化，点燃混合气作功。

排气行程

排气行程开始，进气门仍关闭，排气门开启，使活塞由下止点向上止点移动，把燃烧后的废气挤出气缸。

由此可见， 曲轴旋转两周，发动机完成一个工作循环。

化油器式供油系统混合气燃烧不够充分，废气排放超标。目前轿车全部采用电子控制汽油喷射系统。

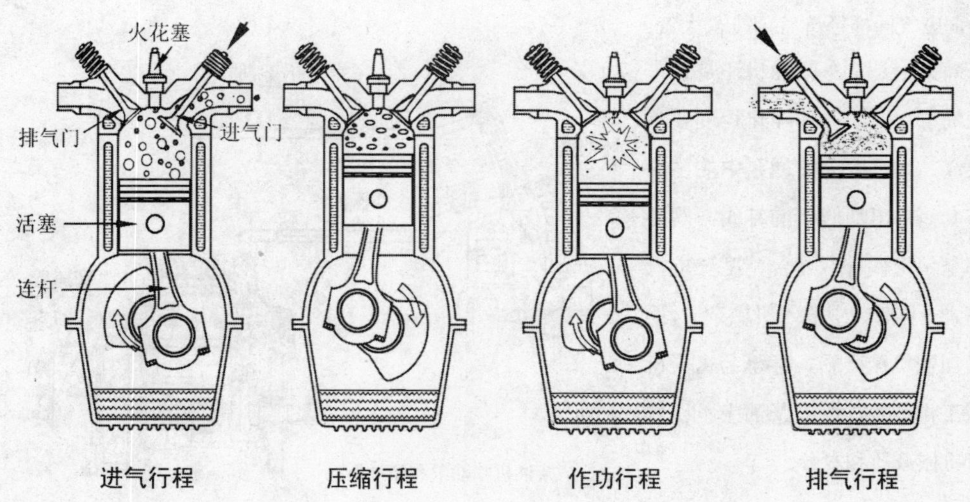

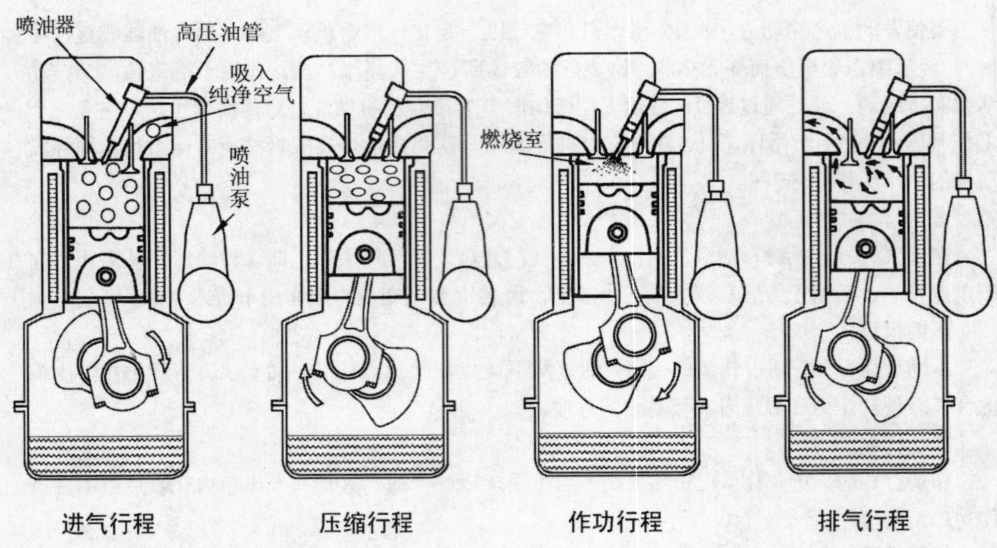

四冲程柴油机每个工作循环都经历进气、压缩、作功、排气四个行程。燃料是柴油，其粘度比汽油大，不易蒸发，而自燃温度低，所以点火方式是压燃式。进气和压缩行程中都是纯空气，其压缩比比汽油机高得多（一般为 16 ～ 22），压缩终了时，气缸内的空气压力可达 3.5 ～ 4.5 MPa，同时温度大大超过了柴油自燃温度。故柴油喷入气缸后，在很短时间内与空气混合后便立即自行发火燃烧。在高压气体推动下，活塞向下运动并带动曲轴旋转而作功，废气同样经排气门排入大气。

无论是货车柴油机还是轿车柴油机，对柴油的净化程度要求很高，这是因为喷油泵中的柱塞与套筒，出油阀中的针阀与阀座都是精密偶件，配合精度要求很高。一旦燃油中混入机械杂质，不仅加剧机械磨损，甚至会丧失机械工作能力，所以柴油中不应含有机械杂质和水分。

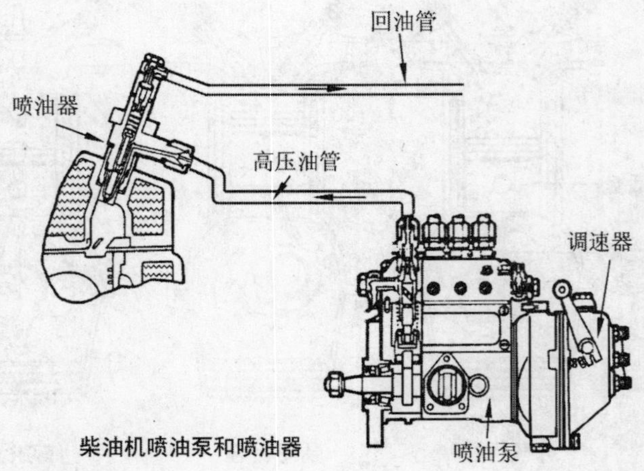

柴油机喷油泵和喷油器

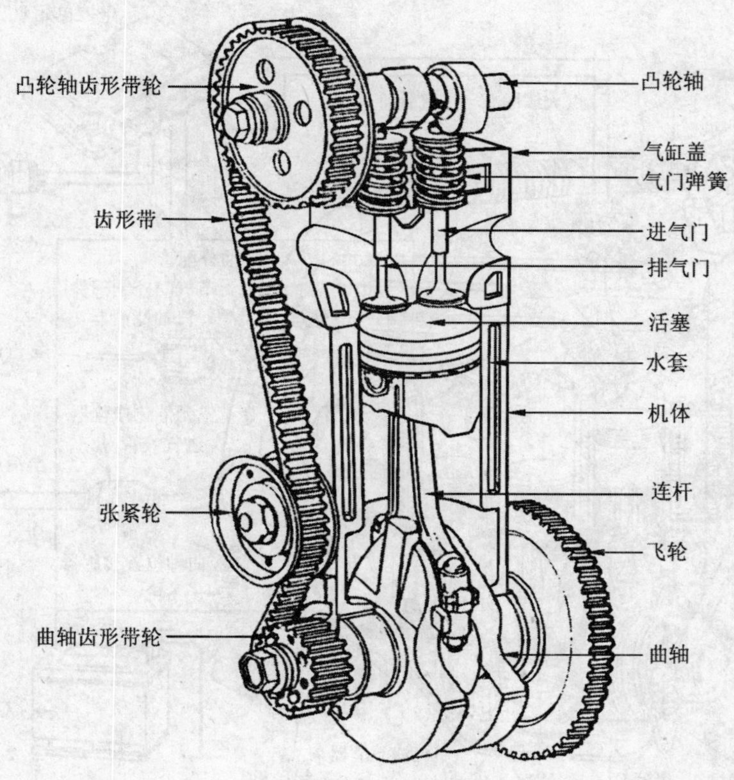

单缸四冲程汽油发动机基本结构

单缸四冲程汽油发动机虽然简单，但其结构具有典型性。其中的活塞、曲柄连杆机构是活塞式发动机的主要运动部件；气门机构也是现代发动机普遍采用的配气形式。任何复杂的多缸发动机，万变不离其中，其基本构造和原理都是和单缸发动机相同，只不过把单缸变成多缸而已。

柴油机的燃料是柴油，无化油器和火花塞，柴油经喷油泵加压后由喷油器直接喷入气缸内，与压缩后的高温空气混合并进行自燃。而汽油机则需要火花塞点燃。

柴油机的压缩比为15 ～ 22，而汽油机的压缩比只有7 ～ 10。

柴油机进气时进入气缸的是纯空气，而汽油机则是汽油和空气的混合气。

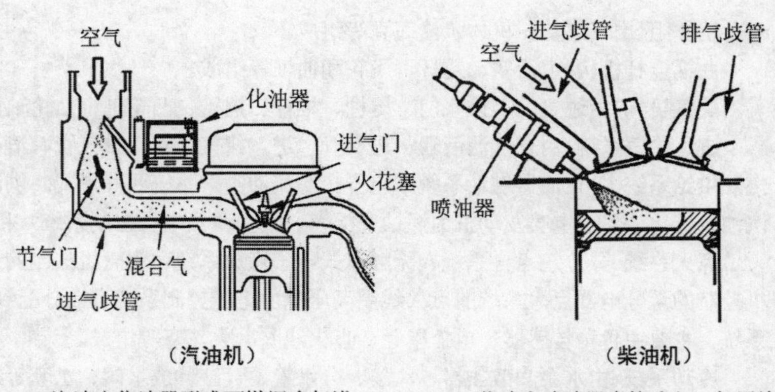

（汽油机）

汽油由化油器形成可燃混合气进入燃烧室，由火花塞点火燃烧。

（柴油机）

柴油由喷油器直接喷入，与压缩后的高温空气混合并自动燃烧。

汽油机与柴油机混合气形成对比图

四缸汽油发动机的基本构造

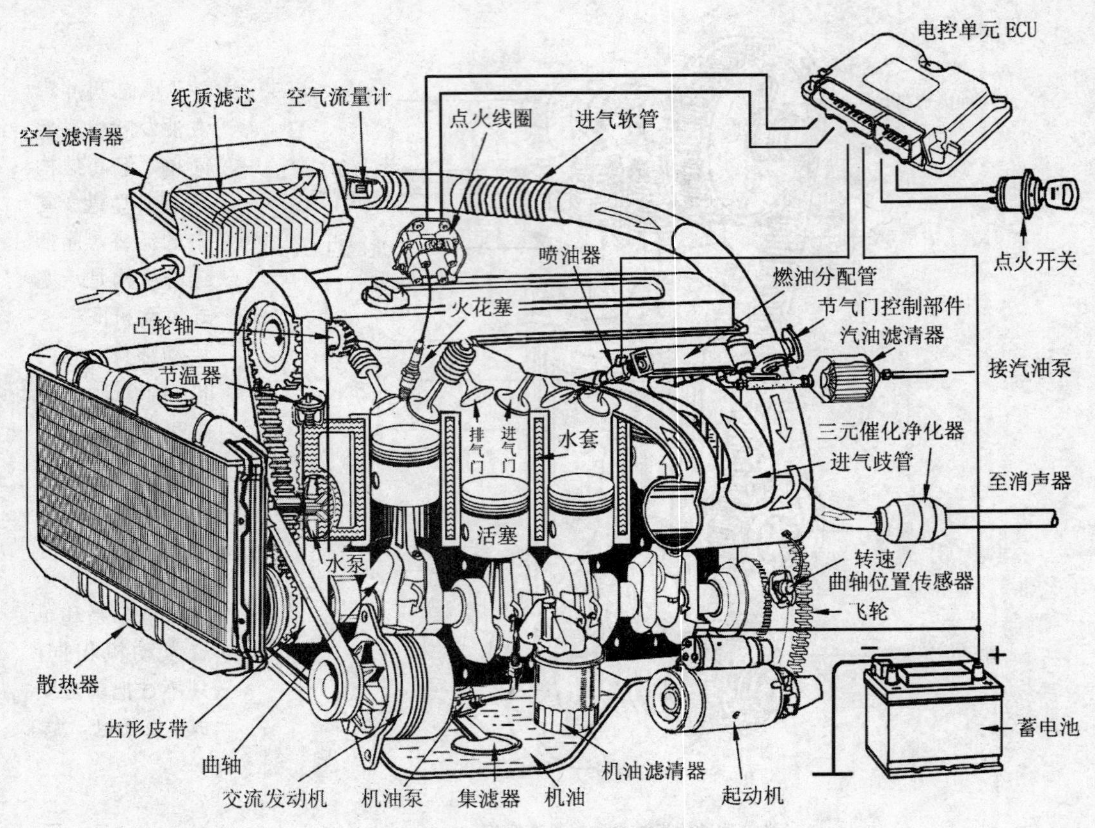

四缸汽油电喷发动机基本构造解剖图

机体组 由气缸盖、机体、油底壳等组成。

曲柄连杆机构 由活塞、连杆、飞轮和曲轴等组成。

配气机构 由进气门、排气门、挺柱、推杆、摇臂、凸轮轴、凸轮轴正时齿轮组成。

进、排气系统 由空气滤清器、进气管、进、排气歧管、排气管、消声器及三元催化净化器等组成。

燃油供给系统 分化油器供油系统和电子控制汽油喷射系统两种形式。供油系统由燃油箱、汽油滤清器、汽油泵、化油器（电喷发动机为燃油分配管、喷油器及电子控制系统）和油管等组成。

点火系统 分传统点火系统、无触点式电子点火系统和由微机控制的无分电器点火系统等几种。微机控制的无分电器点火系统的点火线圈高压电由电子控制系统直接分配到各缸火花塞，也称为直接点火系统。主要由各种传感器、电控单元、点火线圈、火花塞等组成。

冷却系统 由水泵、散热器、风扇、分水管、气缸体放水阀、水套等组成。

润滑系统 由机油泵、集滤器、限压阀、润滑油道、机油粗、细滤清器、机油冷却器等组成。

起动系统 由起动机以及与之配套的电路附属装置组成。

电源系统 由发电机、调节器、蓄电池及线路等组成。

若为增压发动机，则还应有增压系统。

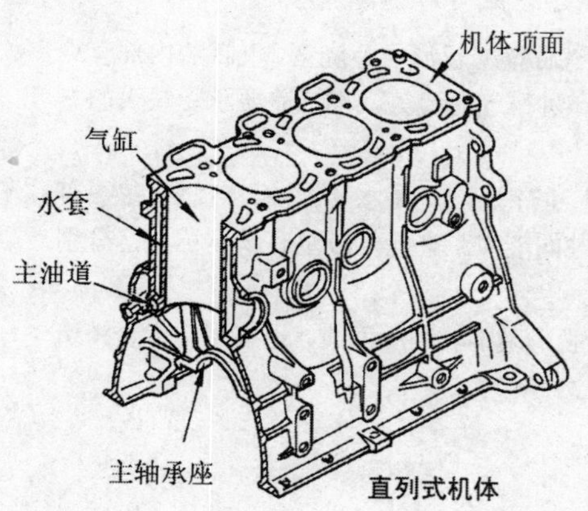

直列式机体

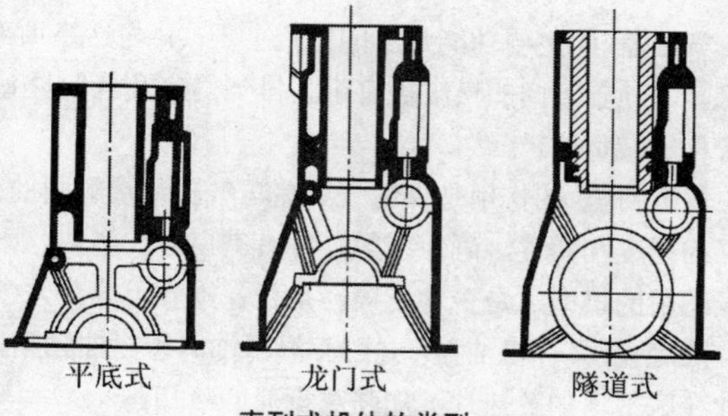

平底式 龙门式 隧道式

直列式机体的类型

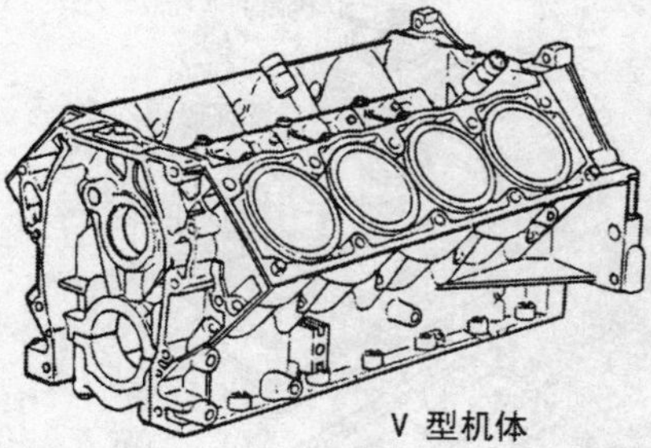

V 型机体

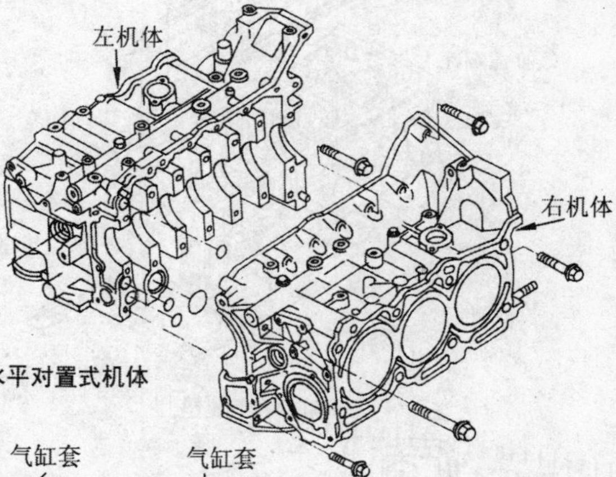

左机体
右机体

水平对置式机体

机体是气缸体与曲轴箱的连铸件，是发动机的基础件。机体要承受各种机械负荷和热负荷，因此，机体必须具有足够的强度和刚度，而且还要耐磨损和耐腐蚀。

机体一般用高强度灰铸铁或铝合金铸造。目前，轿车发动机上很多采用铝合金机体，

按气缸排列的形式分有**直列式**、**V 型**和**水平对置式**。

直列式机体按曲轴箱结构形式分有**平底式**、**龙门式**和**隧道式**。

气缸套有**干式气缸套**和**湿式气缸套**两种。干式缸套的特点是气缸套装入气缸体后，其外壁不直接与冷却水接触，而是和气缸体的壁面直接接触。湿式缸套的特点是气缸套装入气缸体后，其外壁直接与冷却水接触，下部有 1 ～ 3 道橡胶密封圈进行密封，气缸套顶部高出机体顶面 0.05 ～ 0.15mm，这样在拧紧气缸盖时使气缸套凸缘与机体贴合得非常紧密。气缸套壁厚一般为 5 ～ 8mm。

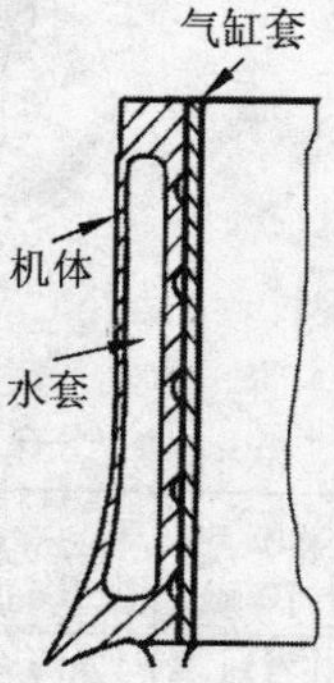

气缸套 机体 水套

干式气缸套

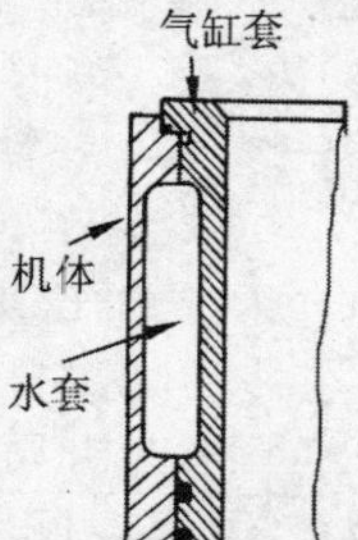

气缸套 机体 水套

湿式气缸套

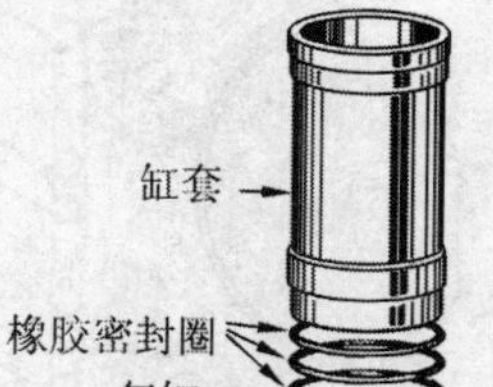

缸套
橡胶密封圈
气缸

气缸盖 的主要功能是封闭气缸上部，并与活塞顶部和气缸壁一起形成燃烧室，气缸盖内部有冷却水套。顶置气门的气缸盖有进、排气门座及气门导管孔和进排气通道等。气缸盖要承受很大的热负荷和机械负荷。

气缸衬垫 的作用是保证气缸盖与气缸体接触面的密封，防止漏气、漏水和漏油。气缸衬垫要有足够的强度和弹性，确保密封，并具有良好的耐热、耐腐蚀的能力。有些气缸垫有识别标记，分别代表适用的机型、是否含石棉、是否是维修用等（**左下角**）。

油底壳 又称机油盘，是贮存润滑油并密封曲轴箱，一般用薄钢板冲压而成，也有用铝合金铸造的并在底部增加散热片，加强对机油的冷却。

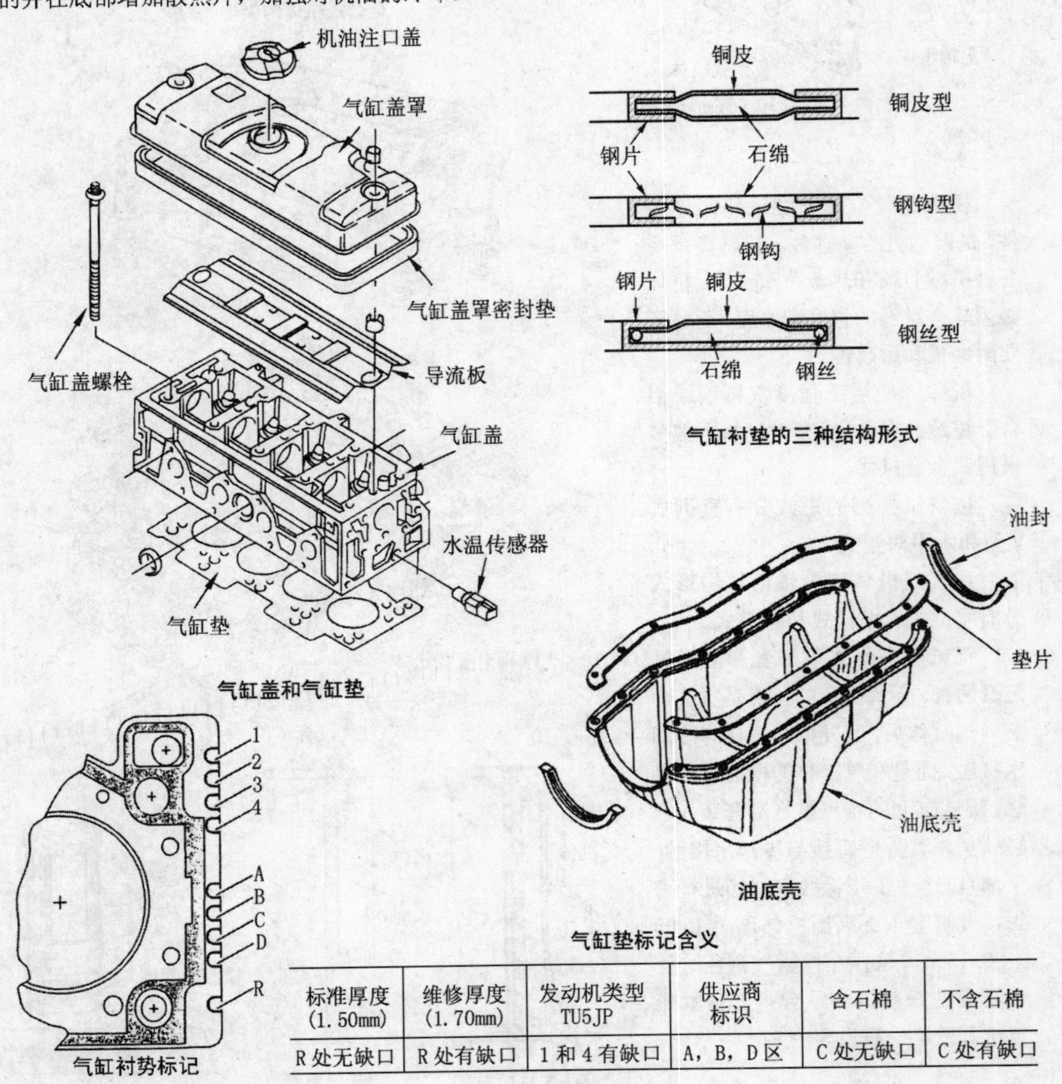

气缸盖和气缸垫

气缸衬垫的三种结构形式

油底壳

气缸衬势标记

气缸垫标记含义

标准厚度 (1.50mm)	维修厚度 (1.70mm)	发动机类型 TU5JP	供应商标识	含石棉	不含石棉
R处无缺口	R处有缺口	1和4有缺口	A，B，D区	C处无缺口	C处有缺口

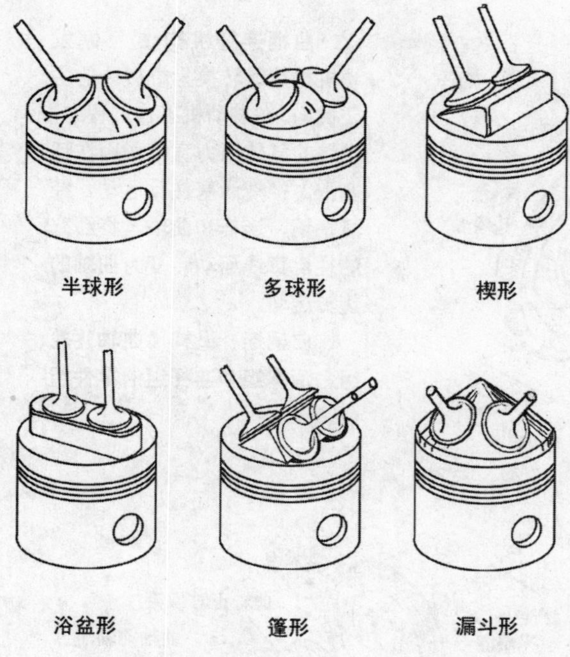

半球形燃烧室 结构紧凑，火花塞布置在燃烧室中央，火焰行程短，故燃烧速率高。结构上也允许气门双行排列，进气口直径较大，故充气效率较高，虽然配气机构较复杂，但有利于排气净化。桑塔纳、夏利、富康等轿车的发动机上均采用这种燃烧室。

多球形燃烧室 结构紧凑，面容比小，火焰传播距离短，进气门采用不同的尺寸和位置，气道较平直，且能产生挤压涡流。

楔形燃烧室 结构简单、紧凑，散热面积小，能保证混合气在压缩行程中形成良好的涡流运动，有利于提高混合气的混合质量，同时其进气阻力小，提高了充气效率。气门排成一列，火花塞置于楔形燃烧室高处，火焰传播距离较长。红旗、切诺基、解放 CA6102 等汽车发动机采用这种形式的燃烧室。

浴盆形燃烧室 工艺性好，制造成本低，但因气门直径易受限制，进、排气效果要比半球形燃烧室差。捷达 EA827、奥迪 100 轿车、东风 EQ6100-1 型的发动机采用这种燃烧室。

篷形燃烧室 是近年来在高性能多气门轿车发动机上得到广泛应用，特别是小气门夹角的浅篷燃烧室得到较大的发展。欧宝 V6、奔驰 320E、三菱 3G81、富士 EJ20 等型发动机均为篷形燃烧室。

漏斗形燃烧室 火焰传播距离短，由于底边周围的垂直部分高，所以即使在高压缩比下也不发生爆震。本田都市牌轿车发动机采用这种燃烧室。

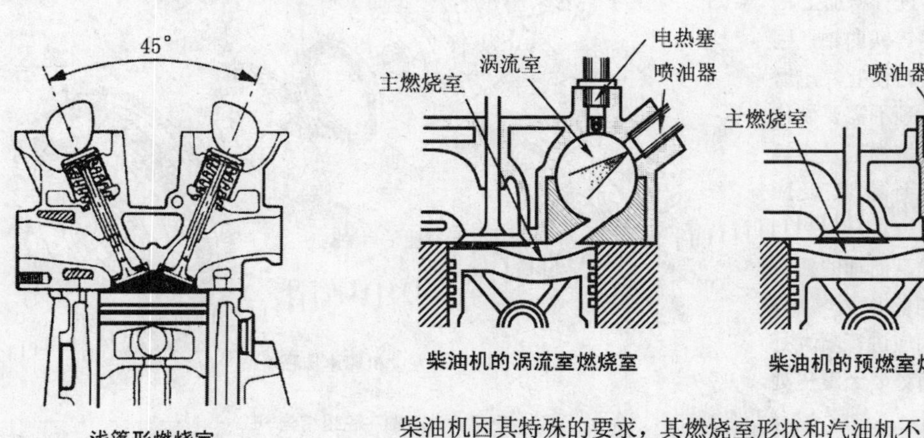

柴油机因其特殊的要求，其燃烧室形状和汽油机不同。在柴油机内容中将有详细介绍。该图是柴油机的两种特殊的燃烧室结构。

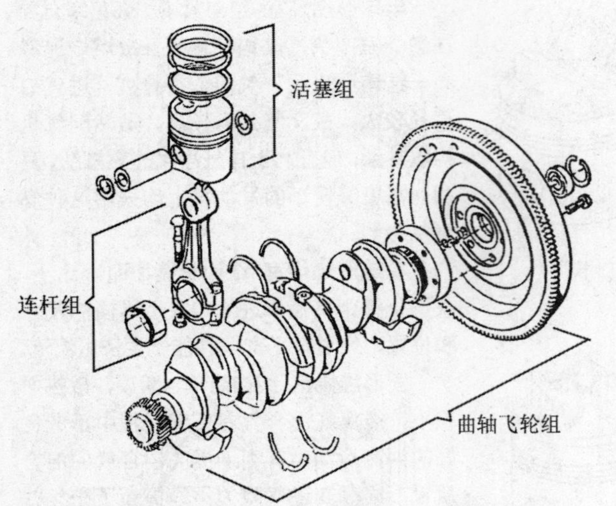

曲柄连杆机构的组成

曲柄连杆机构 是活塞发动机将热能转换为机械能的主要机构。在发动机工作过程中，燃烧的气体压力直接作用在活塞上，推动活塞往反运动，经活塞销、连杆和曲轴，将活塞的往反直线运动转变为曲轴的旋转运动。

曲柄连杆机构由**曲轴飞轮组**、**活塞组**和**连杆组**的零件组成。

曲轴 是发动机最重要的部件之一，一般采用中碳钢或中碳合金钢模锻而成，轴颈表面经高频淬火或氮化处理，最后进行精加工。

球墨铸铁曲轴，因原材料价格便宜，耐磨性好，轴颈不需要硬化处理，机械加工量少等优点，因而得到广泛应用。

为提高曲轴的疲劳强度，消除应力集中，轴颈表面应进行喷丸处理，圆角处要经滚压处理。

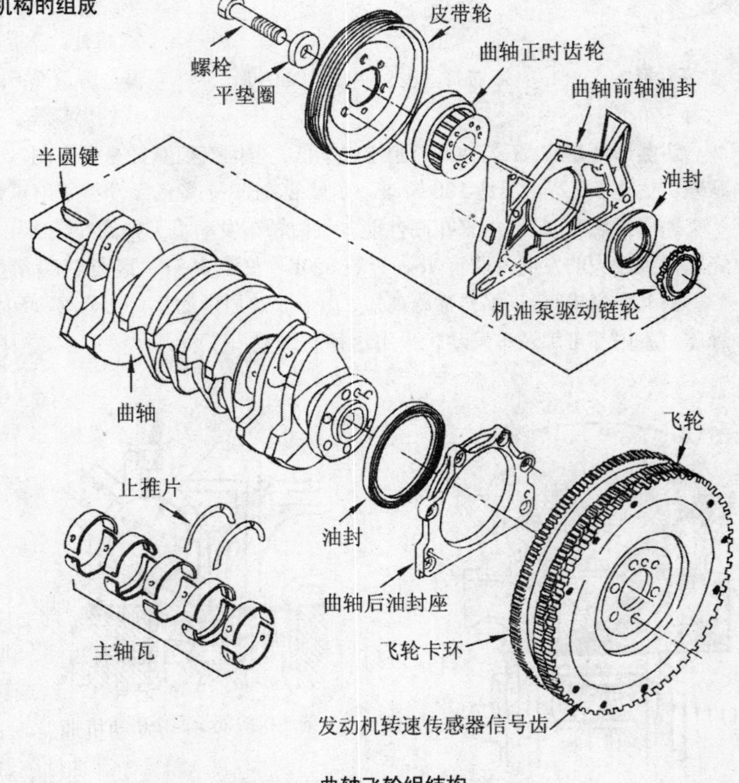

曲轴飞轮组结构

曲轴 主要由**主轴颈、曲柄臂、连杆轴颈（曲柄销）、平衡重、曲轴前端和曲轴后端**等组成。为了保证曲柄销的可靠润滑，有些发动机曲轴中的油孔绕过曲柄销空腔直通曲柄销表面。

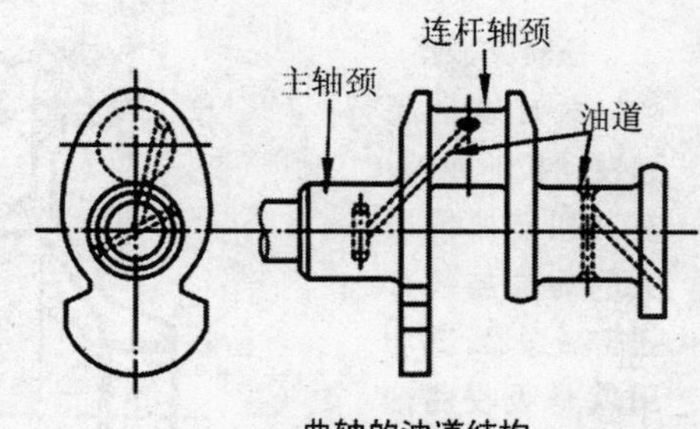

曲轴的油道结构

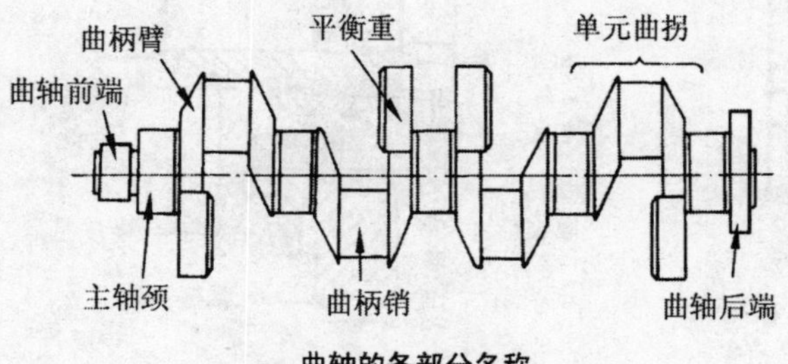

曲轴的各部分名称

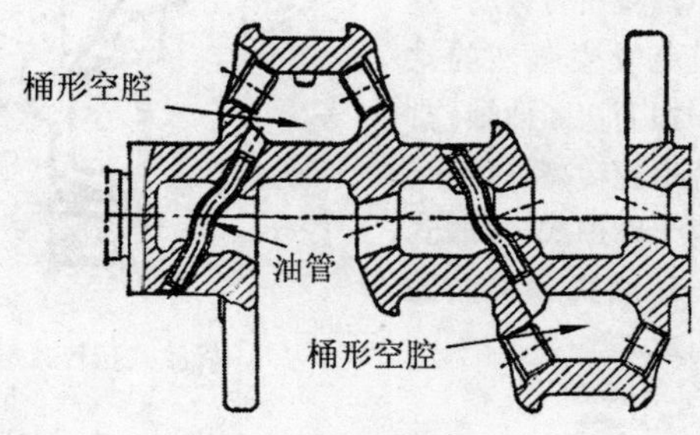

空心轴颈铸铁曲轴

为了达到惯性力的平衡有些发动机增加了 1 根或多根平衡轴。下图为两根平衡轴的布置形式。

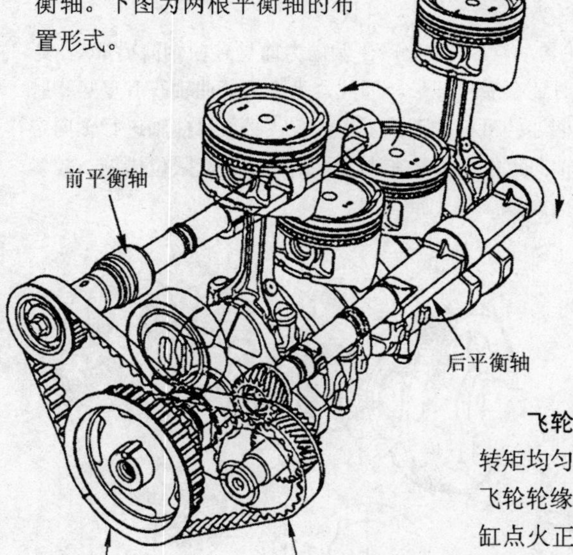

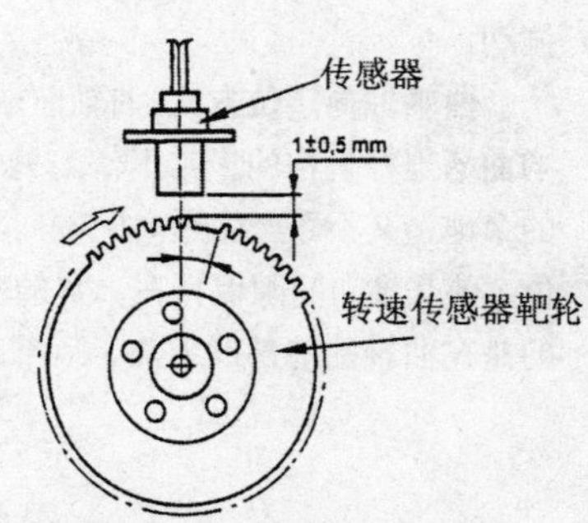

发动机转速信号轮和传感器

飞轮 是一个转动惯量很大的圆盘，保证发动机输出转矩均匀；同时在结构上往往用作摩擦离合器的驱动件；飞轮轮缘上镶嵌有齿圈，供起动机啮合。飞轮通常有第一缸点火正时记号（刻线或钢球），以便校准点火时间。无分电器电喷发动机通常在曲轴前端的皮带轮旁或飞轮旁装有发动机转速和曲轴位置传感器信号轮，信号轮一般为 60 齿缺 2 齿，缺齿位置的信号可供 ECU 确定 1 缸活塞上止点位置。。

曲轴的减振和轴向定位

扭转减振器

六缸以上高速发动机的曲轴，在其扭转振幅最大的前端加装有扭转减振器。其功用就是吸收曲轴扭转振动的能量，消减扭转振动，避免发生强烈的共振而扭断曲轴。常用扭转减振器有：**干摩擦式、橡胶式、硅油式和橡胶油式。**

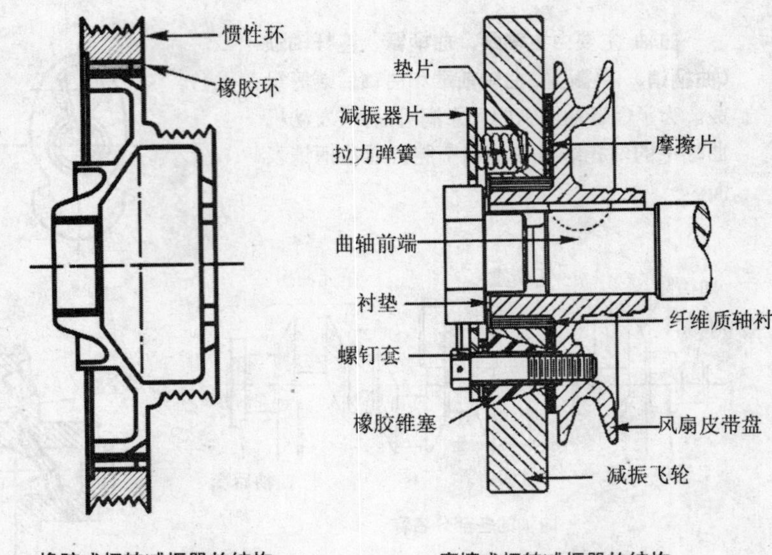

橡胶式扭转减振器的结构　　摩擦式扭转减振器的结构

橡胶式减振器 惯性环与皮带盘间使用橡胶接合，利用橡胶的弹性来吸收振动。

摩擦式减振器 由减振飞轮、摩擦片等组成。其功用是利用减振飞轮与皮带盘间的滑动来吸收振动。

曲轴轴向定位方式 曲轴前端多采用斜齿轮传动，工作中会产生轴向力而导致曲轴前后窜动，影响曲柄连杆机构的正常工作。另外，曲轴工作时还会受热伸长。因此，为了保证曲轴既有受热膨胀的余地，又不致产生过大的轴向冲击和保证曲柄连杆机构的正确工作位置，必须对曲轴进行轴向定位，使其轴向间隙保持在一定的范围内。曲轴轴向定位通常是在主轴承结构上采取限位措施。较多的是在曲轴的前部或中部、后部主轴承上制作凸肩或安装止推垫圈。

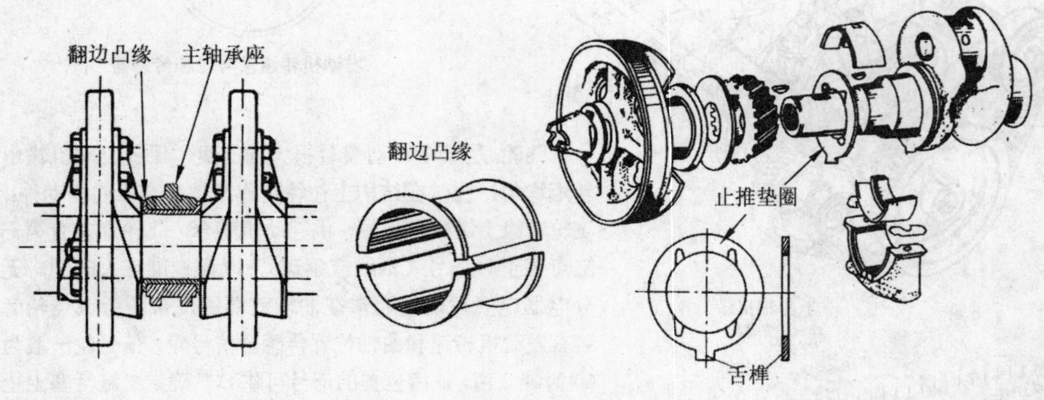

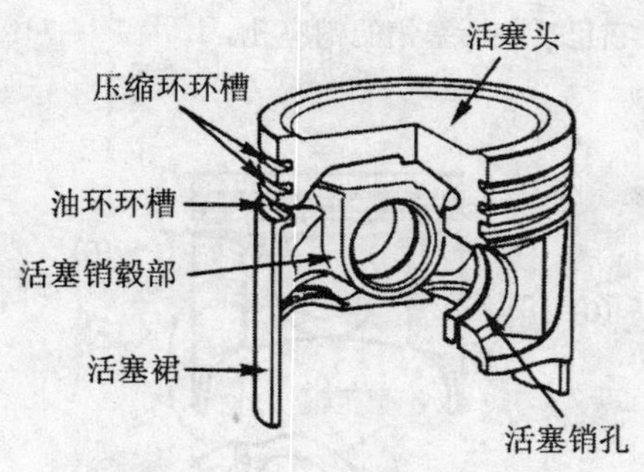

活塞 是由**顶部**、**头部**、**裙部**和**活塞销座**等 4 个部分构成。

活塞顶部是燃烧室的组成部分，主要承受气体压力，其形状、大小都与燃烧室的形式有关，均为满足可燃烧混合气形成和燃烧要求。其形状可分为**平顶**、**凸顶**、**凹顶**和**成型顶**四种。为了提高进、排气效率，防止气门与活塞的运动干涉，有些活塞在顶面加工出气门让坑位置。

平顶

凸顶

凹顶

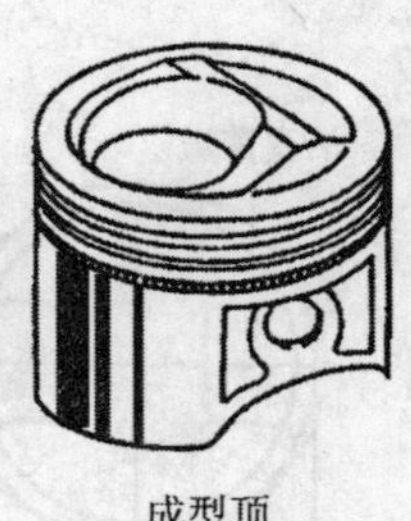
成型顶

现代汽车发动机上广泛采用半拖鞋式裙部或拖鞋式裙部的活塞。它是把活塞裙部负荷能力不太大的部分完全去掉，保留了必要的承载部分，其优点为：①活塞质量比一般活塞减小 10% ～ 20%；②活塞裙部弹性好，可以减小活塞与气缸的配合间隙；③能避免与曲轴平衡重发生运动干涉；④能改善发动机冷起动时气缸的润滑。

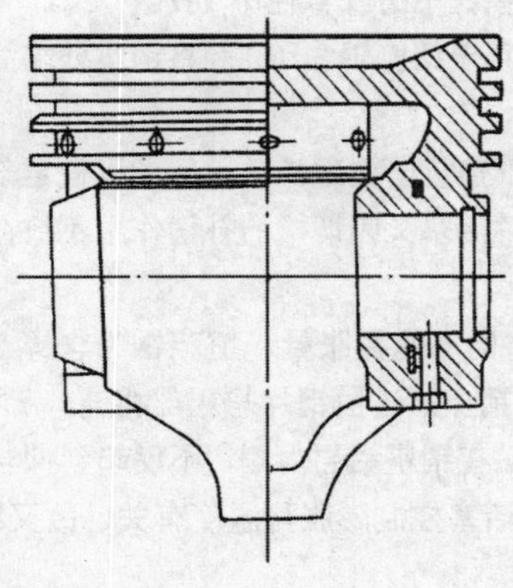

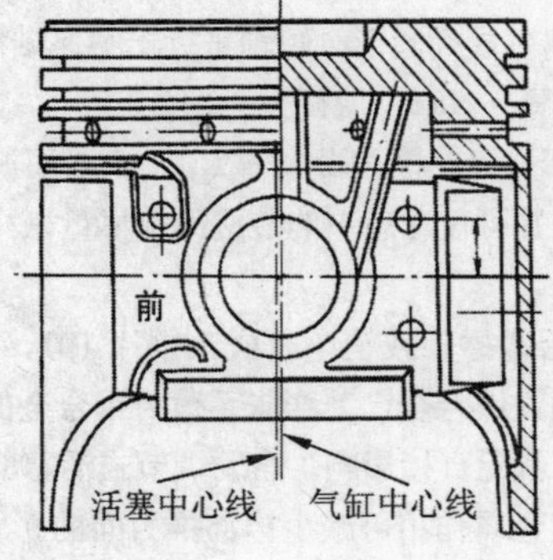

拖鞋式活塞

活塞裙部结构

活塞裙部 是指从油环槽下端面起至活塞最下端的部分，它包括装活塞销的销座孔。

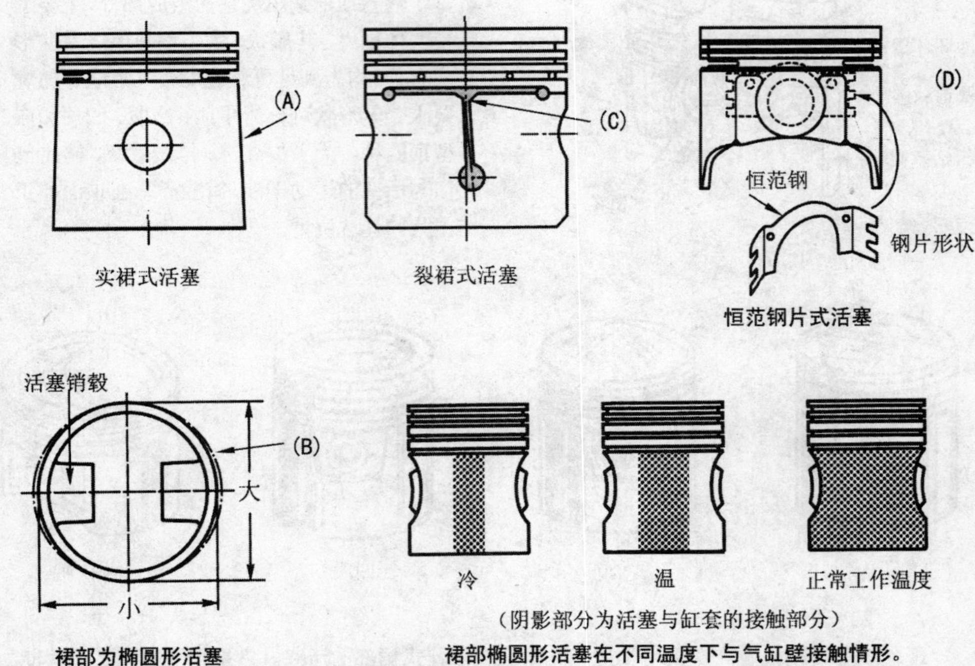

实裙式活塞　裂裙式活塞　恒范钢片式活塞

裙部为椭圆形活塞

（阴影部分为活塞与缸套的接触部分）

裙部椭圆形活塞在不同温度下与气缸壁接触情形。

活塞裙部对活塞在气缸内的往复运动起导向作用，并承受侧压力。裙部的长短取决于侧压力的大小和活塞直径。通常在活塞裙部采用下列几种结构：

1. 沿裙部高度方向上制成圆锥形，活塞裙上边缘直径比下边缘直径小 (A)。

2. 裙部制成椭圆形，短轴平行于销座轴线、长轴垂直于销座轴线 (B)。将销座外端面在铸造时凹陷 0.5 ～ 1mm，或截去一部分。

3. 裙部开绝热槽和膨胀槽 (C)，前者可减少活塞头部热量向裙部扩散；后者可使裙部具有一定弹性，并可使冷态下的装配间隙尽量减少，而热态时活塞又因切槽的补偿作用不致在气缸中“卡死”。

4. 在活塞裙部或销座内嵌入钢片 (D)，以减少活塞裙部的膨胀量。恒范钢为含镍 33%～36%的低碳铁镍合金，其膨胀系数为铝合金的 1/10，而销座通过恒钢片与裙部相连，所以销座膨胀对裙部就无直接影响。自动调节式活塞的低碳钢片贴在销座铝层内侧，不仅起到抑制作用，而且利用双金属作用可减少裙部推力面的膨胀量。这种活塞控制膨胀与温度有关，故又称为热膨胀自动调节活塞。两者又称之为双金属活塞。

活塞环 是具有弹性的开口环，有**气环**和**油环**两种。通常活塞的第一、二道为气环，第三道为油环。活塞环的主要功用：防止气缸内的气体漏入曲轴箱，起密封作用；将活塞头部 70%～ 80%的热量传导给缸壁；使气缸壁上机油膜均匀分布以改善润滑条件；将气缸表面多余的机油刮下以保证气缸壁上的机油量适中而均匀使活塞在气缸内运动自如。

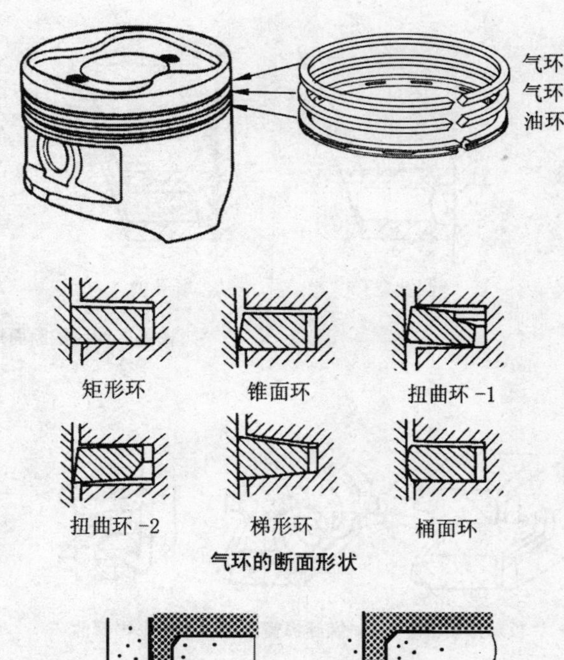

气环的断面形状

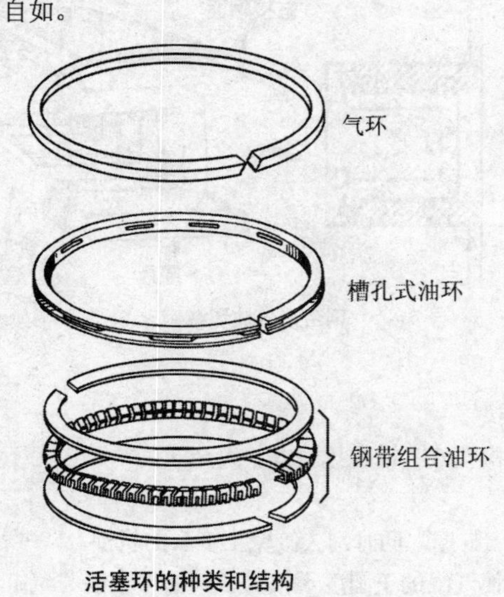

活塞环的种类和结构

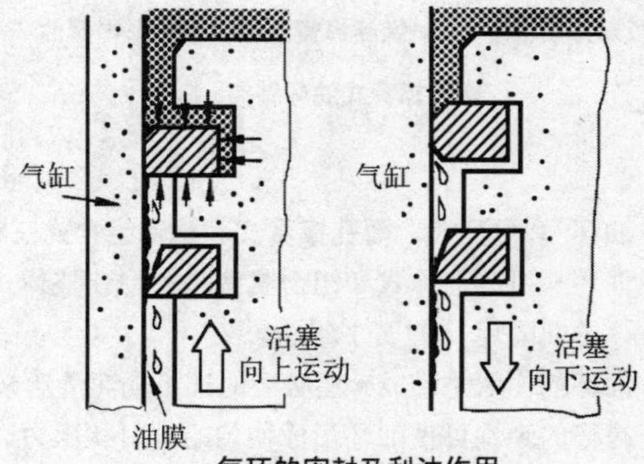

气环的密封及刮油作用

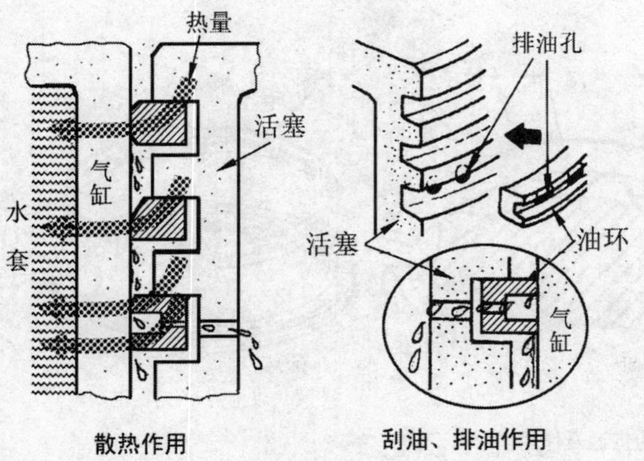

散热作用

刮油、排油作用

当气环装入气缸后，由于自身的弹力使其紧压在气缸壁上，以保证气缸密封。切口间、环与环槽都留有一定间隙以防气环受热膨胀后卡死在槽内。

气环的主要功用是密封和传热。如果密封不良，不但发动机功率下降，燃油和机油的消耗量增加，而且由于活塞环和气缸壁贴合不严密，活塞顶部的热量传不出去，导致活塞及活塞环因温度过高而烧坏。

油环的类型与结构

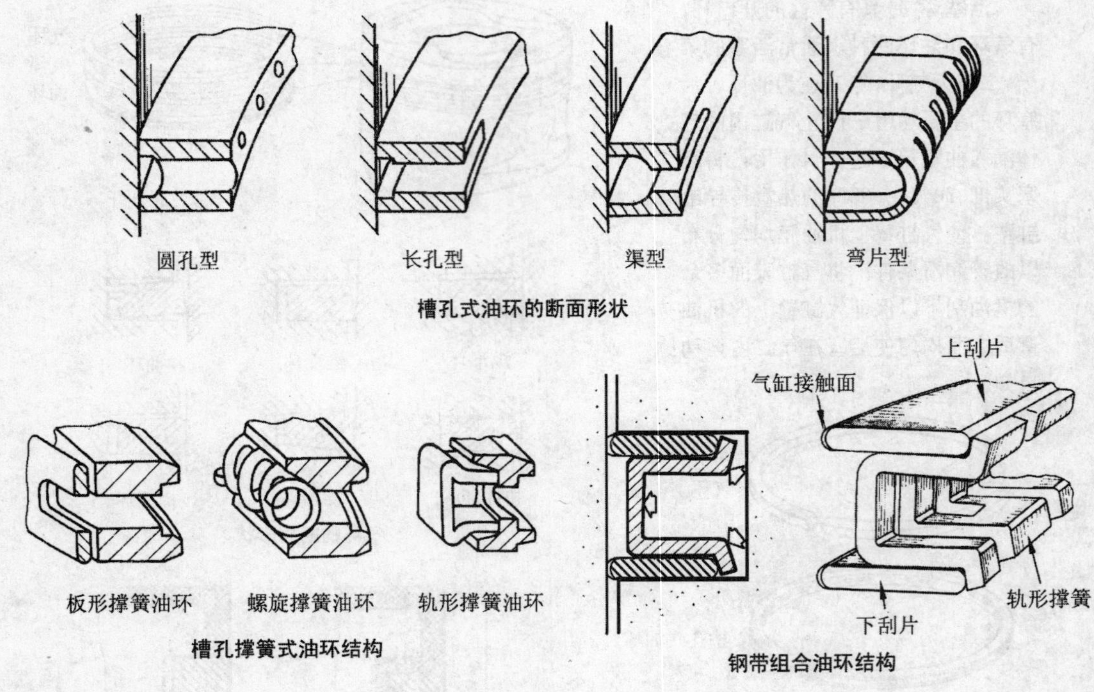

槽孔式油环的断面形状

槽孔撑簧式油环结构

钢带组合油环结构

油环 有槽孔式、槽孔撑簧式和钢带组合式三种类型。

油环又可分整体式和组合式两种类型。整体式有槽孔式、槽孔撑簧式。组合式的油环由上下镀铬刮片，中间隔片（衬簧）组成。

油环的作用是形成一层必要的油膜来润滑活塞和气缸壁，同时刮去缸壁上多余的机油。

衬环的弹性可使油环形成均匀的放射状压力，即使气缸的正圆度不很好时，油环也能与气缸很好地贴合。

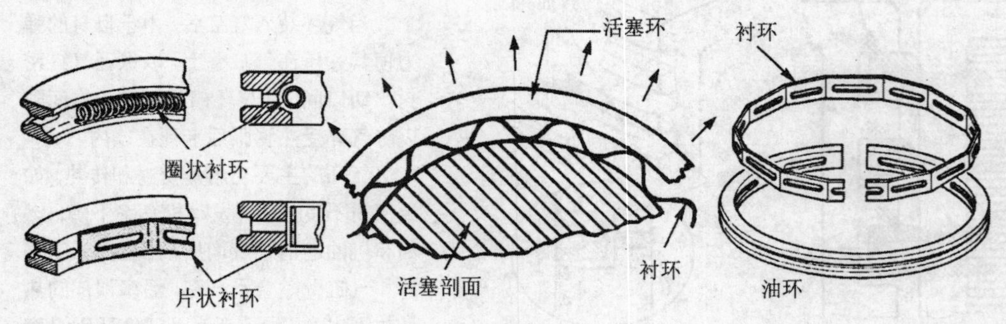

衬环的构造及作用

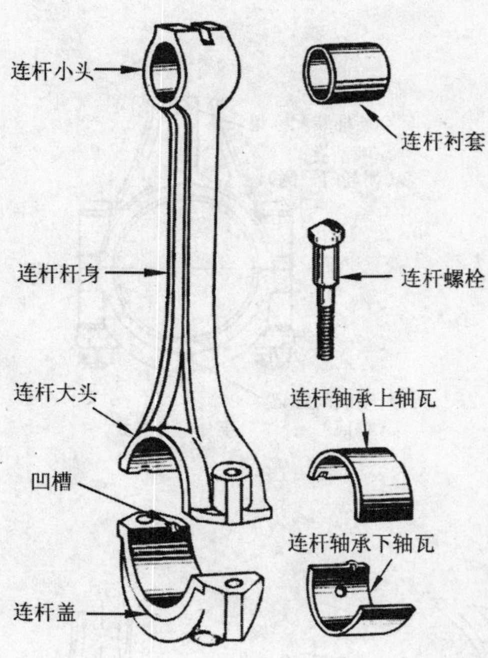

连杆组件分解图

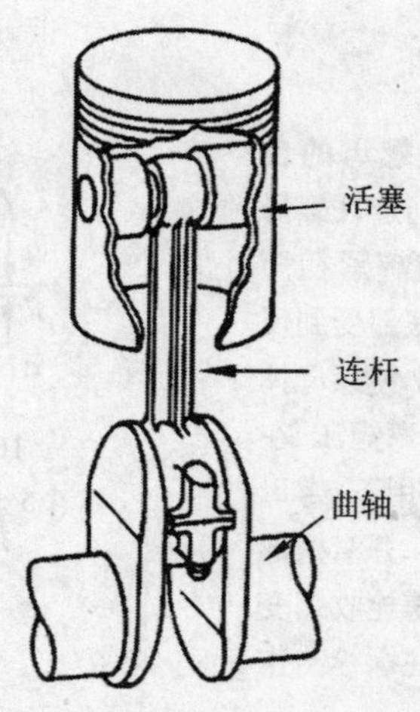

连杆与活塞、曲轴的装配关系

连杆组 由**连杆体**、**连杆盖**、**连杆螺栓**、**连杆轴承**等部分组成。习惯上常常把连杆组称为连杆。连杆一般用中碳钢或合金钢模锻或辊锻而成，也有少数用稀土镁球墨铸铁铸成。连杆小头与活塞销相连，连杆大头与曲轴的连杆轴颈相连。连杆大头的上半部与杆身为一整体，下半部(连杆盖)，通过连杆螺栓连接螺母装合而成。连杆轴瓦装入连杆大头孔内。

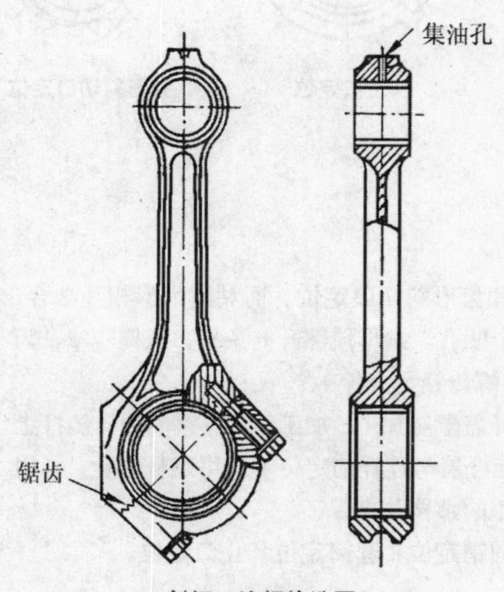

斜切口连杆构造图

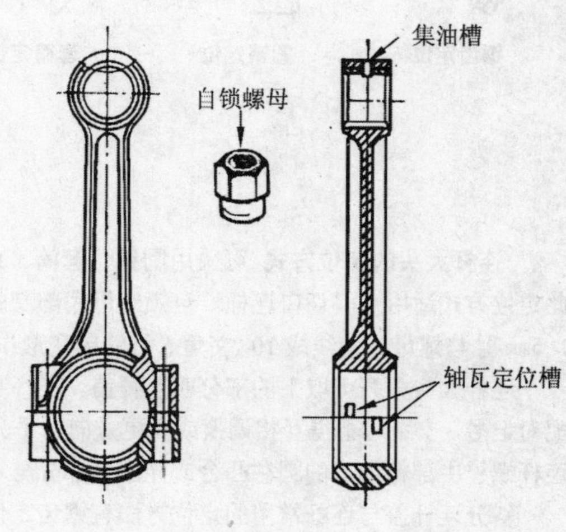

平切口连杆构造图

连杆螺母的自锁作用 当连杆螺母旋到规定旋紧扭矩时，螺母底部受到反作用力 N，使螺母体产生一个弯矩 M。在弯矩 M 作用下，螺母上半部（开窄槽部分）向螺栓收缩变形，起锁住螺栓的作用。

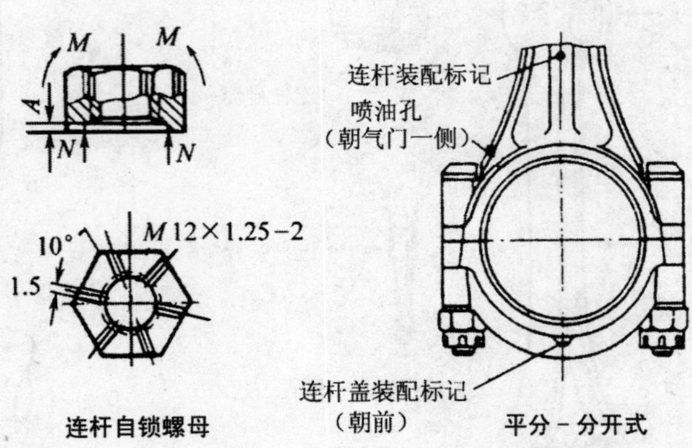

连杆自锁螺母　　平分－分开式

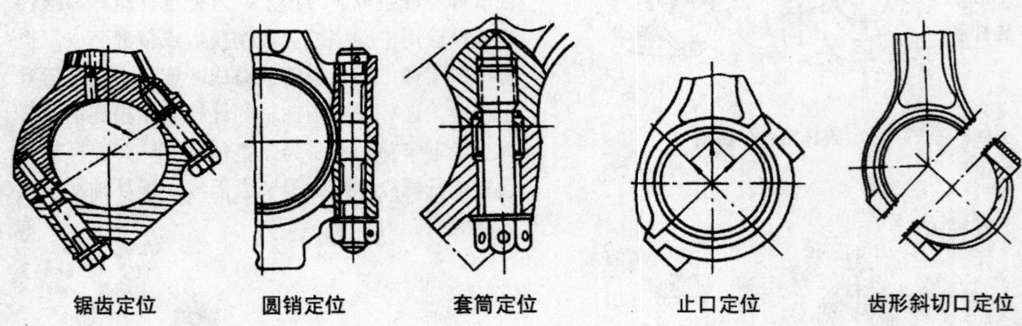

锯齿定位　　圆销定位　　套筒定位　　止口定位　　齿形斜切口定位

连杆大头的定位方式 可采用**圆销**、**套筒**、**止口**和**齿形斜切口定位**。而利用齿形相互啮合，此定位方式适用于斜切口连杆。自锁螺母底部制成一个凹孔，螺母顶部开 6 条槽，该槽较窄，为 1.5mm 且与螺母对角线成 10°夹角，目的起变形作用（螺母锁紧螺栓）。

连杆大头分开可取下的部分叫**连杆盖**。连杆和连杆盖配对加工，加工后，在它们同一侧打上配对记号，安装时不得互相调换或变更方向。平分的连杆盖与连杆的定位多采用连杆螺栓，利用连杆螺栓中部精加工的圆柱凸台或光圆柱部分与精加工的螺栓孔来保证。

斜分连杆盖与连杆常用的定位方法有**锯齿定位**、**圆销定位**、**套筒定位**和**止口定位**。

直列四缸发动机点火顺序为1-3-4-2的工作循环表

曲轴转角(°)	第一缸	第二缸	第三缸	第四缸
0～180	作功	排气	压缩	进气
180～360	排气	进气	作功	压缩
360～540	进气	压缩	排气	作功
540～720	压缩	作功	进气	排气

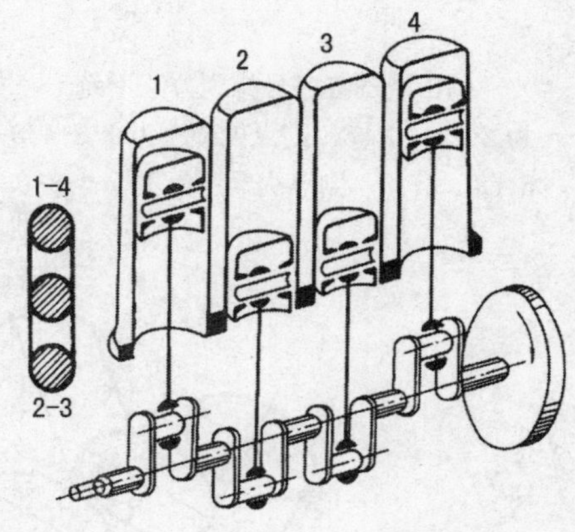

直列四缸发动机点火顺序为1-2-4-3的工作循环表

曲轴转角(°)	第一缸	第二缸	第三缸	第四缸
0～180	作功	压缩	排气	进气
180～360	排气	作功	进气	压缩
360～540	进气	排气	压缩	作功
540～720	压缩	进气	作功	排气

由于直列四冲程发动机的曲拐对称布置于同一平面内，相邻作功缸曲拐夹角为180°，所以点火顺序有1-3-4-2或1-2-4-3两种，性能没有差别。

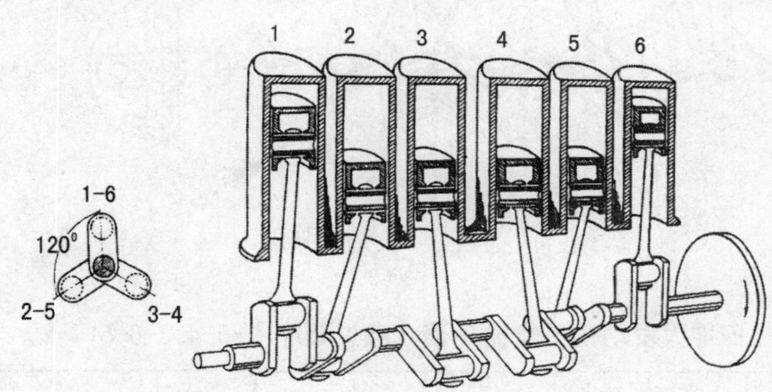

直列六缸发动机点火顺序为1-5-3-6-2-4的工作循环表

<table>
<tr><th colspan="2">曲轴转角（° ）</th><th>第一缸</th><th>第二缸</th><th>第三缸</th><th>第四缸</th><th>第五缸</th><th>第六缸</th></tr>
<tr><td rowspan="3">0～180</td><td>60°</td><td rowspan="3">作功</td><td rowspan="2">排气</td><td>进气</td><td>作功</td><td rowspan="2">压缩</td><td rowspan="3">进气</td></tr>
<tr><td>120°</td><td rowspan="3">压缩</td><td rowspan="3">排气</td></tr>
<tr><td>180°</td><td rowspan="3">进气</td><td rowspan="3">作功</td></tr>
<tr><td rowspan="3">180～360</td><td>240°</td><td rowspan="3">排气</td><td rowspan="3">压缩</td></tr>
<tr><td>300°</td><td rowspan="3">作功</td><td rowspan="3">进气</td></tr>
<tr><td>360°</td><td rowspan="3">压缩</td><td rowspan="3">排气</td></tr>
<tr><td rowspan="3">360～540</td><td>420°</td><td rowspan="3">进气</td><td rowspan="3">作功</td></tr>
<tr><td>480°</td><td rowspan="3">排气</td><td rowspan="3">压缩</td></tr>
<tr><td>540°</td><td rowspan="3">作功</td><td rowspan="3">进气</td></tr>
<tr><td rowspan="3">540～720</td><td>600°</td><td rowspan="3">压缩</td><td rowspan="3">排气</td></tr>
<tr><td>660°</td><td rowspan="2">进气</td><td rowspan="2">作功</td></tr>
<tr><td>720°</td><td>排气</td><td>压缩</td></tr>
</table>

多缸发动机曲轴曲拐的布置位置与气缸数、气缸排列形式、发动机的平衡以及各缸工作顺序的排列有关。六缸发动机曲轴每转两转各缸都应作功一次，间隔角为120°夹角（即等于连杆轴颈分配角）。

V 型八缸发动机工作循环表

V8 型气缸序号排列方法不统一，如原规定由前向后数右列为 1、3、5、7，左列为 2、4、6、8，则点火顺序为 1-8-4-3-6-5-7-2；若规定右列为 1、2、3、4，左列为 5、6、7、8，则点火顺序为 1-5-4-8-6-3-7-2。

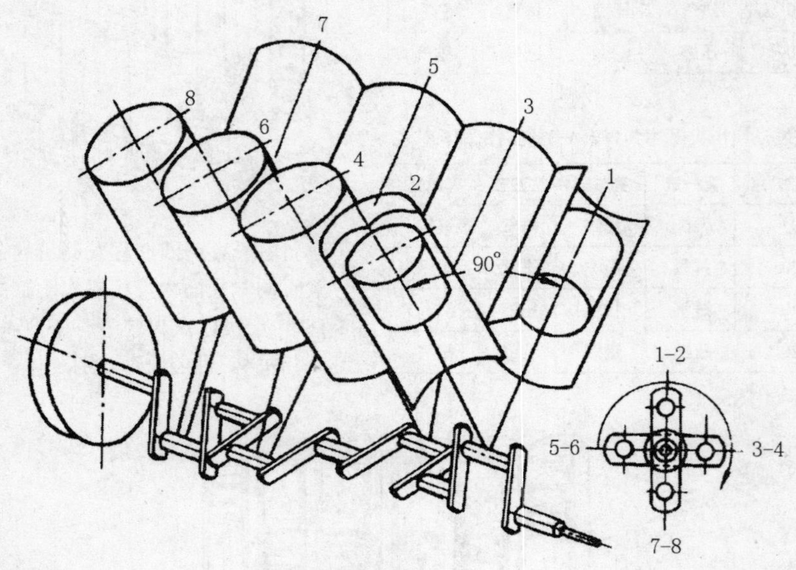

V 型八缸四冲程发动机工作循环表（点火顺序 1-8-4-3-6-5-7-2）

<table>
<tr><th colspan="2">曲轴转角（°）</th><th>第一缸</th><th>第二缸</th><th>第三缸</th><th>第四缸</th><th>第五缸</th><th>第六缸</th><th>第七缸</th><th>第八缸</th></tr>
<tr><td rowspan="2">0～180</td><td>0</td><td rowspan="2">作功</td><td>作功</td><td>进气</td><td rowspan="2">压缩</td><td>排气</td><td rowspan="2">进气</td><td rowspan="2">排气</td><td>压缩</td></tr>
<tr><td>90</td><td rowspan="2">排气</td><td rowspan="2">压缩</td><td rowspan="2">进气</td><td rowspan="2">作功</td></tr>
<tr><td rowspan="2">180～360</td><td>180</td><td rowspan="2">排气</td><td rowspan="2">作功</td><td rowspan="2">压缩</td><td rowspan="2">进气</td></tr>
<tr><td>270</td><td rowspan="2">进气</td><td rowspan="2">作功</td><td rowspan="2">压缩</td><td rowspan="2">排气</td></tr>
<tr><td rowspan="2">360～540</td><td>360</td><td rowspan="2">进气</td><td rowspan="2">排气</td><td rowspan="2">作功</td><td rowspan="2">压缩</td></tr>
<tr><td>450</td><td rowspan="2">压缩</td><td rowspan="2">排气</td><td rowspan="2">作功</td><td rowspan="2">进气</td></tr>
<tr><td rowspan="2">540～720</td><td>540</td><td rowspan="2">压缩</td><td rowspan="2">进气</td><td rowspan="2">排气</td><td rowspan="2">作功</td></tr>
<tr><td>630
720</td><td>作功</td><td>进气</td><td>排气</td><td>压缩</td></tr>
</table>

凸轮轴的布置形式可分为**下置式**、**中置式**和**上置式**三种类型。按气门的布置形式可分侧置气门和顶置气门两种。

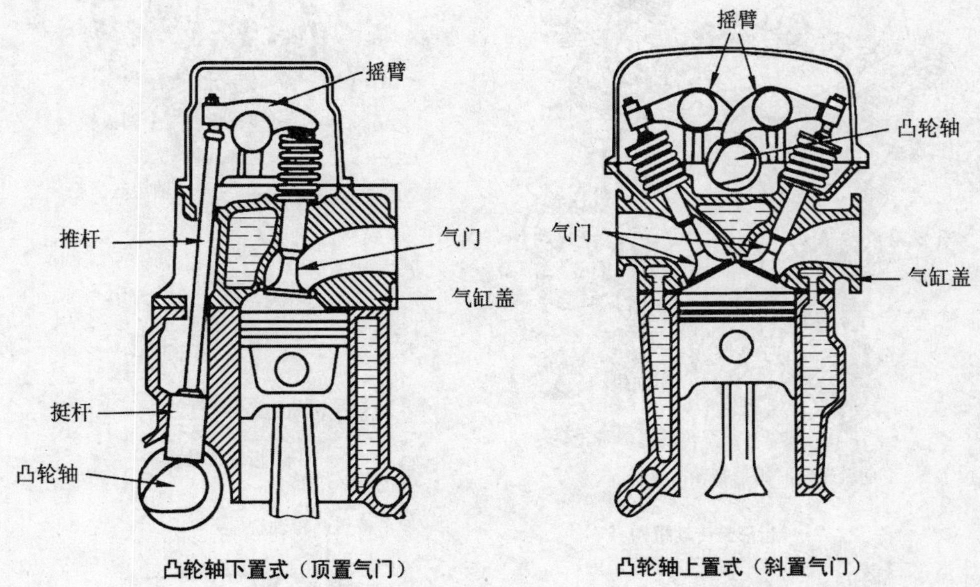

凸轮轴下置式（顶置气门） **凸轮轴上置式（斜置气门）**

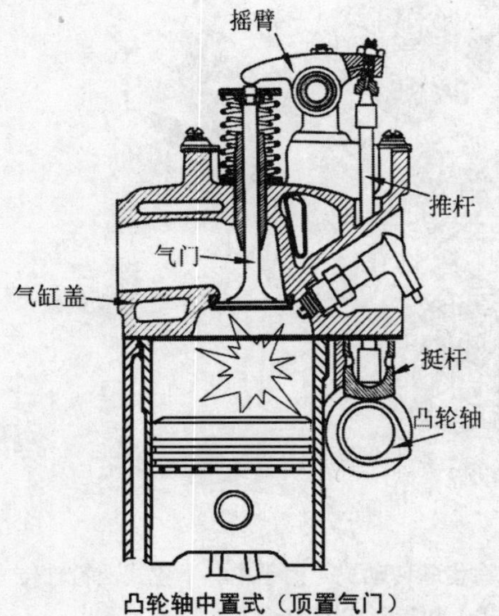

凸轮轴中置式（顶置气门）

凸轮轴下置式 凸轮轴离曲轴近，可以简单地用一对齿轮传动。缺点是气门与凸轮轴相距较远，因传动环节多，路线长，在高速运转时，整个系统产生弹性变形，影响气门运动规律和开启、关闭的准确性。因此，它仅用于发动机转速在 5000r / min 以下的发动机中，如：日本五十铃 C190GB、日产 SD22 型轿车用柴油机上。国产轻、中型汽车上，广泛采用该形式。

凸轮轴中置式 凸轮在气缸体的中部，由于凸轮离曲轴较远，需要 3 个齿轮来传动，一般用于较高的发动机上。

凸轮轴上置式 直接通过摇臂驱动气门，省去了挺杆和推杆，缺点是正时传动机构更复杂，拆装气缸盖比较困难。这种形式适合于高速发动机，在赛车上广泛得到应用。

凸轮轴的三种传动形式

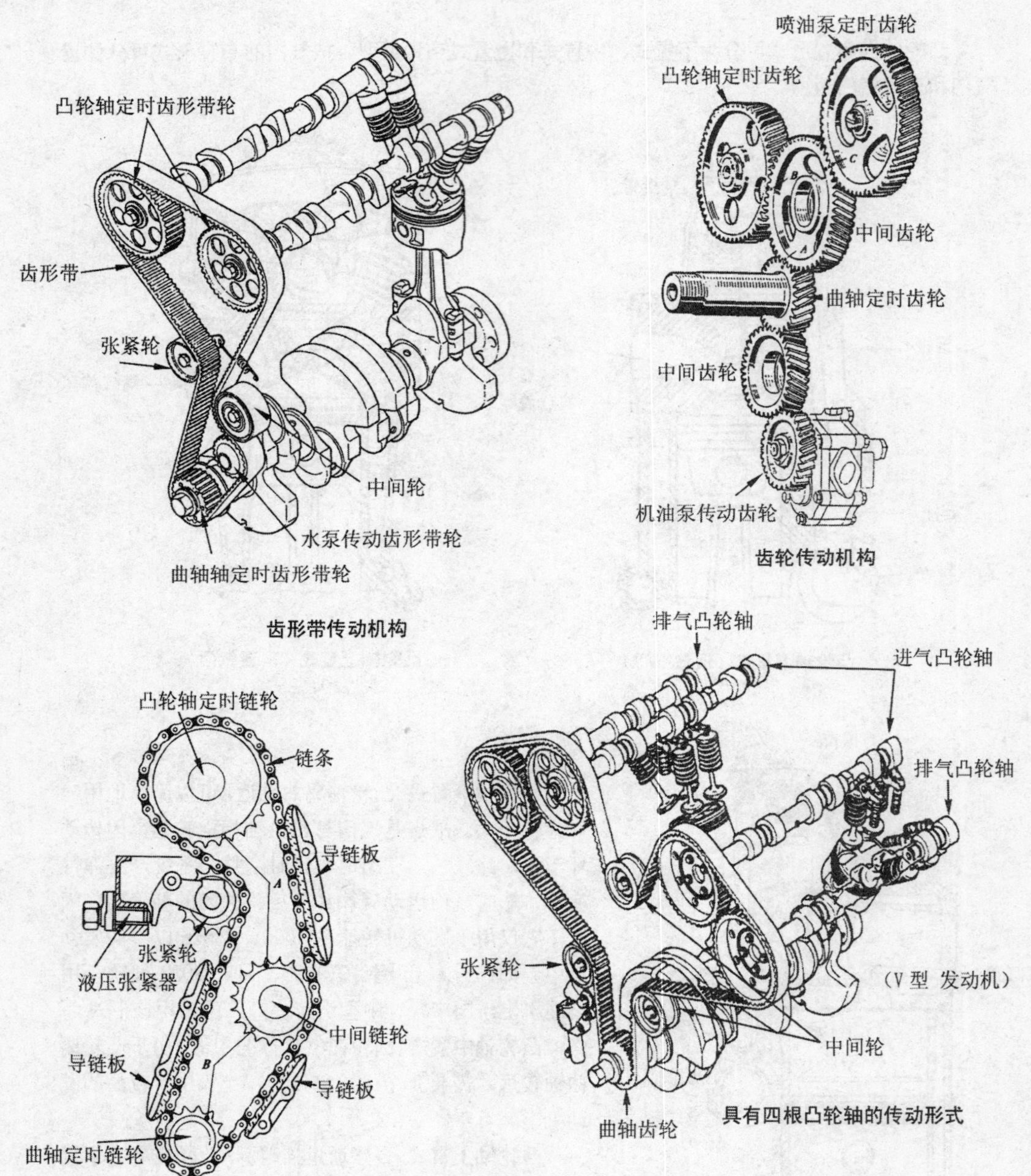

齿形带传动机构

齿轮传动机构

链传动机构

具有四根凸轮轴的传动形式

凸轮轴由曲轴驱动，传动形式有**齿轮传动式**（用于中、下置式凸轮轴传动）、**链条传动式**（用于中、上置式）和**齿形皮带传动式**（用于上置式）。

为了保证正确、定时的配气和喷油，在传动连接上均有定时记号（安装标记），装配时必须对正记号。

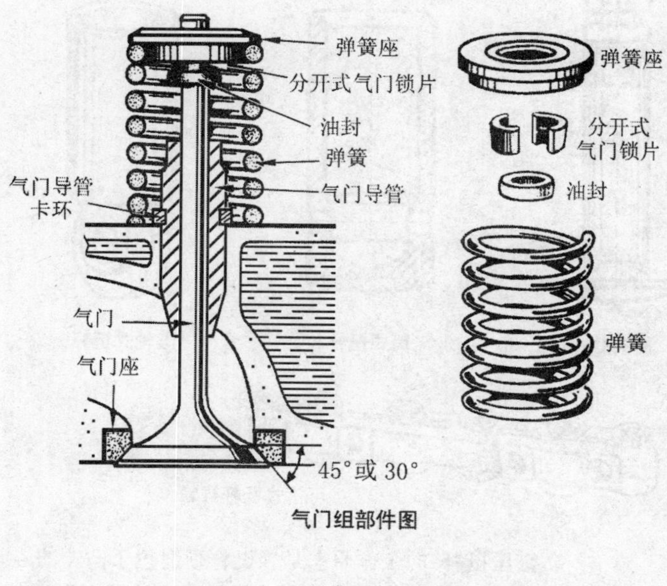

气门组部件图

气门组 包括气门座、气门、气门导管、气门弹簧、气门弹簧座及锁片等。气门组的功用是维持气门的关闭。

气门头顶部形状有平顶，凹顶和凸顶。凹顶气门的头部与杆部有较大的过渡圆弧，气流阻力小，仅用作进气门。凸顶气门的受热面积和刚度较大，其排气阻力小，适用排气门。

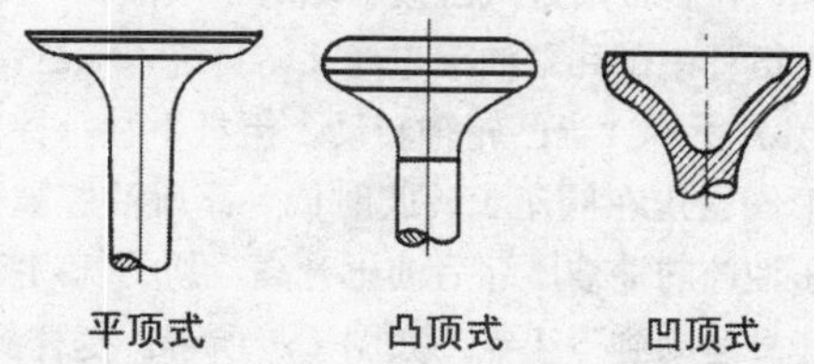

气门弹簧有的采用一个或两个圆柱螺旋弹簧，装一个弹簧时，采用不等距的螺距，以防共振。对大功率发动机，每个气门都装有直径大小、螺距不等内外双弹簧。

气门一般采用耐热合金钢制造。有的排气门的头部采用耐热钢，而杆身采用铬钢，然后将两者焊在一起。有的排气门采用中空式，内装金属钠，有利于冷却散热。

气门头部与气门座接触的工作面，是与杆部同心的锥面。锥面与气门顶平面间的夹角（ 气门锥角）通常为 30° 或 45°（一般为 45°）。

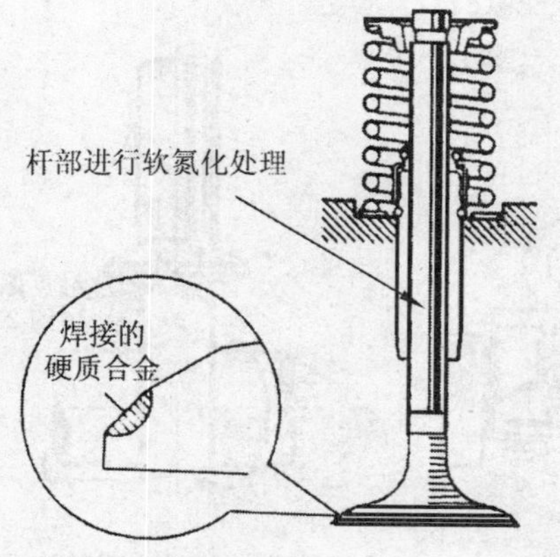

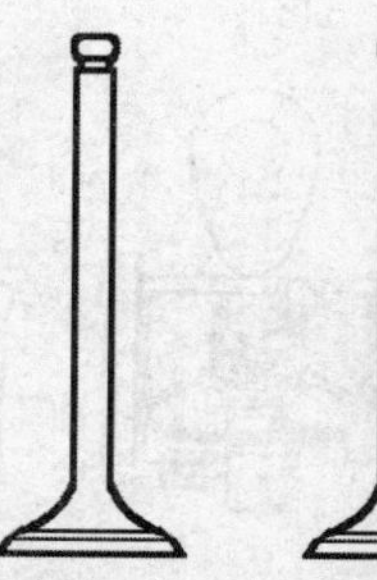
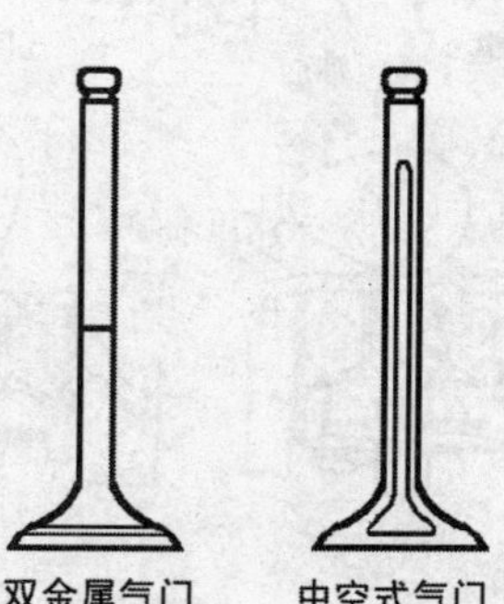

气门挺杆

气门挺杆 的作用是把凸轮的推力传给推杆或气门。通常挺杆可制成**菌形**、**杯形**和**滚轮式**。挺杆安装在挺杆导管内或安装在缸体上镗出的导向孔中。

挺杆与凸轮工作时，两者之间产生高速滑动和摩擦，挺杆承受凸轮的侧向力。为了使挺杆圆柱导向面和接触面磨损均匀，有些发动机挺杆底部做成球面，凸轮轴做成锥面。这样接触点不在中心上，加上挺杆是转动的，以达到磨损均匀的目的，右下图所示。

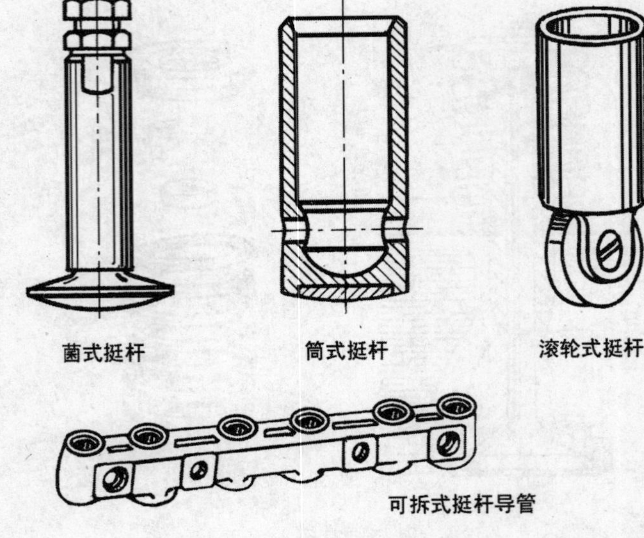

菌式挺杆　　筒式挺杆　　滚轮式挺杆

可拆式挺杆导管

液压挺杆 的工作原理是当挺杆顶面位于凸轮的基圆时，机油通过气缸盖上油道、量油孔、斜油孔后进入挺杆中部环形油槽中油孔，再进入低压油腔，如图 (a) 所示。当凸轮轴转动，挺杆下移，柱塞下降，球形阀紧压在阀座上，此时低、高压油腔被分隔开，高压油腔的油被压缩后油压升高，顶动气门打开，直至挺杆运动到下止点，如图 (b) 所示。挺杆到下止点后又开始上行，在气门弹簧和齿轮的作用下，高压油腔仍保持封闭状态，直至上升到凸轮基圆处，如图 (c) 所示。

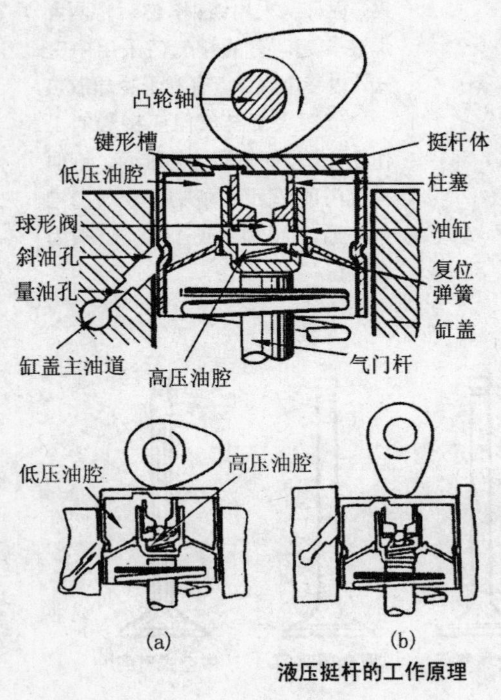

(a)

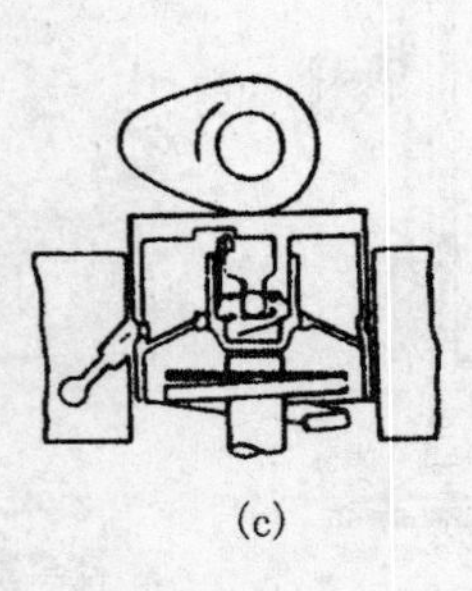

(b)

(c)

液压挺杆的工作原理

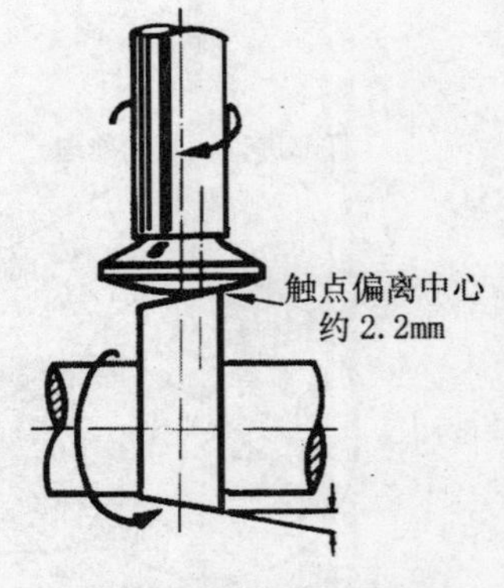

挺杆球面和锥形凸轮轴的接触点

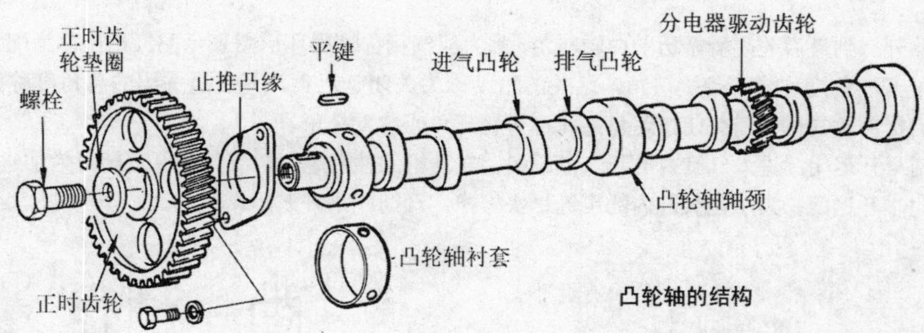

凸轮轴的结构

凸轮轴 是气门驱动组中最主要的零件，是一根与气门同一数量的（指凸轮数），且按照点火顺序和气门开闭的定时要求，以准确的角度排列好的轴。它用来控制进、排气门按一定的工作顺序和时间开闭，并驱动其他附属机件。凸轮轴由**进**、**排气凸轮**、**凸轮轴轴颈**以及驱动附属机件的**汽油泵偏心轮**（电动汽油泵无此轮）和**分电器驱动齿轮**等组成。

高速发动机采用**宽凸轮**、普通发动机采用**窄凸轮**。

凸轮开闭气门的原理（图 1）O 点为凸轮旋转中心，旋转方向如箭头所示。EA 段以 O 为中心，圆弧即凸轮的基圆，气门挺杆不动部分，即气门关闭。A 点至 B 点，指气门挺杆开始挺起，气门间隙消除部分，即气门开启。B 点至 C 点，气门开度达最大值，即最大升程。C 点至 D 点，气门闭合终了。ø 为气门开始开启直到关闭配气期内所转动的角度（即持续角）。P_1 和 P_2 分别为消除和恢复气门间隙所转动的角度。

进气（或排气）凸轮间夹角（图 2）发动机各气缸进气（或排气）凸轮的相对角位置，应符合发动机各气缸点火顺序。根据凸轮轴旋转方向和各进气（或各排气）凸轮工作顺序，可判断该发动机点火顺序。6 缸发动机的点火顺序为 1-5-3-6-2-4 时，任何两个相继点火气缸进气（或排气），凸轮间夹角均为 60°。

气门间隙 配气机构各部件因受热都会膨胀，因而影响气门与气门座之间的密封性，装配时必须留一定的间隙，一般用厚薄规进行测量。

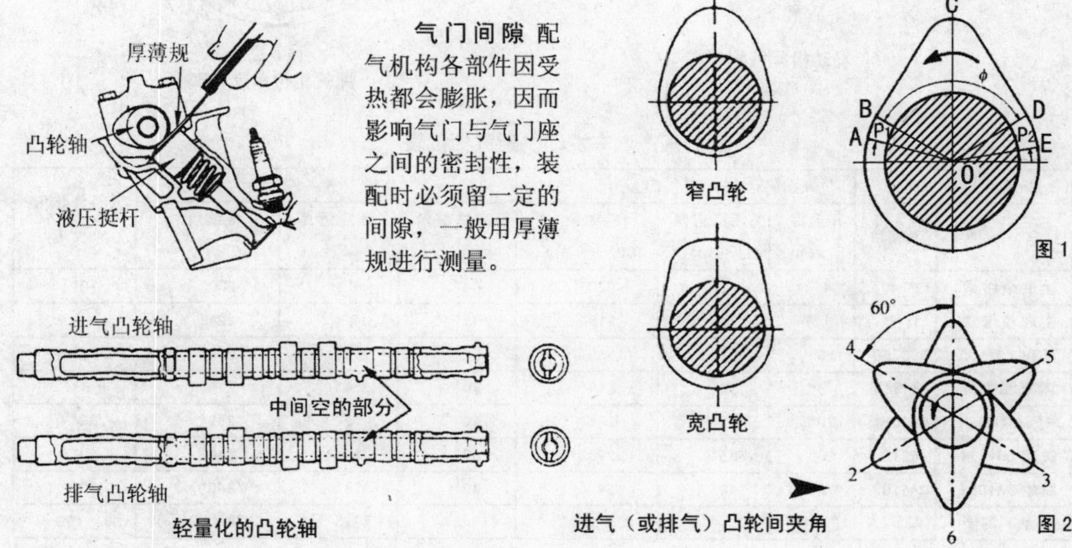

轻量化的凸轮轴

进气（或排气）凸轮间夹角

配气相位

气门从开启到最后关闭所经历的曲轴转角，称为配气相位。用环形图表示配气相位称为配气相位图。气门早开的角度称为开启提前角，迟关的角度称为关闭延迟角，开启至关闭的总角度称持续角。进气门开启提前角与排气门关闭延迟角之和称为叠开角或称重叠角。

进气门早开迟闭：进入气缸内的新气量越多，发动机的性能越好。气门早开迟闭可增加进气量。

排气门早开迟闭：为了让气缸内的废气尽快排净，气门应早开迟闭。

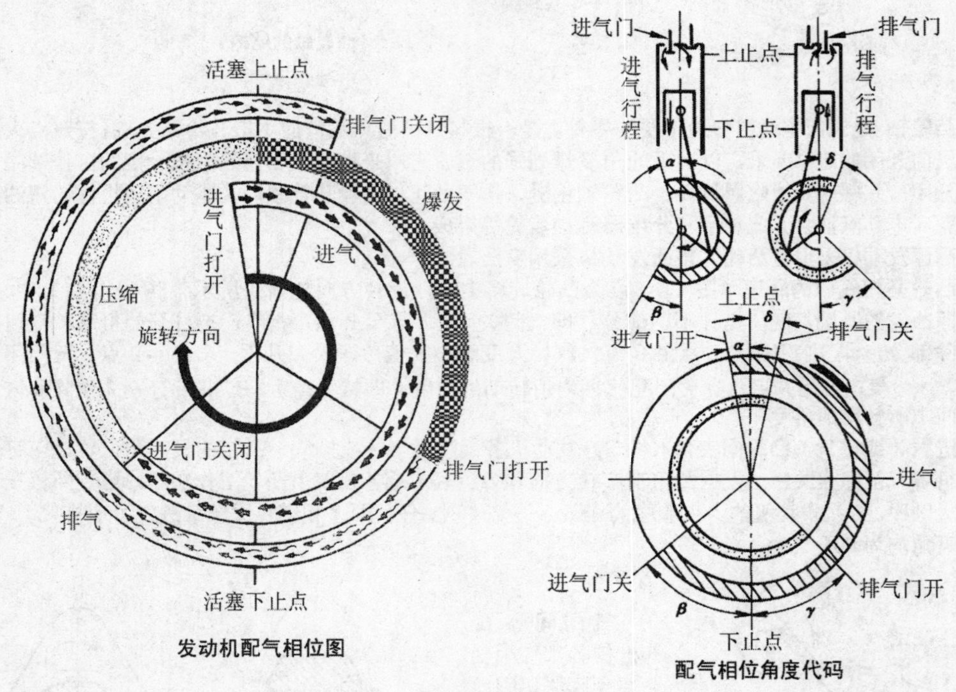

发动机配气相位图

配气相位角度代码

部分国产汽车发动机配气相位表

汽车发动机型号		进气门			排气门			气门叠开角 α＋δ
车种	发动机	开启提前角 α	关闭延迟角 β	持续角 180°+α+β	开启提前角 γ	关闭延迟角 δ	持续角 180°+γ+δ	
上海桑塔纳	YP 型	4°	46°	230°	44°	6°	230°	10°
上海桑塔纳	IV 型	1°	37°	218°	42°	2°	224°	3°
夏利 TJ7100	TJ376Q	19°	51°	250°	51°	19°	250°	38°
南京派力奥	1242/8V	2°	32°	214°	30°	4°	214°	6°
东风 EQ1090E	6100-1	20°	56°	256°	40°	19°	239°	39°
黄河 JN1171	6315	10°	35°	225°	50°	1° 0	240°	20°
解放 CA1091	CA6102	12°	48°	240°	42°	18°	240°	30°
神龙·富康	TV32 / K	1° 14′	52° 41′	233° 55′	41° 27′	7° 5′	228° 32′	8° 19′

摇臂 的功用是将推杆或凸轮传来的运动和作用力，改变方向传给气门使其开启。

摇臂在摆动过程中承受很大的弯矩，因此应有足够的强度和刚度以及较小的质量。摇臂由锻钢、可锻铸铁、球墨铸铁或铝合金制造。

摇臂是一个双臂杠杆，两臂不等长。为了减轻重量，特将摇臂制成“T”字形或“工”字形断面。

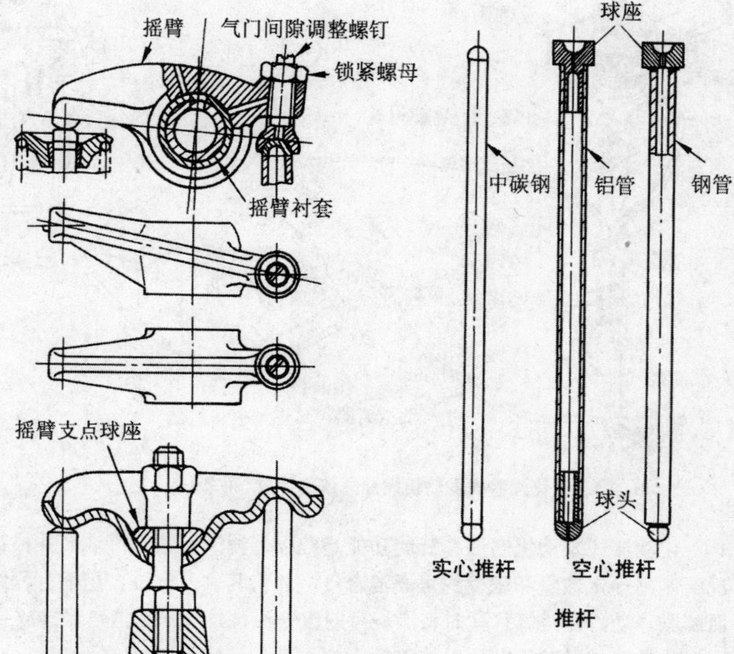

推杆

摇臂

推杆 处于挺杆和摇臂之间，其功用是将挺杆传来的运动和作用力传给摇臂。推杆一般用冷拔无缝钢管制造。两端焊上球头和球座。也有用锻铝或硬铝制造，球头和球座为钢质，采用压入的方法连接。也有用中碳钢制成实心的推杆。

滚针
销轴
摆臂
柱塞
壳体
加油孔
滚轮
单向阀
柱塞弹簧
高压腔
单向阀保持架及单向阀弹簧

摆臂与气门间隙自动补偿器

摆臂的功用与摇臂相同，摆臂是单臂杠杆，其支点在摆臂的一端。为了减轻摩擦和磨损，可将凸轮和摆臂的接触方式由滑动改为滚动。

在许多轿车发动机上用气门间隙自动补偿器代替摆臂支座，实现零气门间隙。其结构和原理与液力挺杆相同。

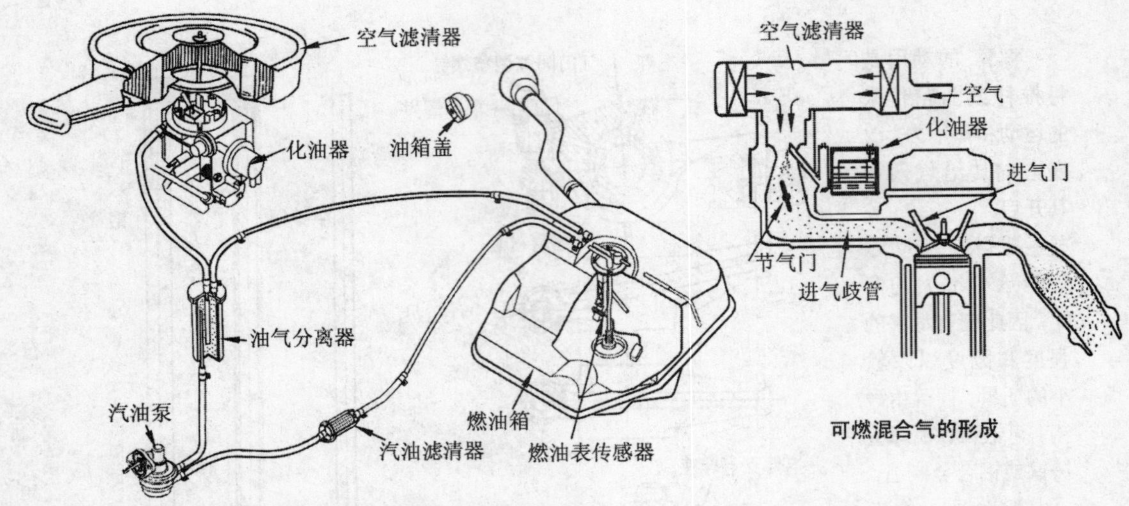

化油器式发动机燃油系统的组成（轿车）

可燃混合气的形成

化油器式发动机燃油系统的功能是贮存、滤清、输送汽油，并根据发动机各种不同工作情况配制出一定数量和浓度的可燃混合气，并将其供入气缸，压缩行程终了时，火花塞点火燃烧而膨胀作功，在排气行程时将燃烧后的废气通过排气管和消声器排放到大气中去。

化油器式发动机燃油系统包括：

汽油供给装置 汽油箱、汽油滤清器、油气分离器、汽油泵和汽油管。

空气供给装置 空气滤清器。

可燃混合气和废气排出装置 化油器、进、排气歧管、排气管、消声器。

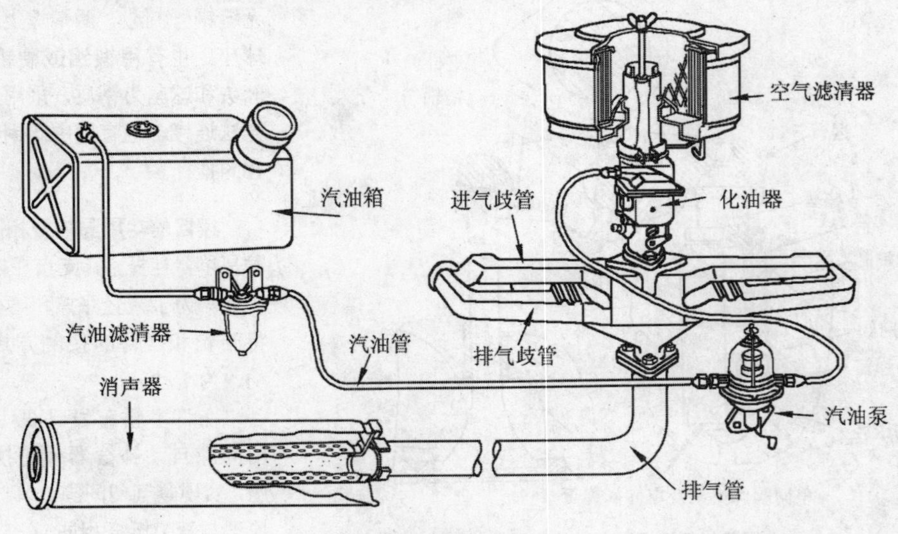

货车燃油系统的组成

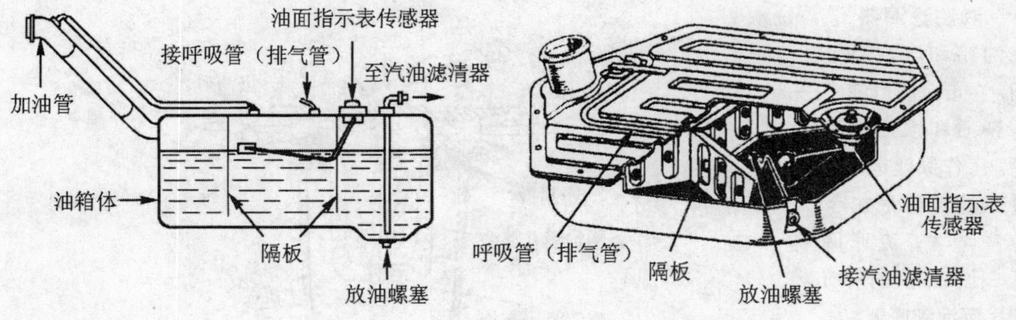

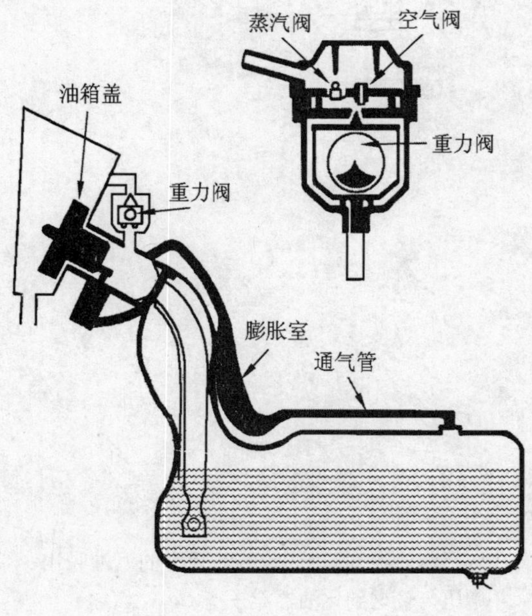

燃油箱 是贮存燃油的容器，按材料来分，有薄钢板冲压焊接的和高密度聚乙烯吹塑而成的（轿车使用较多）两种。

金属油箱体一般用镀铅防锈薄钢板制造，也有内壁加以电镀，防止生锈。油箱内部设有隔板，除可以增加强度外，还可以减轻汽车行驶时燃油的振荡，防止汽油大量蒸发。油箱底部装有放油螺塞，用以排除积水和污物。

油箱采用有空气阀－蒸汽阀的油箱盖，其原理与水箱盖完全相同。重力阀的作用是当油箱倾斜 45° 时重力阀将通气阀关闭，防止汽油溢出，提高了汽车的安全性。

油箱也不能完全封闭死，需要适当通气，有些油箱增加了呼吸器（见下图）。

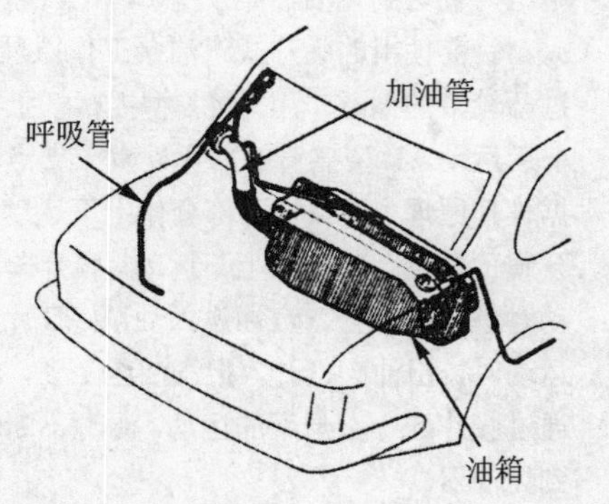

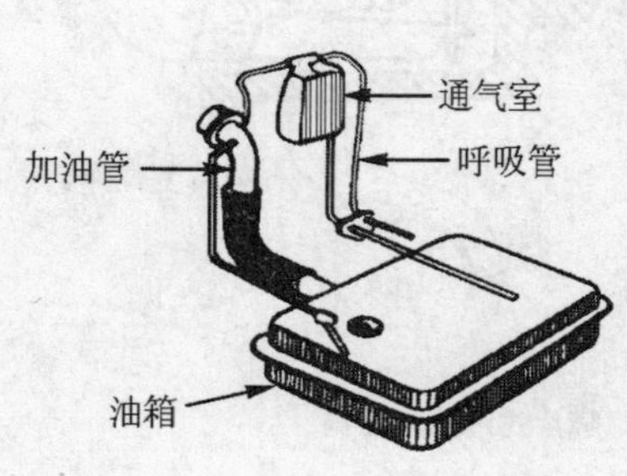

汽油滤清器 装在油箱和汽油泵之间，主要是将汽油中的杂质和水加以过滤。工作原理是汽油进入滤清器后由于容积增大，流速降低，比汽油重的杂质和水沉淀到底部，比汽油轻的杂质颗粒通过滤心滤掉，清洁的汽油经出油管接头流出。

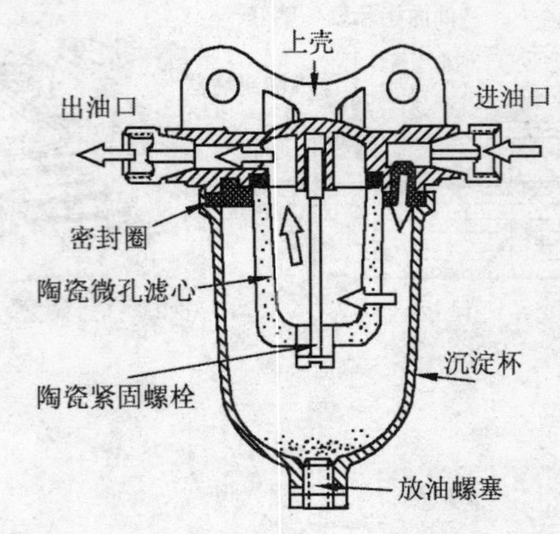

汽油滤清器结构

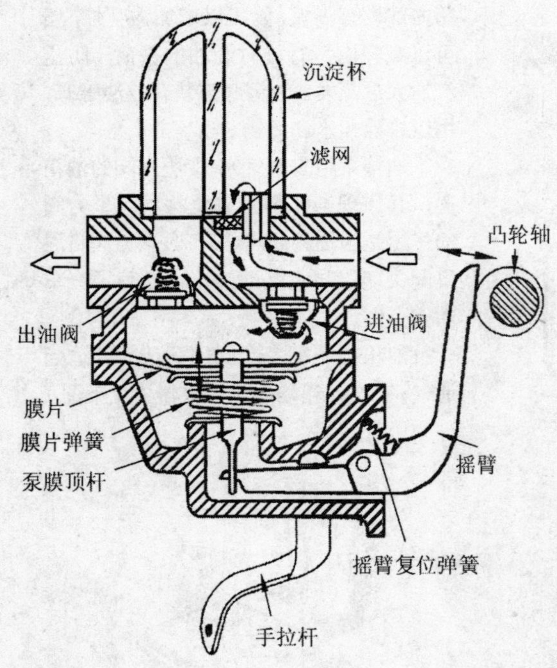

膜片式汽油泵结构

汽油泵 的功能是将油箱中的汽油吸出、增压，输送到化油器浮子室。

目前使用的膜片式汽油泵工作原理：通过凸轮轴的偏心作用，将L型摇臂杆上部作前后运动，L型摇臂的拐弯处有一支点，根据杠杆原理，摇臂杆下部会作上下运动，使泵膜顶杆推动膜片作上下运动。膜片向下运动时进油阀打开，汽油进入油泵；膜片向上运动时，出油阀打开，把汽油压上去，汽油通过膜片这一上一下的运动，源源不断输送到化油器。

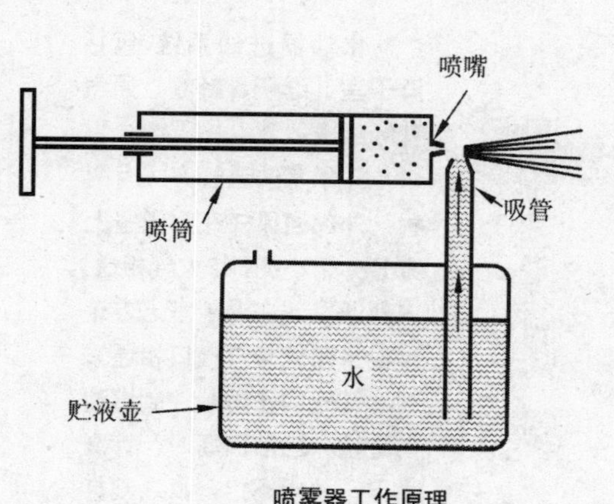

喷雾器工作原理

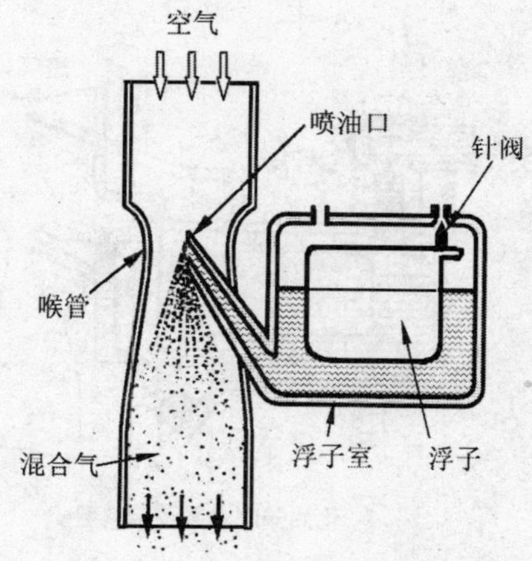

化油器工作原理

喷雾器的工作原理 被压缩的气体高速从喷口喷出，喷嘴附近产生一个负压区（真空区），壶中的液体在负压的作用下，通过细管被吸上来，并被喷口喷出的高速气流冲击成细小颗粒，随着气流喷洒到大气中。

化油器的工作原理和喷雾器相同。化油器的喉管形状为细腰流管形，进口像漏斗，出口像喇叭，燃油喷管出口在喉管的最细处，气流经过喉管处形成负压区，燃油被吸出，在高速气流冲击下形成雾状的混合气，流进燃烧室，雾化越细，燃烧越充分，热效率越高。

化油器按气流方向可分为：**上吸式**、**平吸式**和**下吸式**。

按重叠的喉管数目分为**单喉管**、**双喉管**、**三喉管**。

按空气腔数可分为**单腔**、**双腔**、**三腔**甚至**四腔式**。

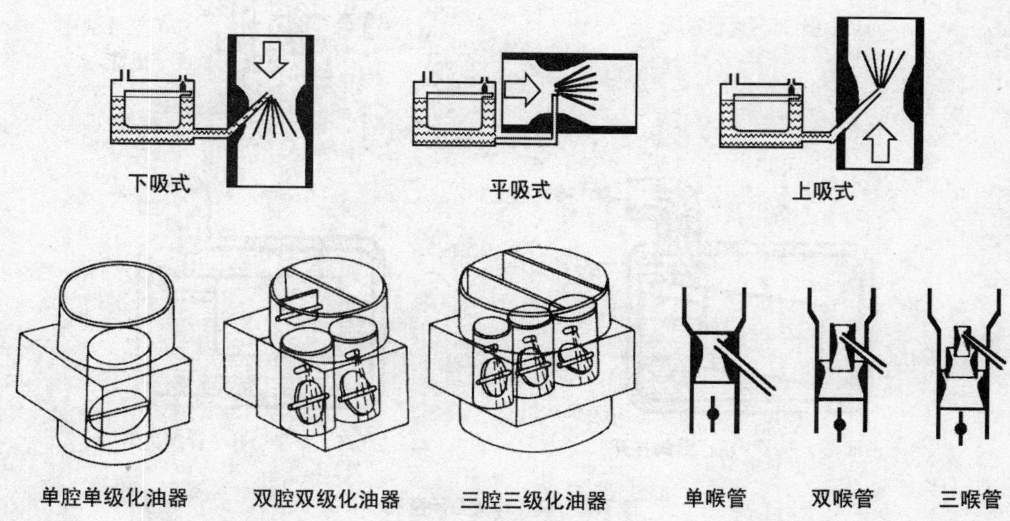

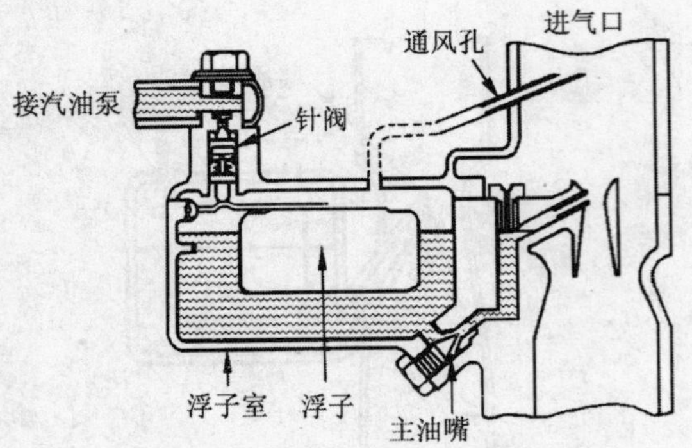

化油器进油系统示意图

化油器进油系统 包括**浮子室、浮子、针阀、通气孔**等组成。

浮子室的通气方式有两种：**外部通风**（在浮子室上方开一个小孔，与大气相通）。**内部通风**（在浮子室上方接一根平衡管与进气口相通）。

针阀的作用是控制燃油的进量，当油面高时，针阀上顶，关闭阀门，反之则打开阀门。

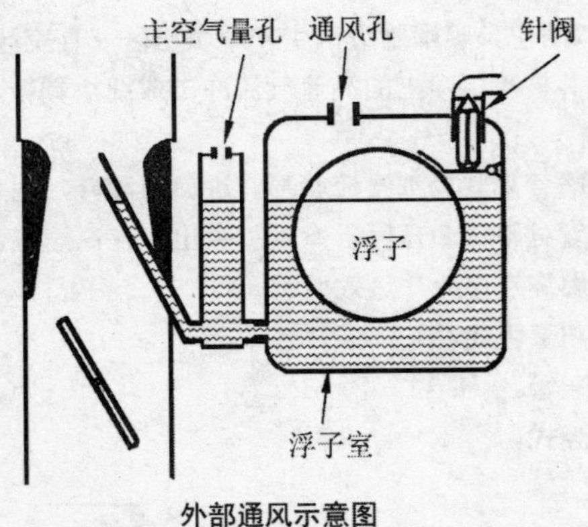

外部通风示意图

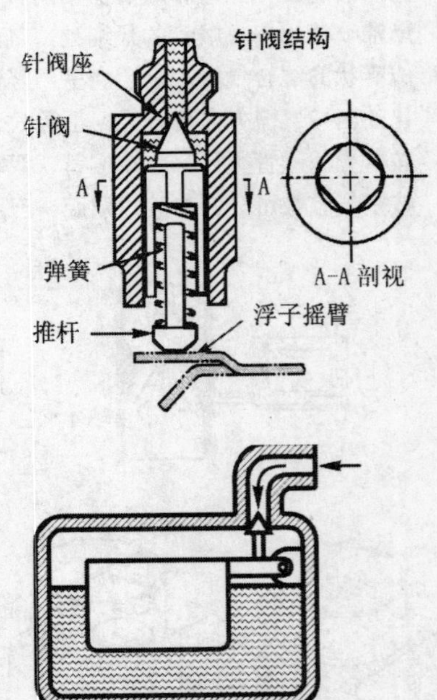

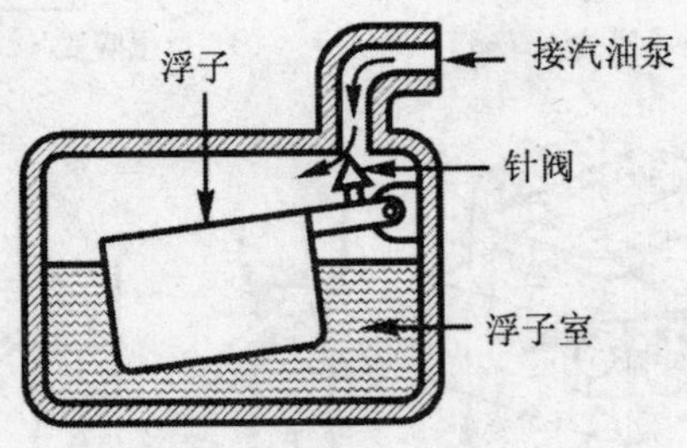

油面低 / 浮子下沉 / 针阀打开

油面高 / 浮子上升 / 针阀关闭

浮子和针阀工作关系示意图

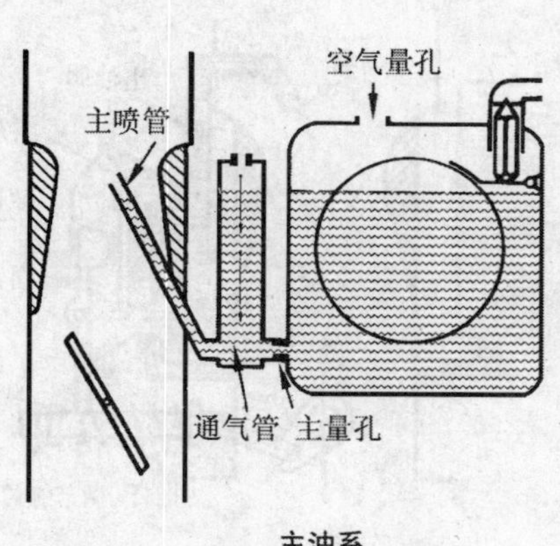

主油系

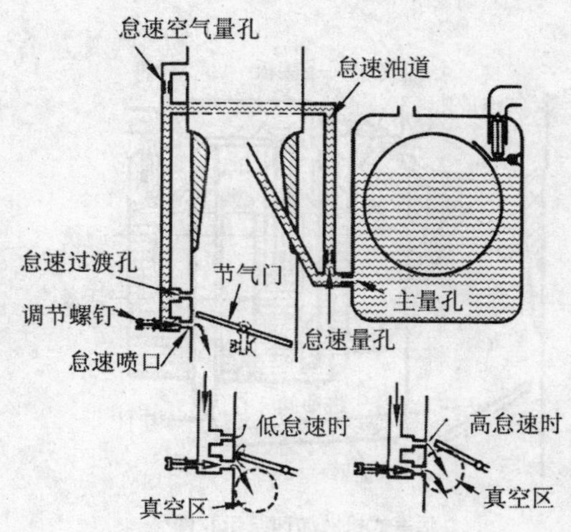

怠速系统

化油器主油系 的功能是保证发动机在部分负荷工作时，化油器供给的混合气随节气门开度的增大而逐渐变稀，在中等负荷时供给接近最经济的混合气。

这种装置就是在浮子室和主喷嘴之间增加了一个通气管，目的是降低主量孔处的真空度，从而抑制汽油流量的增长。

怠速系统 增加了一根从主量孔前到节气门附近的怠速油道。

当低速时，节气门角度比较平，喉管附近真空度不大，主喷管不喷油，而节气门边缘向下的真空度反而大，把油从怠速喷口吸出；当节气门再大一点时，怠速过渡孔有了吸力，两孔同时喷油；节气门再大时主喷管附近负压增大，油开始喷出。通过这个装置，可以得到最佳的怠速混合气。

功率加浓系统 增加了一个加浓量孔（和主量孔并联）此孔有一个加浓阀，通过机械式或真空式，使阀门打开或关闭。

机械式 节气门加大时，通过连接在节气门上的摇臂带动拉杆和推杆顶压加浓阀门，阀门被打开，增加了主喷管的喷油量。

真空式 节气门小角度开启时，节气门下方的负压大，通过通道把活塞吸上，加浓阀未被推杆压住，处于关闭状态 ；反之，节气门加大，节气门附近的气流平缓，活塞失去吸力，在弹簧的作用下推杆向下顶压，加浓阀打开。

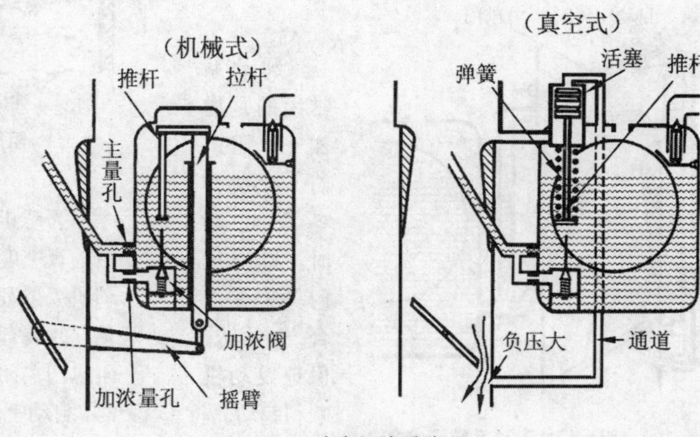

功率加浓系统

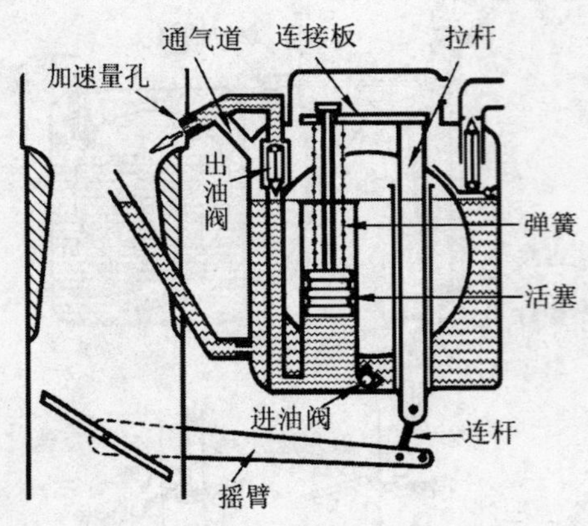

活塞式机械加速泵示意图

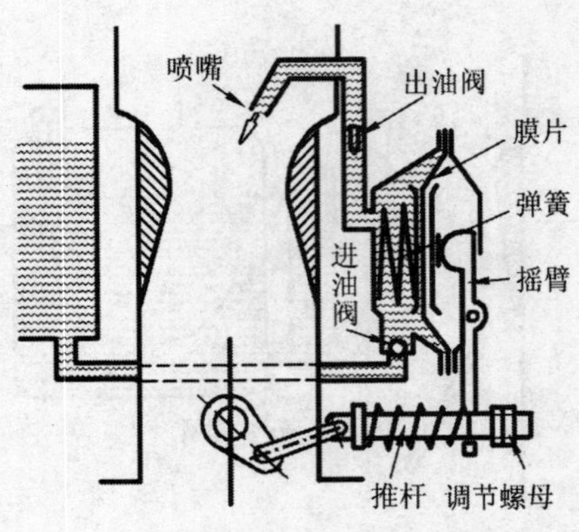

膜片式机械加速泵示意图

驾驶员猛踩加速踏板，节气门突然大开，化油器在瞬间反而供应不上汽油，为了解决这个问题，化油器设置了加速泵。上图为活塞式机械加速泵，利用连接在节气门上的摇臂，带动活塞下压，使具有压力的汽油顶开出油阀，通过加速量孔迅速喷到内腔。通气孔是为了在发动机高速运转时降低加速油道中的真空度，防止加速泵喷油造成浪费。缓慢地加速，由于有出油阀的作用，加速泵不起作用。

膜片式机械加速泵是利用装在节气门上的推杆，通过摇臂的杠杆作用，挤压膜片，把油压到内腔，挤压的同时关闭进油阀。同样，缓慢加速时，加速泵不工作。

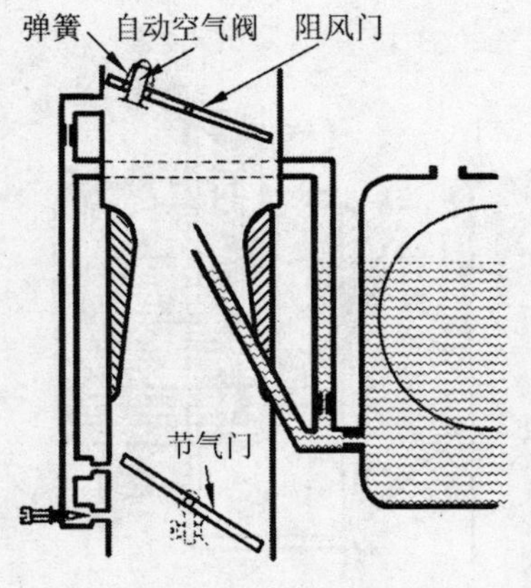

阻风门式起动系统示意图

起动系常用的是增加一个阻风门，特别在冬季起动时，将阻风门关上使混合气更浓，保证发动机顺利起动。

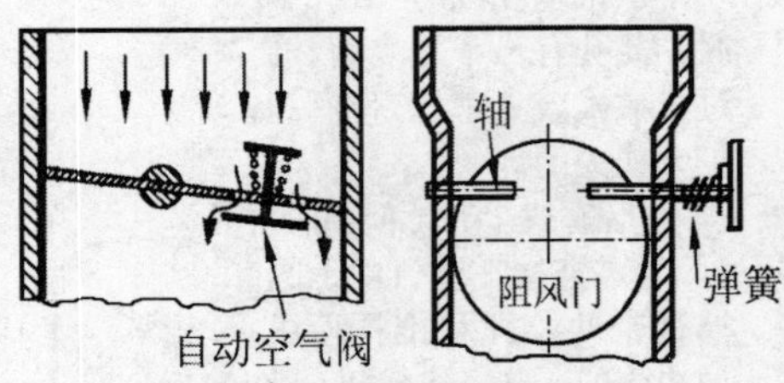

阻风门上的自动空气阀

为防止起动后期因转速过大，阻风门后的真空度迅速增大，混合气过浓，使发动机“憋死”，有些化油器将阻风门轴装偏，并装有带复位弹簧的自动空气阀。当阻风门关闭，其后面的真空度达到一定值时，自动空气阀开启，适当流入少量空气。

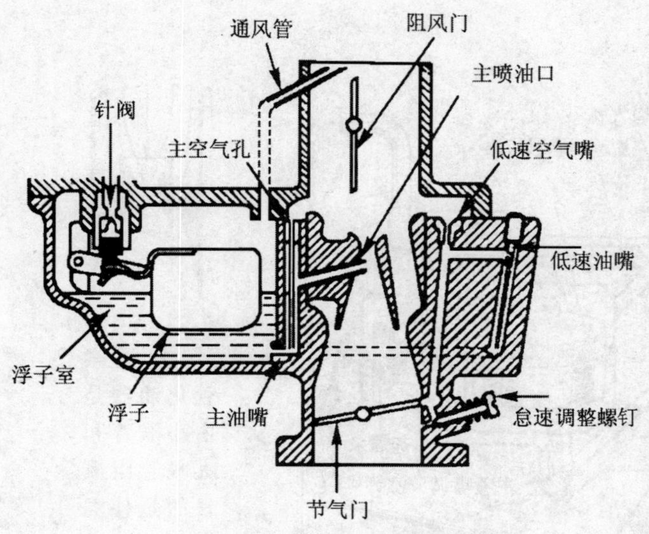

单腔化油器结构

单腔化油器 为典型的化油器，其结构如左图所示。

化油器可分为三个主要部分。

腔体 是化油器的主要组成部分，它由**阻风门、喉管、混合室、节气门**等组成。阻风门可改变空气的流入量，直接影响混合气的浓度，驾驶员踩踏加速踏板实际上就是变更节气门的开度。

浮子室油面控制机构 包括**浮子室、浮子、针阀**等。

供油装置 由**主喷油嘴、加速油嘴、怠速喷口**等组成。

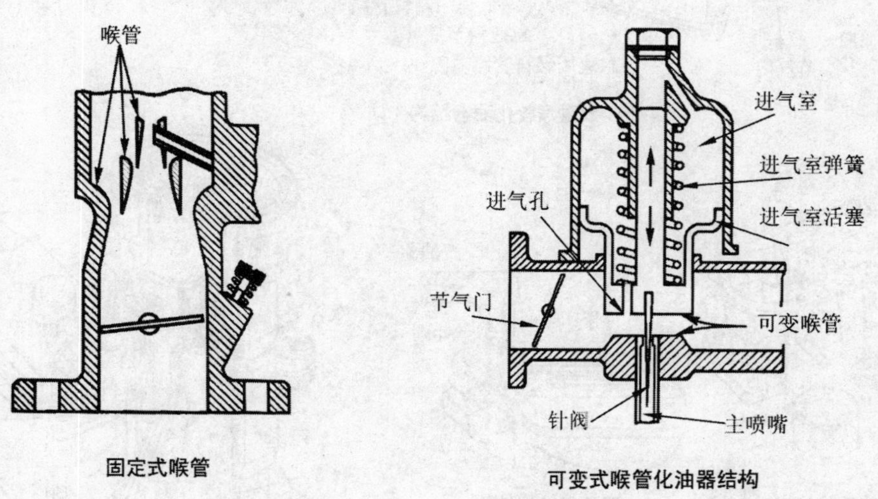

固定式喉管

可变式喉管化油器结构

可变式喉管化油器（SU 化油器），其工作原理是节气门处于微开状态，喉管部位的负压小，进气室内的气压与从气孔进入的空气压力反差不大，这时弹簧力比较大，针阀顶住主喷嘴（留有少量空隙），燃料喷出的很少，发动机低速运转；节气门处于全开状态，通过喉部的空气流速加快，这部分的气压大大降低，该气压通过进气孔进入进气室，由于进气室内负压大，弹簧向上收缩，进气室活塞向上升起，同时喉管加大，针阀也抬起，进油量也随之增加，这时，发动机高速运转。

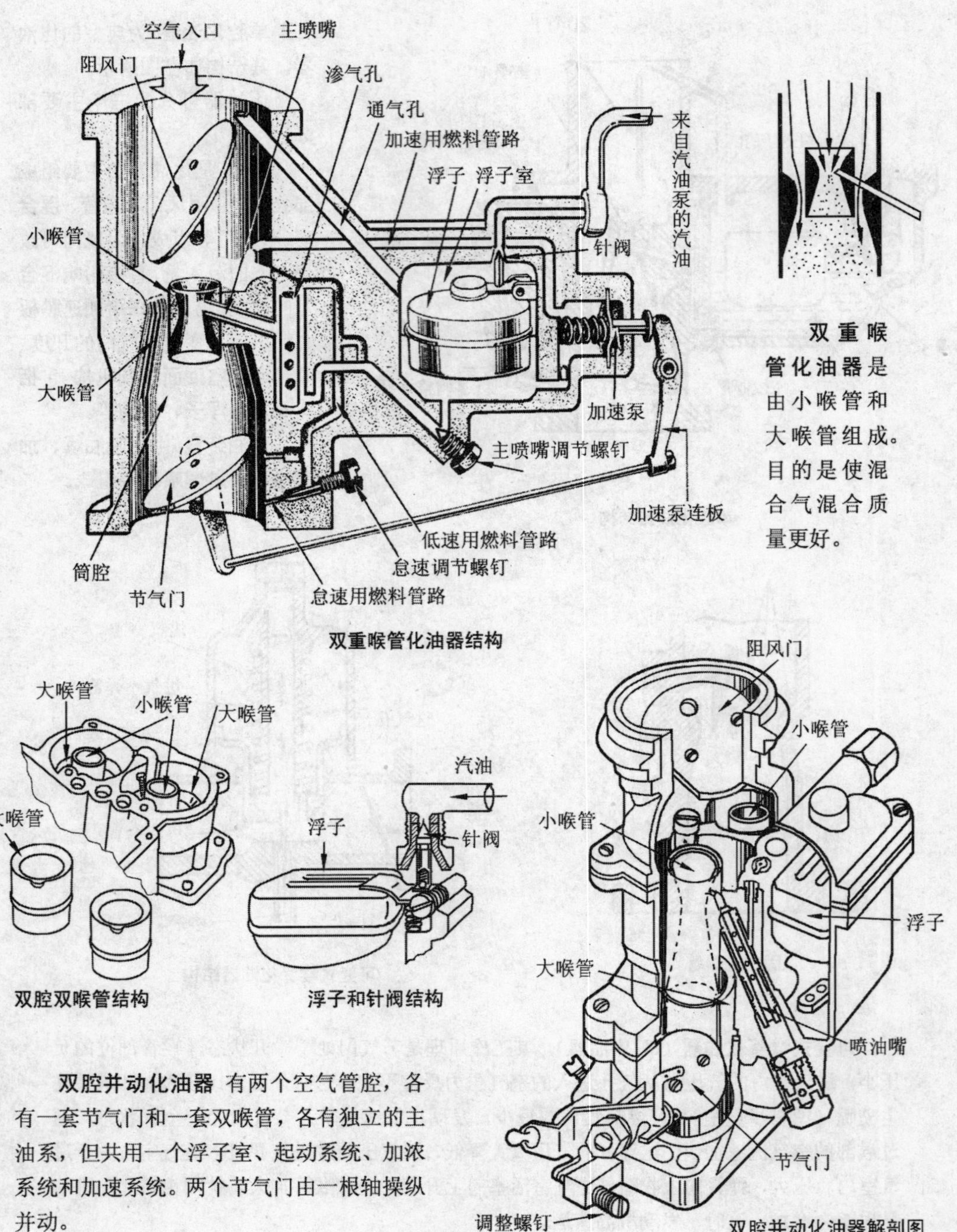

双重喉管化油器结构

双腔双喉管结构

浮子和针阀结构

双腔并动化油器解剖图

双重喉管化油器是由小喉管和大喉管组成。目的是使混合气混合质量更好。

双腔并动化油器 有两个空气管腔，各有一套节气门和一套双喉管，各有独立的主油系，但共用一个浮子室、起动系统、加浓系统和加速系统。两个节气门由一根轴操纵并动。

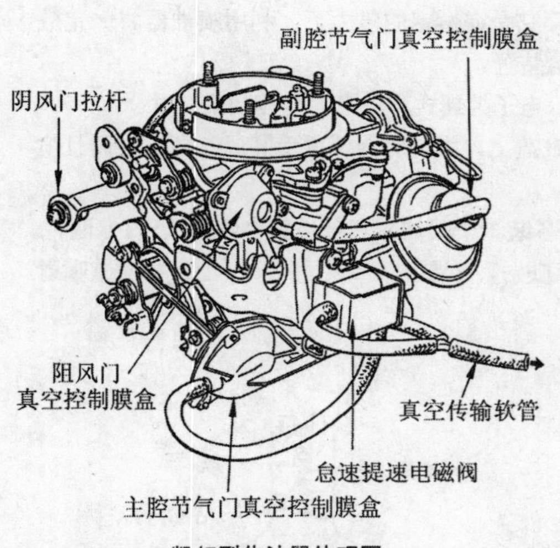

凯虹型化油器外观图

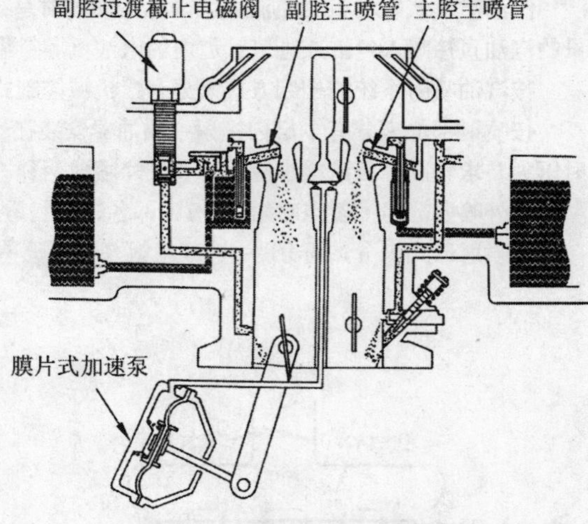

凯虹型化油器主供油系统示意图

双腔真空分动式化油器 奥迪、桑塔纳等知名轿车曾装用过凯虹化油器就是双腔真空分动式化油器。该化油器为下吸式、双重喉管化油器，左上图为凯虹化油器外形图。这种化油器具有结构简单可靠、价格低廉、维修方便等优点。尽管如此，化油器式发动机由于燃烧不充分，排放污染严重等缺陷，我国政府规定，从2001年7月起，禁止生产化油器类轿车和5座客车。化油器在轿车上已被淘汰，对于化油器本章节就不再作更深入详细的介绍。

电子控制化油器 右图为电磁阀式电子控制化油器系统的组成。其中氧传感器用来检测发动机排气中O_2的浓度，并将其转换成电压信号用以判断化油器供给的混合气空燃比是否偏离理论空燃比。如果发动机燃用浓混合气，则氧传感器将输出高电压信号；若燃用稀混合气，则输出低电压信号。因此，氧传感器输出电压的高低反映了混合气空燃比偏离理论空燃比的程度。

电子控制化油器的各个工作系统与传统化油器基本相同。在大多数电子控制化油器中，将传统化油器的真空式加浓系统中的加浓活塞换之以混合气控制电磁阀。

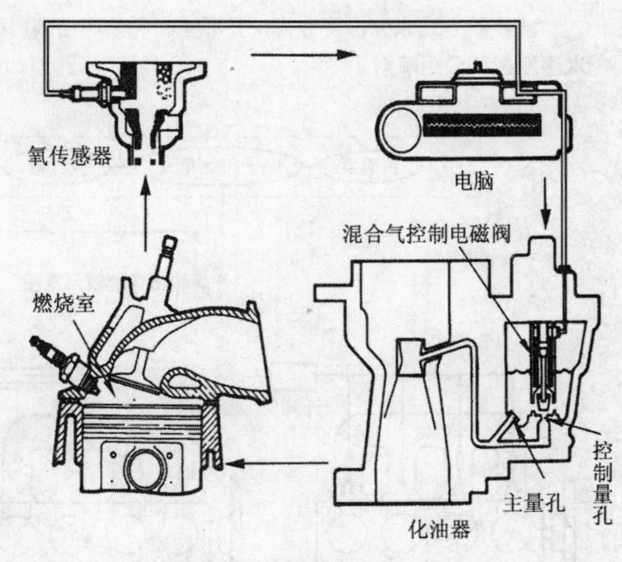

电磁阀式电子控制化油器示意图

汽油喷射系统的分类

汽油喷射式发动机的燃油系统简称**汽油喷射系统**，它是在恒定的压力下，利用喷油器将一定数量的汽油直接喷入气缸或进气管道内的汽油机燃料供给装置。

按汽油喷射系统的控制方式来分有：**机械控制式**、**电子控制式**和**机电混合控制式**三种。

按喷射部位来分有：**缸内喷射**（喷油器安装在气缸盖上，因喷射器要承受高温、高压，而且喷射压力要求较高，目前极少应用）和**缸外喷射**两种。

缸外喷射分为：**多点喷射**（MPI）即各缸进气道上各装一个喷油器和**单点集中喷射**（SPI）两种。

按喷射形式来分，可分为：**连续喷射**（仅限于单点喷射，主要用在K型和KE型上）和**间歇喷射**。

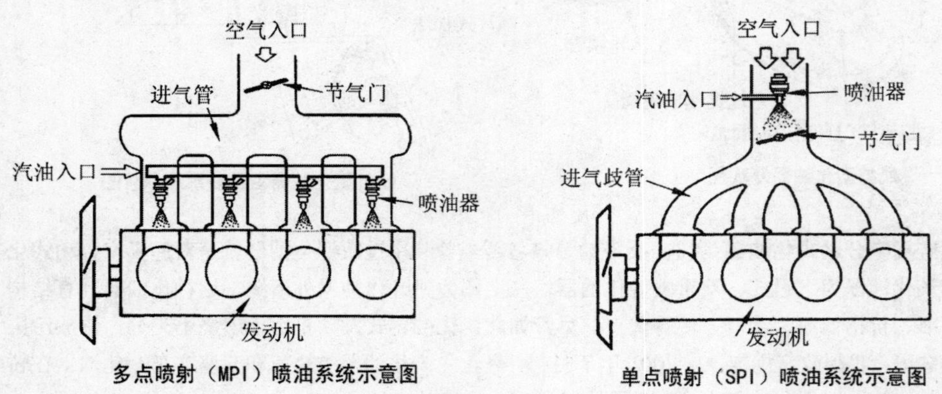

多点喷射（MPI）喷油系统示意图　　单点喷射（SPI）喷油系统示意图

按控制方式来分，可分为：**开环控制**和**闭环控制**。按喷射的组合来分，可分为：**同时喷射**、**次序喷射**和**分组喷射**。

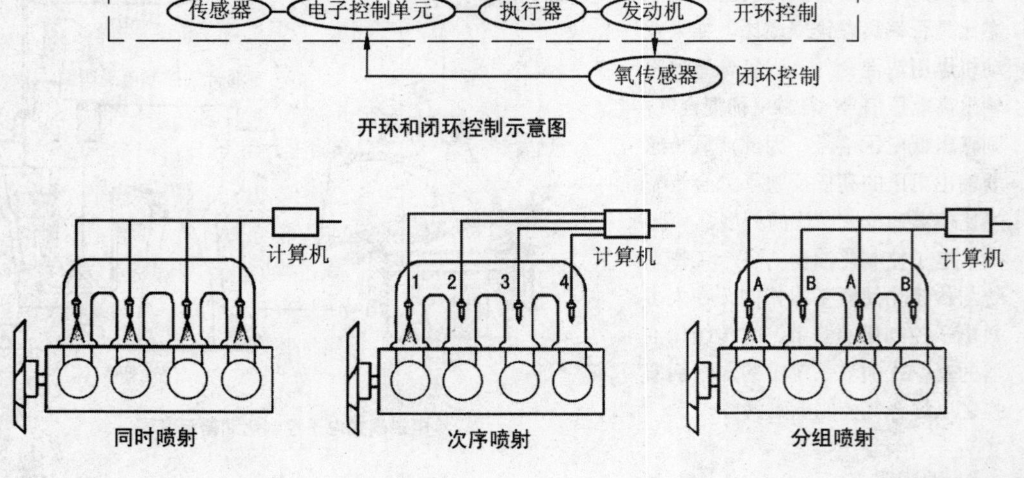

开环和闭环控制示意图

同时喷射　　次序喷射　　分组喷射

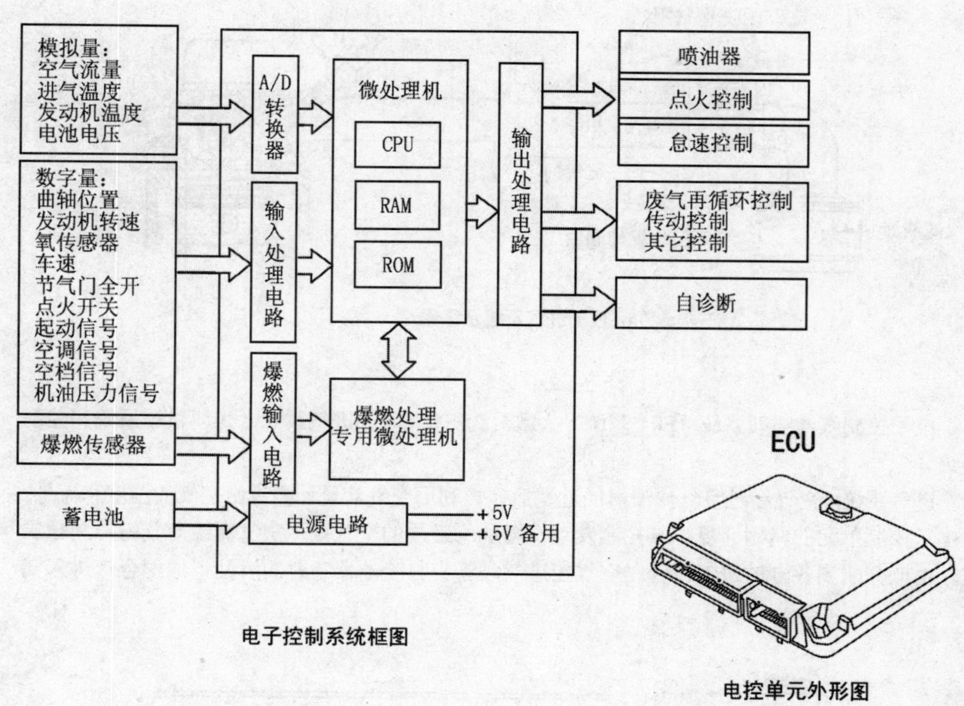

电子控制系统框图

电控单元外形图

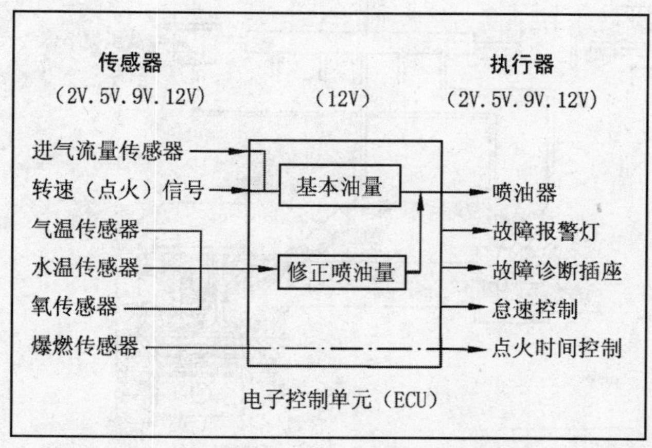

基本喷油量和修正喷油量示意图

电子控制汽油喷射系统(EH系统)是以电控单元(ECU)为控制中心，并利用安装在发动机上的各种传感器测出发动机的各种运行参数，再按照电脑中预存的控制程序精确地控制喷油器的喷油量，使发动机在各种工况下都能获得最佳空燃比的可燃混合气。

目前，各类汽车上所采用的电子控制汽油喷射系统在结构上往往有较大的差别，在控制原理及工作过程方面也各具特点。本书只介绍最有代表性的、典型的电子控制汽油喷射系统。

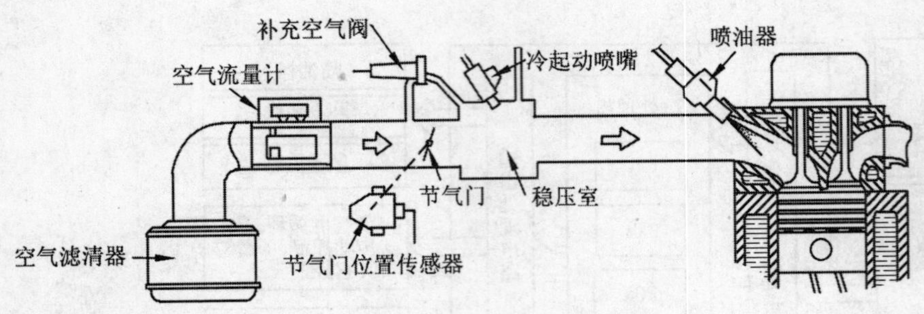

进气系统示意图

电子控制汽油喷射系统（EFI 系统）大致分为三个部分：**进气系统、燃料供给系统和控制系统**。

进气系统：空气经过空气滤清器的过滤后，再利用空气计量计测量出空气的温度和流量，经电子控制单元的精确计算，来控制发动机燃烧所必须的空气量，空气流经节气门再到稳压室，由此分配到各缸的进气歧管。空气在进气歧管中与喷油器喷射的燃油形成混合气进入气缸。

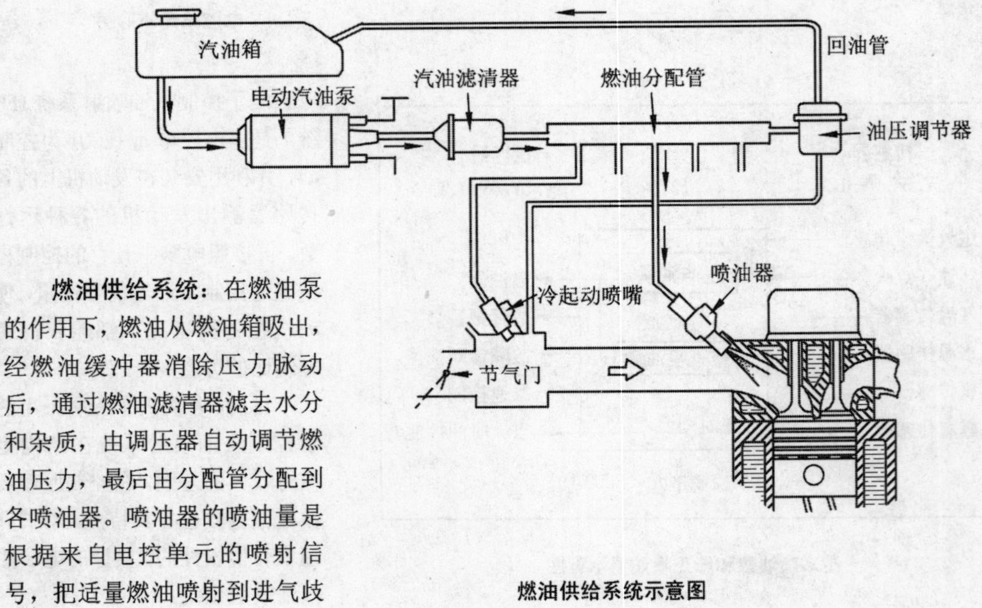

燃油供给系统：在燃油泵的作用下，燃油从燃油箱吸出，经燃油缓冲器消除压力脉动后，通过燃油滤清器滤去水分和杂质，由调压器自动调节燃油压力，最后由分配管分配到各喷油器。喷油器的喷油量是根据来自电控单元的喷射信号，把适量燃油喷射到进气歧管。

燃油供给系统示意图

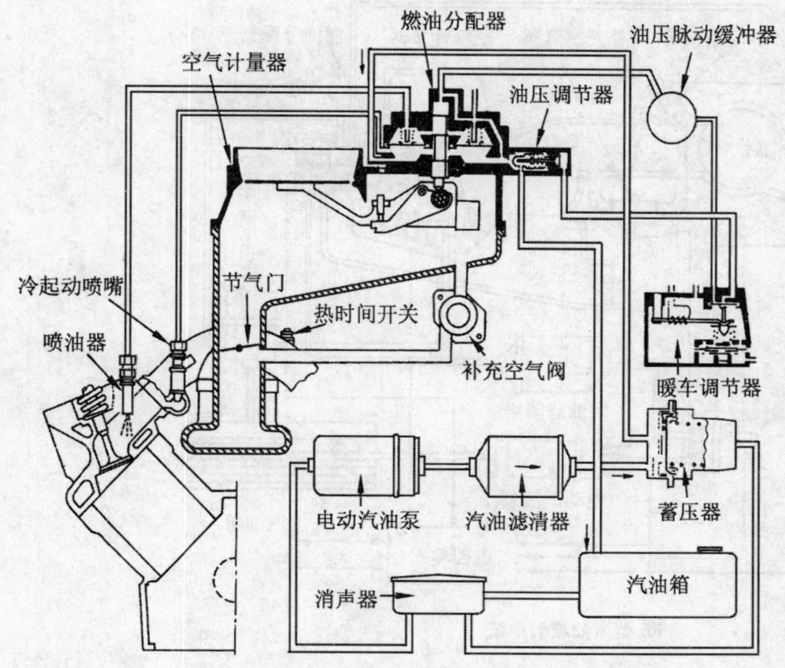

K 型汽油喷射系统

德国波许（Bosch）公司 1973 年生产出 K-叶特朗尼克型机械控制式汽油喷射系统，简称 K 型汽油喷射系统。

K 型汽油喷射系统有两个特点：

1. 混合气的调节和配制为机械压力式控制。

2. 定压多点连续喷射，即当发动机工作时，喷油器以一定的压力连续不断地向进气道喷油。

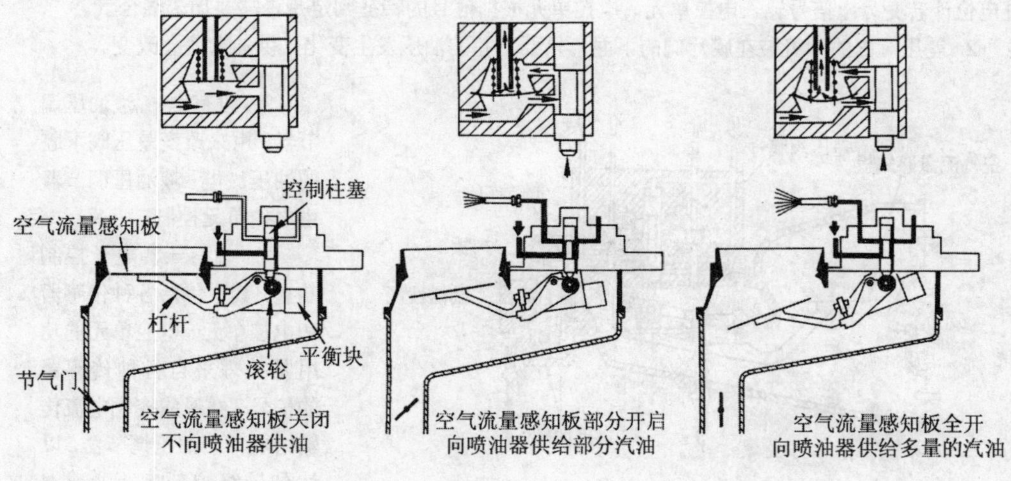

空气计量器与燃油分配器的工作原理

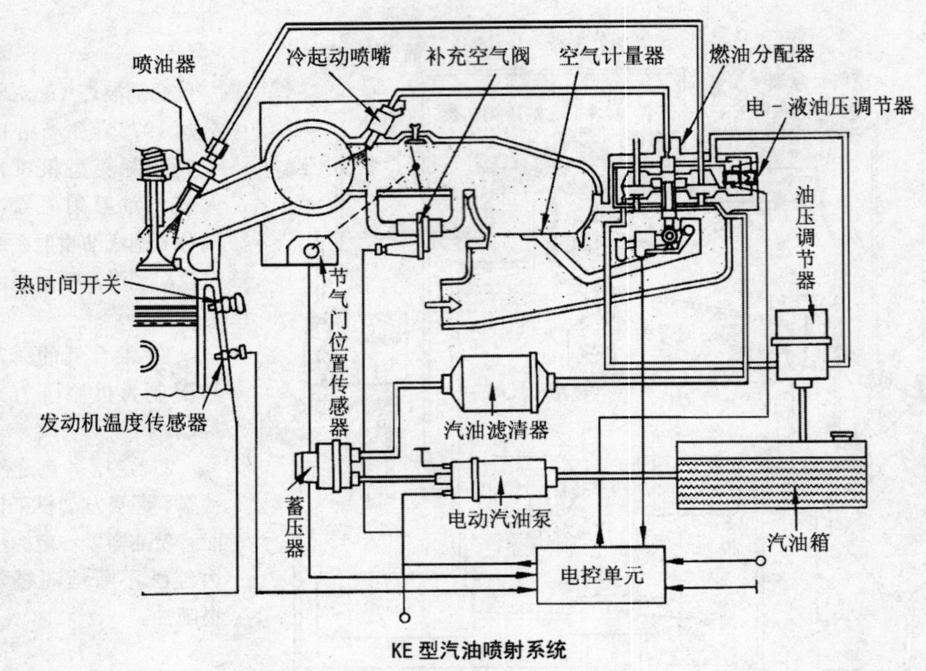

KE 型汽油喷射系统

KE 型与 K 型汽油喷射系统的不同之处有：

1. 在空气计量器杠杆的销轴上装有电位计，空气流量感知板位置的变化及其变化的速率通过电位计转变为电信号输入电控单元，电控单元根据信号的特征判定是否需要加浓混合气。

2. 差压阀内的弹簧装在膜片阀的下面，只要下腔的油压发生变化，供油量就会改变。

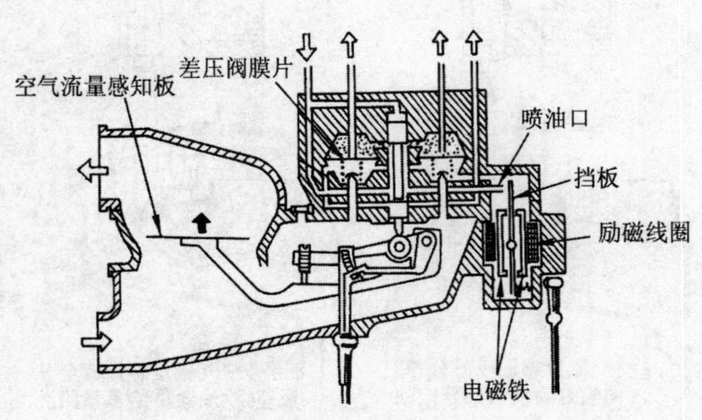

空气计量器与电－液压调节器结构

3. 设有电－液油压调节器，用来改变差压阀下腔的油压。电－液油压调节器由电控单元控制。

4. 设有一套电子控制装置，其中包括各种传感器和电控单元。电控单元的功用是处理来自各种传感器的信号，并形成控制电流传输给电－液油压调节器，以达到最终控制喷油量或混合气成分的目的。

进气压力型汽油喷射系统是最早应用在汽车发动机上的电子控制多点间隙式汽油喷射系统。

该系统是利用进气管内的压力和温度数据来测定发动机吸入的空气量。进气压力和温度传感器位于节气门后方的进气歧管内，测得的数据作为发动机各工况进气量信号，它和转速传感器信号一起输入电子控制单元（ECU），供 ECU 计算基本供油量，电脑再根据水温、节气门位置、氧传感器等各种传感器检测发动机工况后传来的信号，计算出修正喷油量。保持发动机在各种工况下，获最佳可燃混合气，发出最佳匹配的动力。

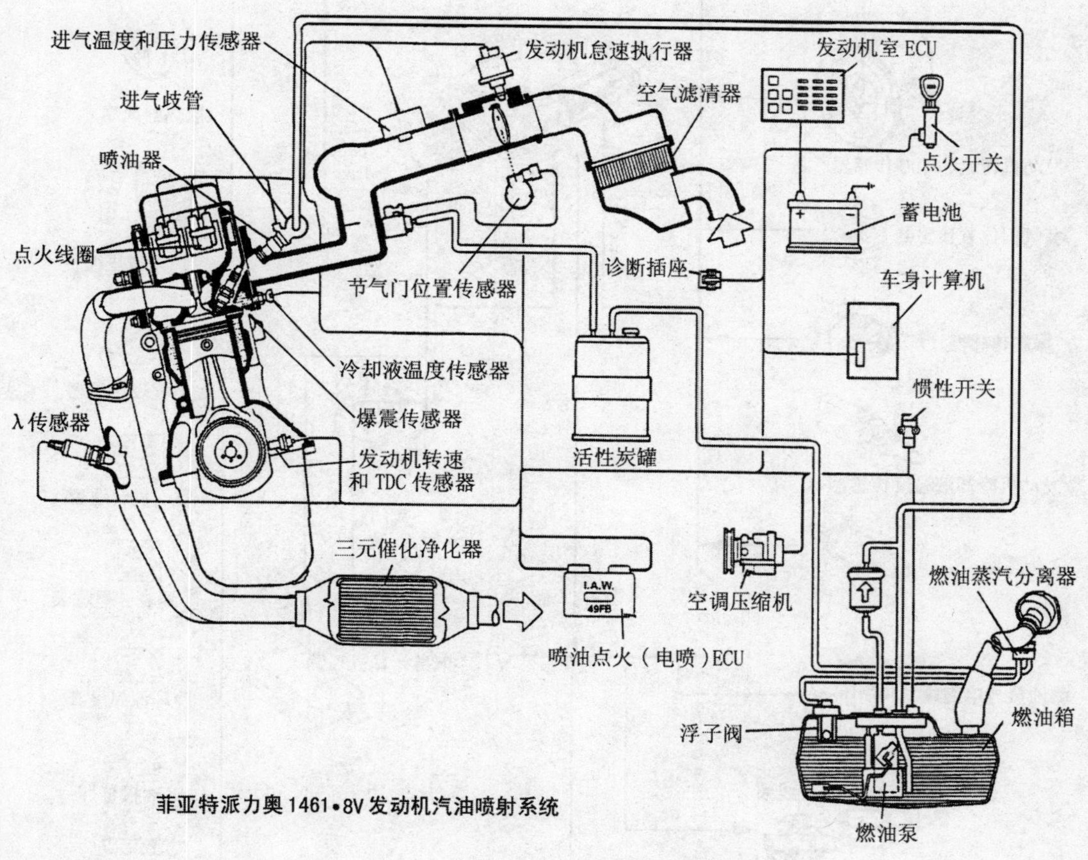

菲亚特派力奥 1461•8V 发动机汽油喷射系统

早期的压力型汽油喷射系统因受大气状态变化的影响，有时汽车加速反应不良。现代汽车发动机上所使用的压力型汽油喷射系统都是经过改进的，采用运算速度快、内存容量大的微机，完善了控制功能。德国大众公司的 1600 型、奔驰 250CE、奔驰 280SE、日本丰田公司的 HIACE、CROWN 以及雪铁龙毕加索、菲亚特派力奥等轿车均采用压力型汽油喷射系统。

汽油喷射发动机电控系统的组成实例

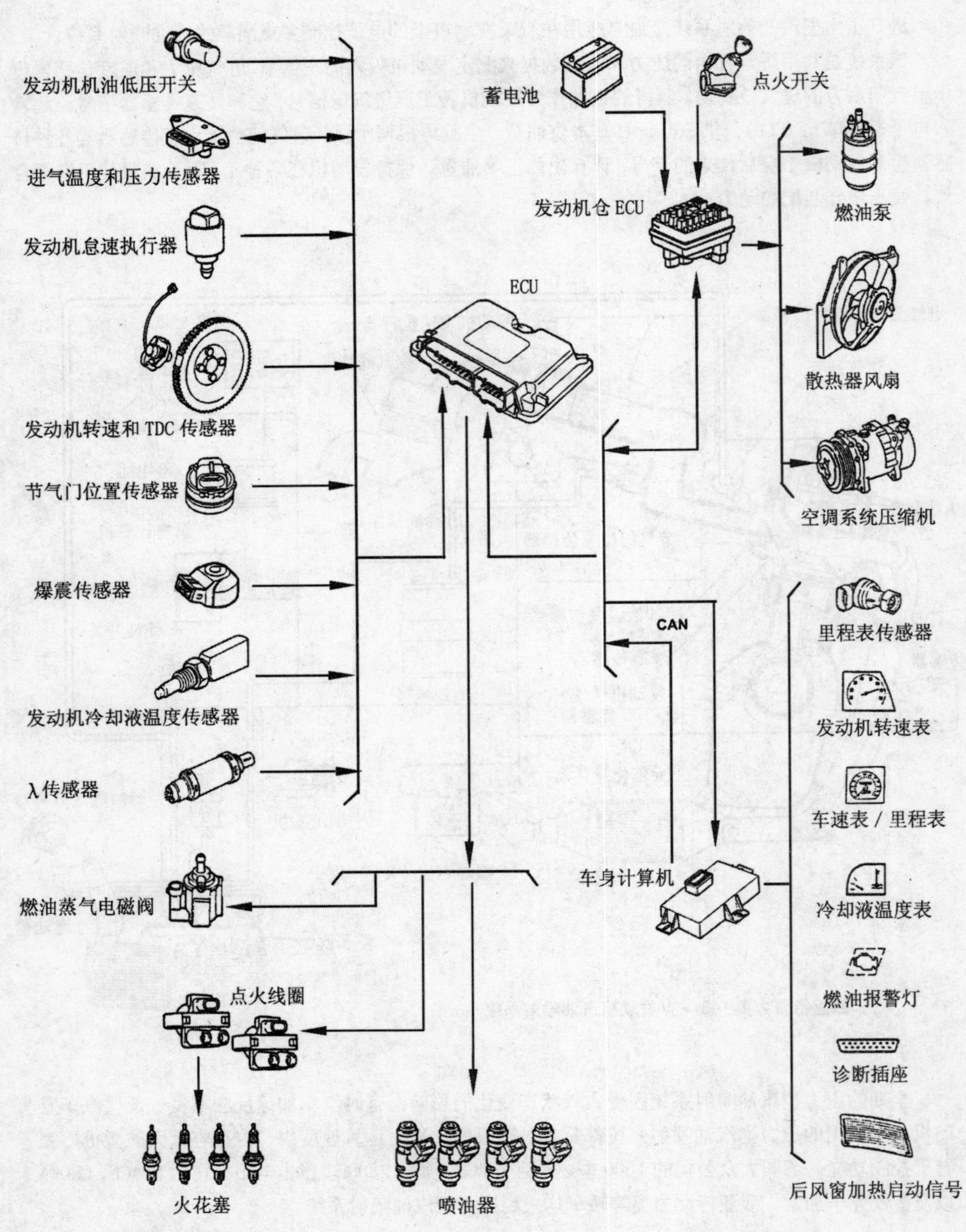

菲亚特派力奥汽车（1461· 8V 发动机）

该发动机配套于派力奥汽车，是典型压力式电子控制燃油喷射系统的发动机。进气系统和燃油供给系统具有代表性。进气温度和压力传感器位于节气门的后方，而LH型电喷发动机的空气流量计在节气门的前面。

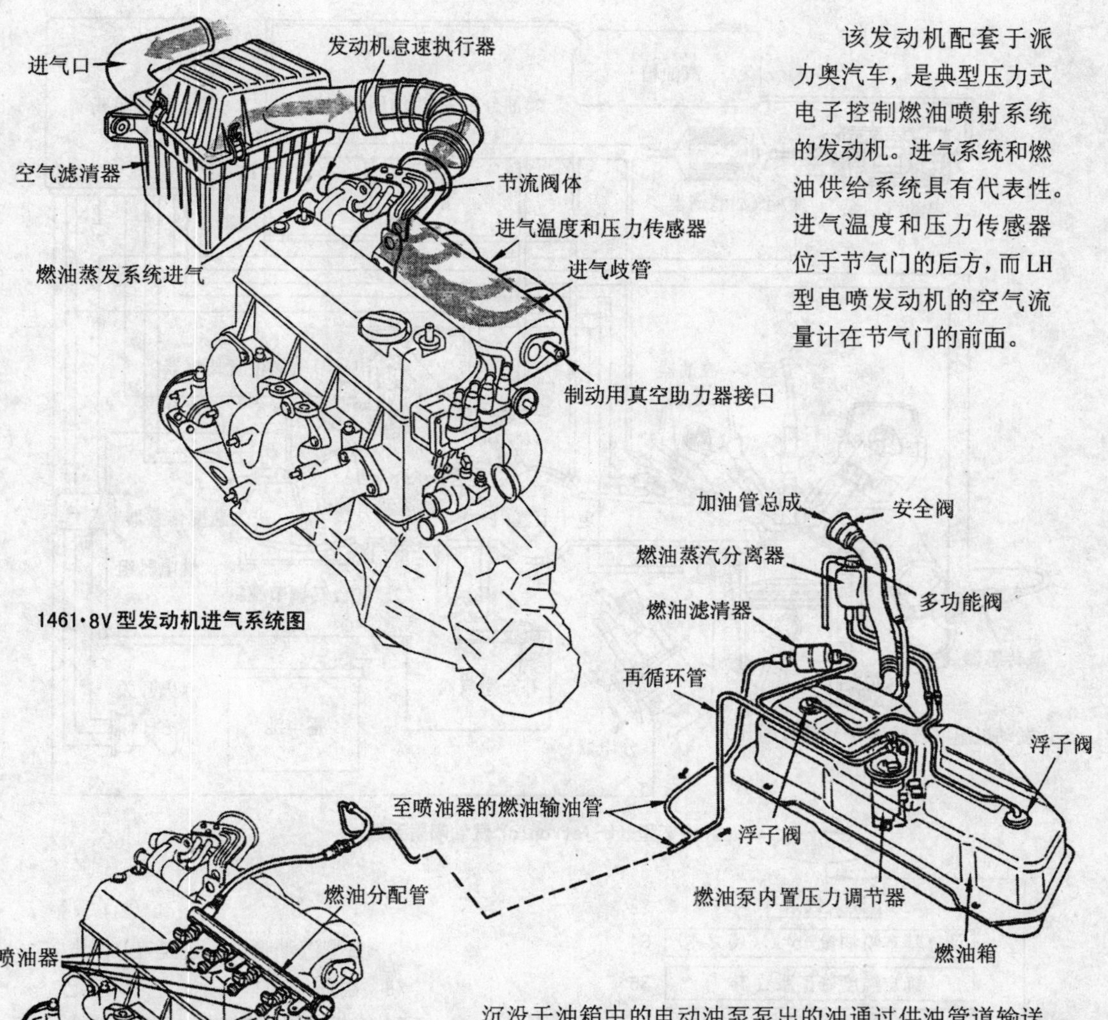

1461·8V型发动机进气系统图

1461·8V型发动机燃油供给系统

沉没于油箱中的电动油泵泵出的油通过供油管道输送至喷油器。燃油系统是“半回路”式，即在油箱与发动机之间只有一根连接管。再循环管连接至燃油滤清器下游的压力调节器，使送至喷油器的输油管内的压力保持恒定。

此系统确保以下功能：

/ 它减小车辆在发生意外事故时失火的可能性；

/ 它减小燃油蒸气对大气的排气污染。

燃油泵周围还有燃油压力调节器和燃油液位传感器。

此外，本系统还装有惯性开关，它能在发生意外事故时关断燃油泵电源。

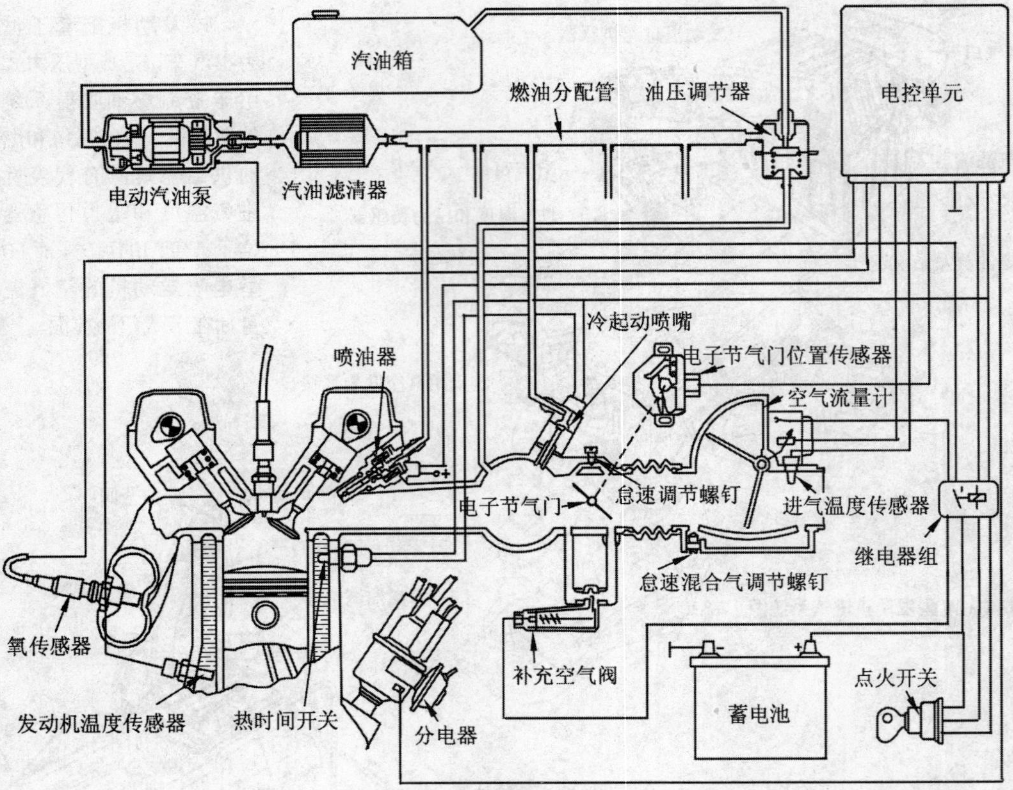

波许L型（L-jetronic）汽油喷射系统

汽油箱
燃油分配管
油压调节器
电控单元
电动汽油泵
汽油滤清器
冷起动喷嘴
喷油器
电子节气门位置传感器
空气流量计
电子节气门
怠速调节螺钉
进气温度传感器
继电器组
怠速混合气调节螺钉
氧传感器
补充空气阀
蓄电池
点火开关
发动机温度传感器
热时间开关
分电器

波许L型（L-jetronic）汽油喷射系统

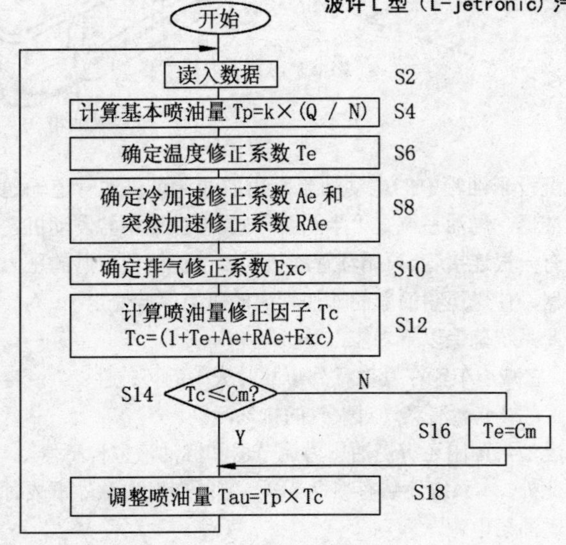

L型汽油喷射系统的控制过程

L型汽油喷射系统是在D型汽油喷射系统的基础上，于20世纪70年代发展起来的多点、间歇式汽油喷射系统，目前应用最为广泛。它以发动机的进气量和发动机转速作为基本控制参数，从而提高了喷油量的控制精度。

L型汽油喷射系统的组成如上图所示，其构造和工作原理与D型基本相同，其控制过程如左侧的程序框图所示。

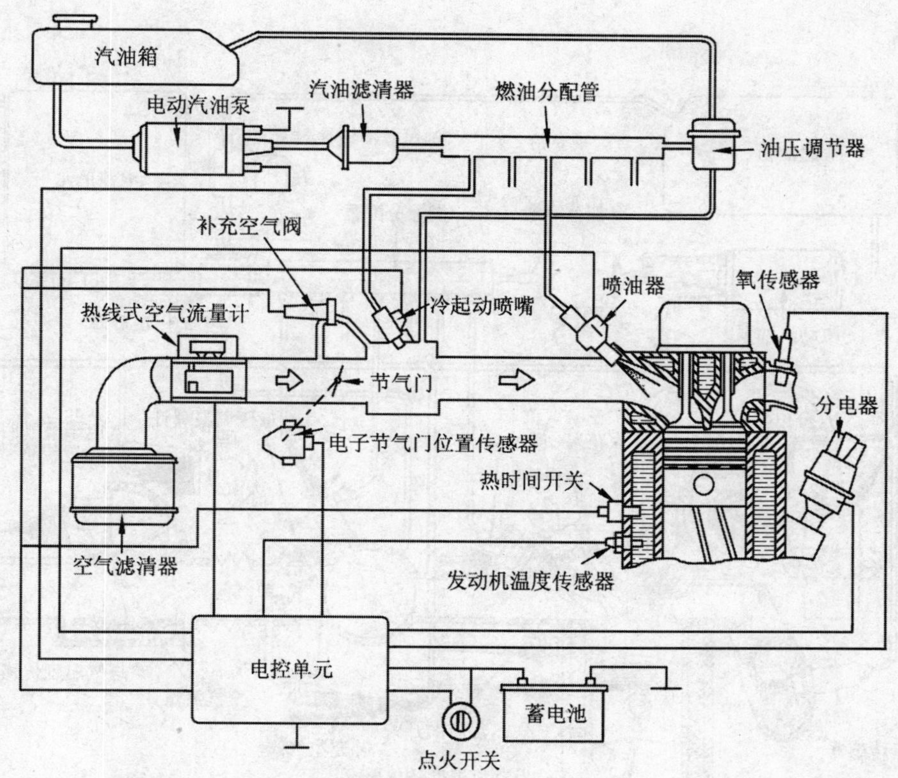

波许LH型（LH-Jetronic）汽油喷射系统

LH型汽油喷射系统是L型汽油喷射系统的变型产品，两者的结构与工作原理基本相同，不同之处是LH型采用热线式空气流量计，而L型采用翼片式空气流量计。热线式空气流量计无运动部件，进气阻力小，信号反应快，测量精度高。另外，LH型汽油喷射系统的电控装置采用大规模数字集成电路，运算速度快，控制范围广，功能更加完善。

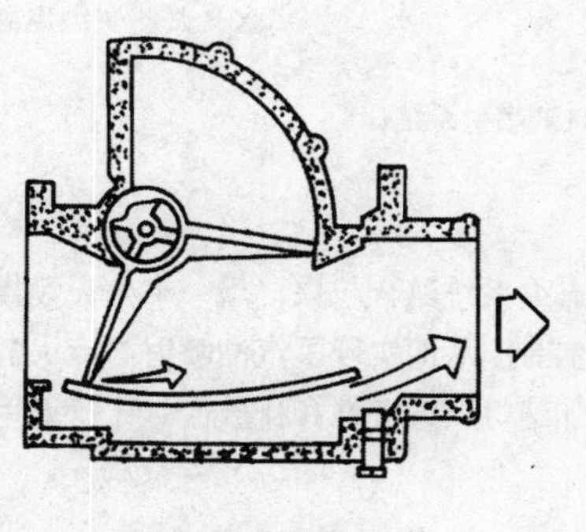

翼片式空气流量计

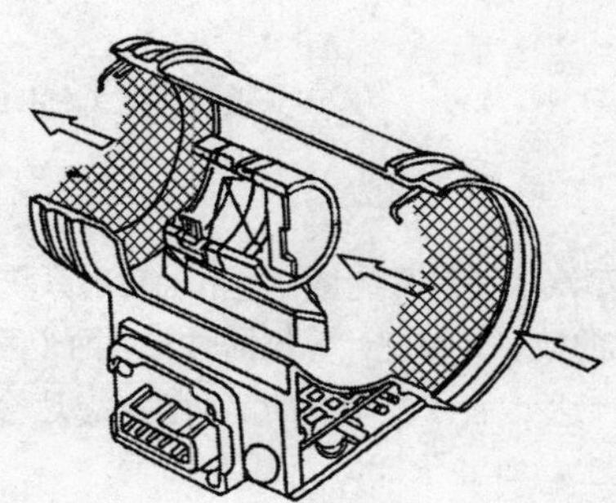

热线式空气流量计

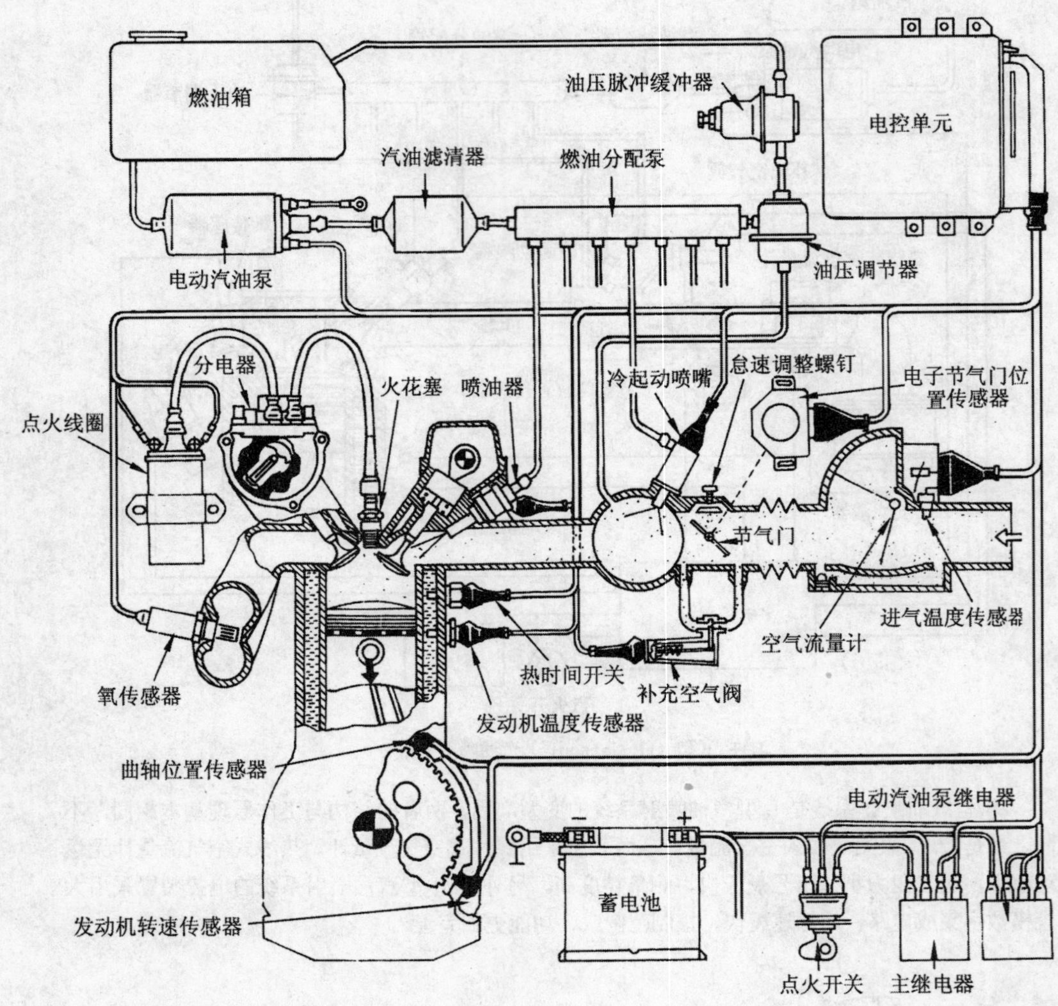

波许M型（M-Jetronic）汽油喷射系统

M型汽油喷射系统将L型汽油喷射系统与电子点火系统结合起来，用一个由大规模集成电路组成的数字式微型计算机同时对这两个系统进行控制，从而实现了汽油喷射与点火的最佳配合，进一步改善了发动机的起动性、怠速稳定性、加速性、经济性和排放性。广泛地用于轿车发动机上，如宝马535i、奥迪V8等。

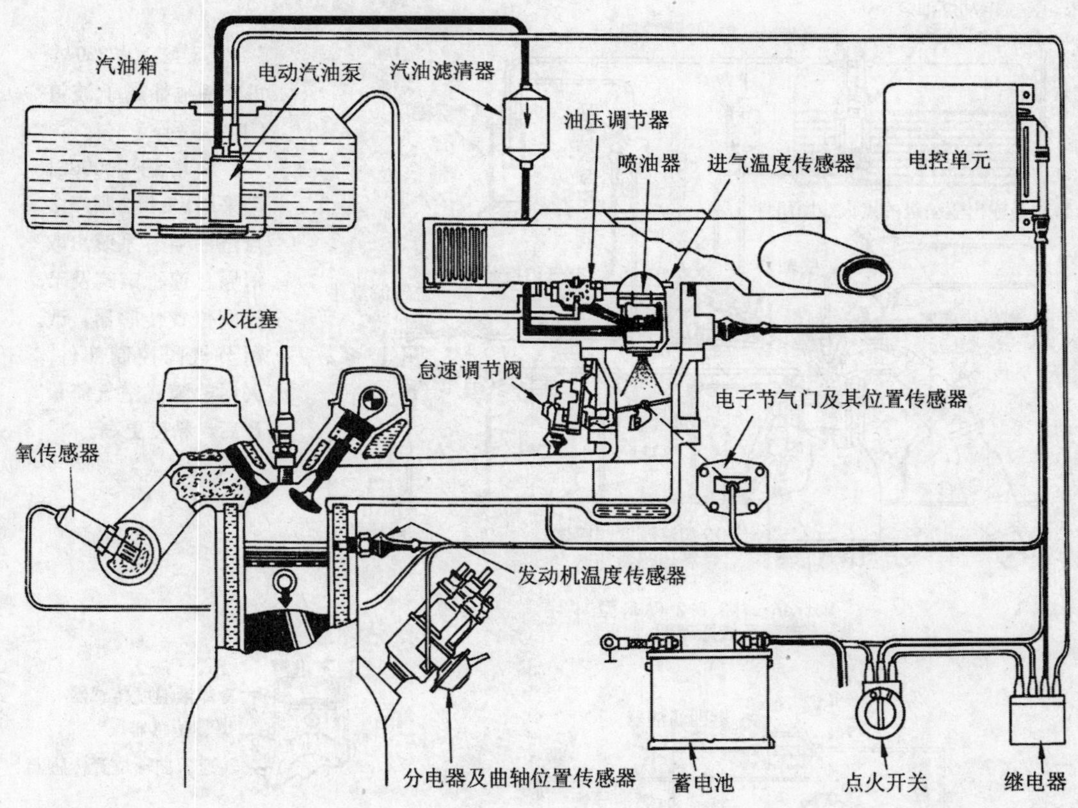

节气门体汽油喷射系统

电子节气门体汽油喷射系统是单点喷射系统。与上述多点喷射系统不同，单点喷射系统只用一个或两个安装在电子节气门体上的喷油器，将汽油喷入电子节气门前方的进气管内，并与吸入的空气混合形成混合气，再通过进气支管分配至各气缸。

单点喷射系统的工作原理与多点喷射系统相似。电控单元根据发动机的进气量或进气管压力以及曲轴位置传感器、电子节气门位置传感器、发动机温度传感器及进气温度传感器等测得的发动机运行参数，计算出喷油量，在各缸进气行程开始之前进行喷油，并通过喷油持续时间的长短控制喷油量。

典型的单点喷射系统有通用汽车公司的 TBI 系统，福特公司的 CFI 系统，三菱公司的 ECl 系统和波许公司的 Mono- 叶特朗尼克系统。单点喷射系统由于喷射压力低（约 0．1MPa)，所以降低了对燃油系统零部件的技术要求，从而降低了成本。在性能上优于电控化油器，而不及多点喷射系统。但是单点喷射系统结构简单，工作可靠，维修调整方便，在中级和普及型轿车上应用较多。

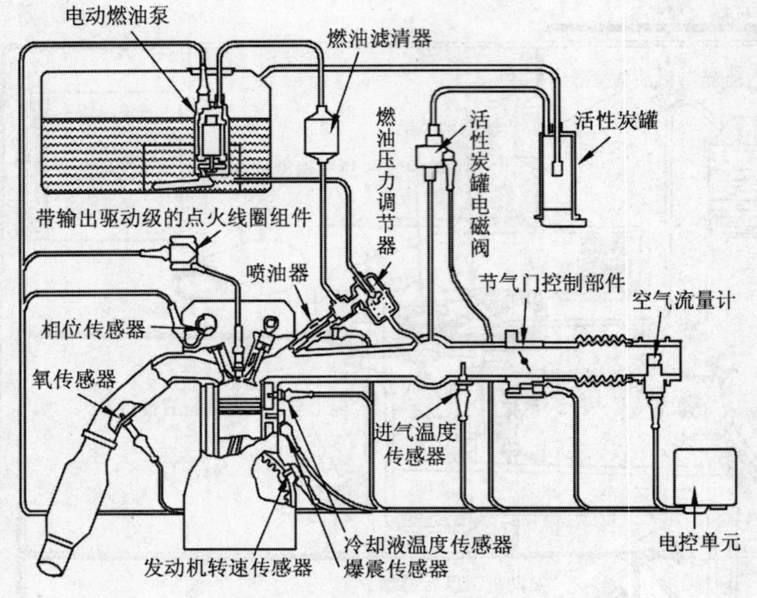

Motronic M3.8.2（AJR 型）
电喷系统原理图

AJR 型、CA7220 型电喷系统都属于波许LH 型系列。

桑塔纳 2000GSI 型采用M3.8.2顺序多点汽油喷射系统，取消原怠速稳定阀及节流阀位置传感器，改用节气门控制部件，采用热膜式空气流量计后，精度更高。

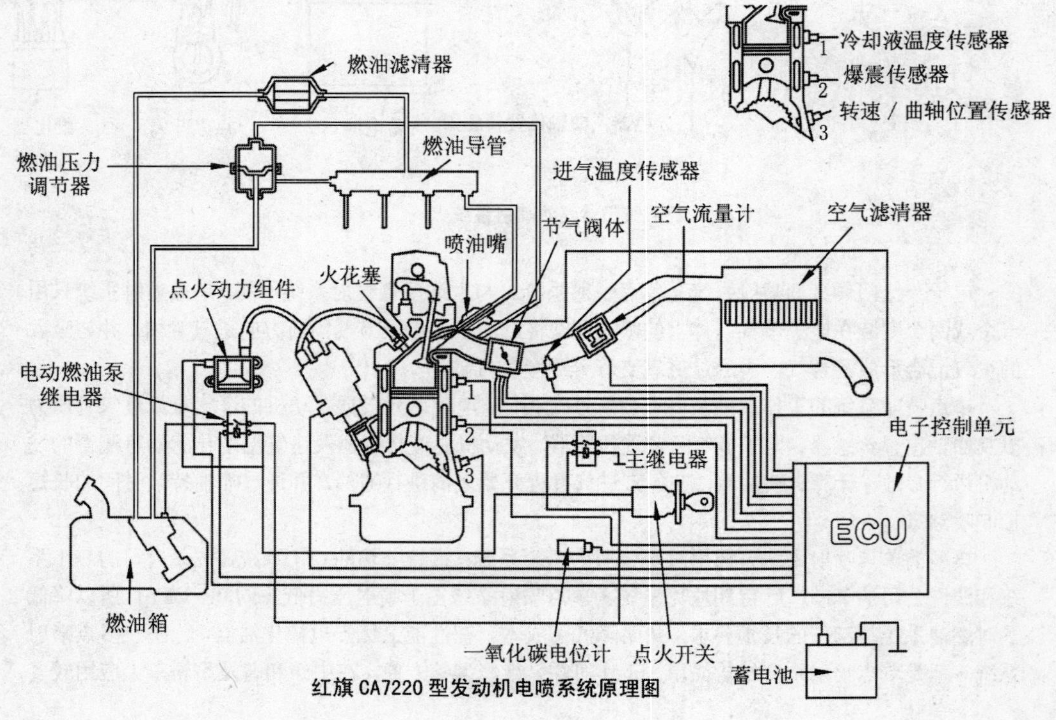

红旗 CA7220 型发动机电喷系统原理图

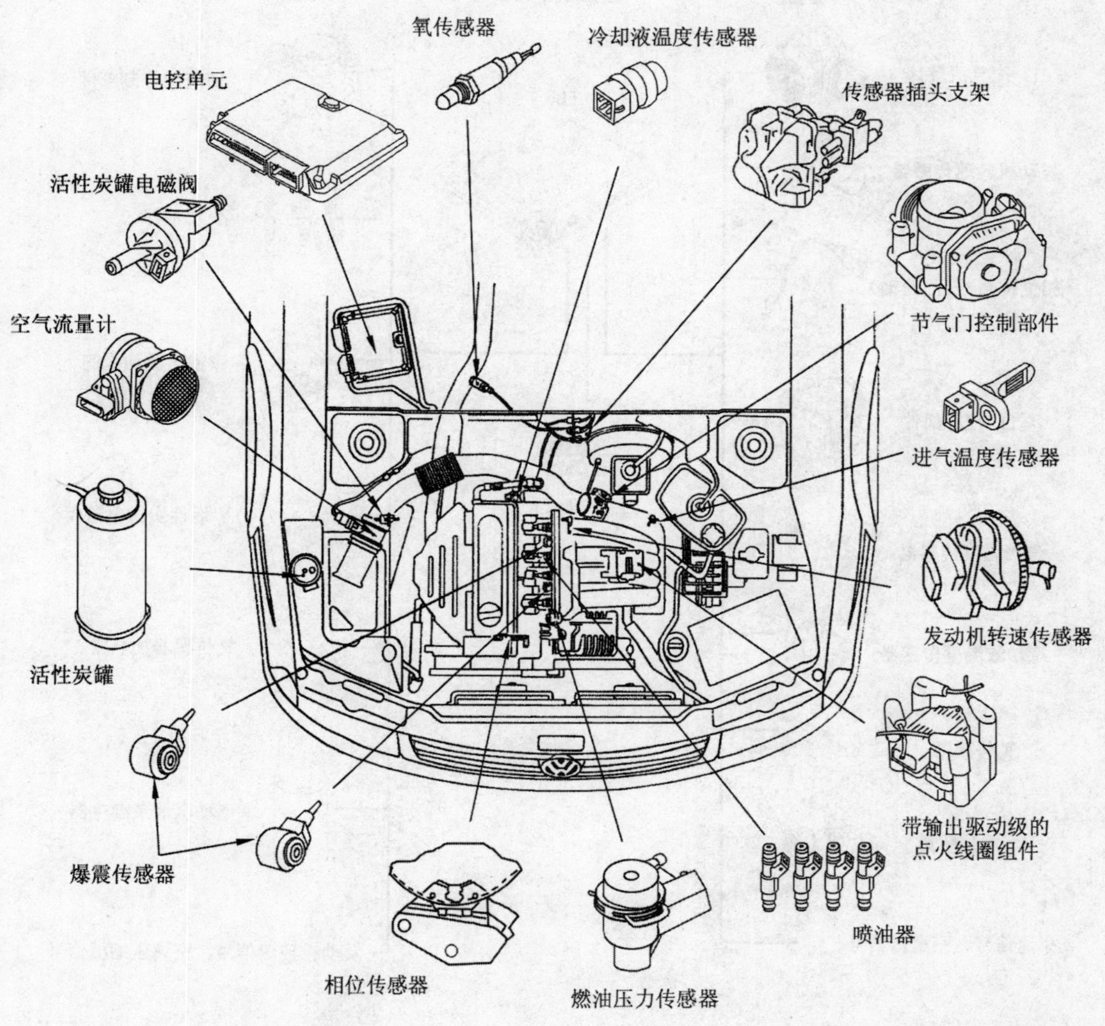

AJR 型发动机电控部分有两个爆震传感器。相位传感器（又称霍尔传感器或凸轮轴传感器）用于判别凸轮轴的位置，即第一缸上止点位置，并根据点火顺序，确定相应的喷油顺序，同时对各缸进行爆震控制。

本图为桑塔纳 2000 型轿车 AJR 型发动机电喷系统各部件安装位置，因各种轿车的设计不同，电喷系统各部件的安装位置也不相同，但原理是相通的，读者可以举一反三。

AJR 型电喷发动机电控系统的组成

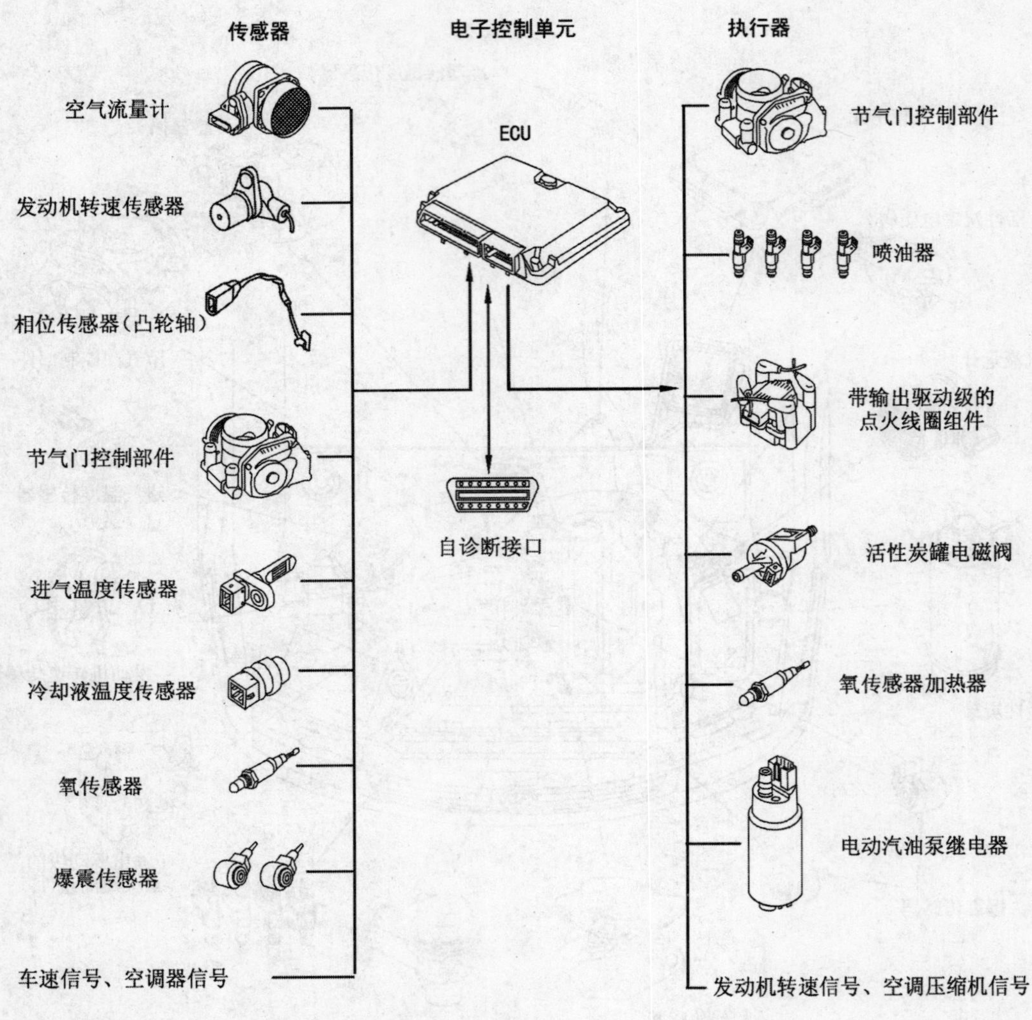

发动机上各种传感器可分为模拟量和数字量两种，模拟量的有：空气流量、进气温度、发动机温度、节气门位置等；数字量的有：曲轴位置、发动机转速、氧传感器、车速、点火开关、机油压力等。这些传感器收集到的信号，由输入装置传输到电子控制单元 ECU，模拟量由模拟数字转换器转换成计算机能识别的数字信号，数字量的直接输入处理电路，爆震信号输入爆震专用微处理机，所有的信号通过微处理机转换成控制指令，再由输出装置传送到喷油器、分电器（AJR 型发动机取消分电器，直接传至带驱动级的点火线圈组件）及其它有关执行器，以控制喷油器的喷油时刻及喷油持续时间，控制点火正时及点火能量，从而保证发动机的最佳工作状态。

燃油滤清器 采用全密封式。滤芯元件一般采用滤纸折叠成菊花形或盘簧形结构。其作用是将燃油中氧化铁、粉尘等杂质滤去，防止燃油系统堵塞，确保发动机工作稳定，减少机件磨损，提高工作可靠性。目前采用的一次性滤芯，其寿命一般行驶 40000km 后更换。

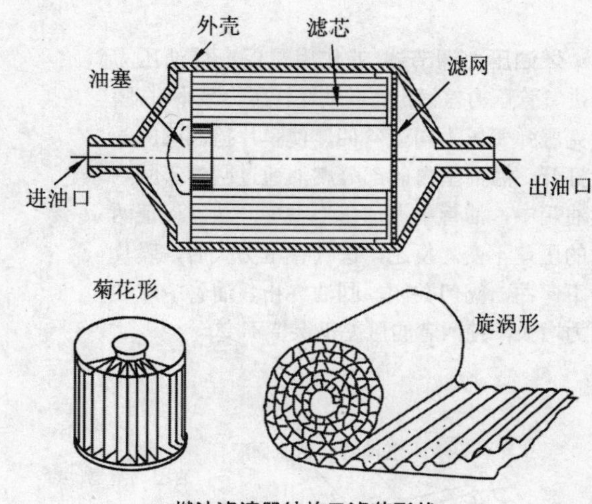

燃油滤清器结构及滤芯形状

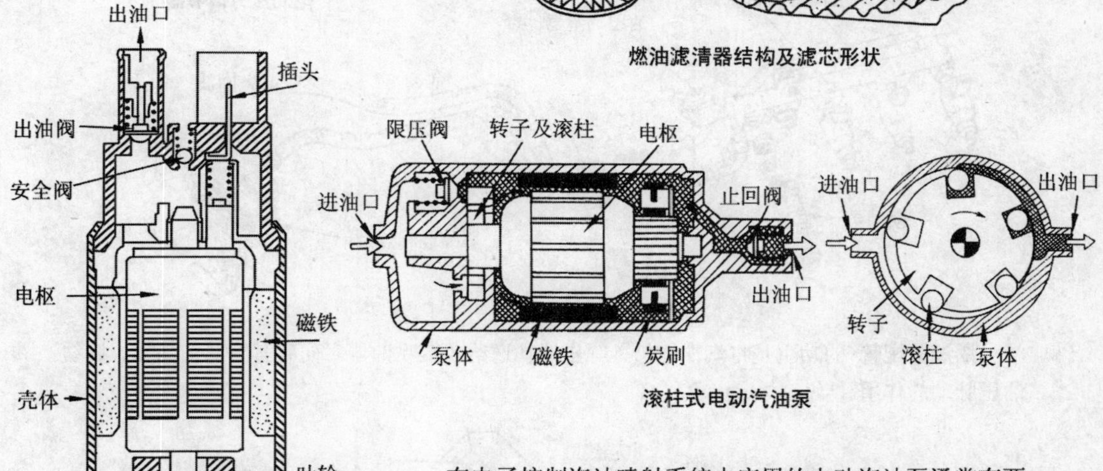

滚柱式电动汽油泵

出油
进油
泵体
叶轮及叶片

叶片式电动汽油泵

在电子控制汽油喷射系统中应用的电动汽油泵通常有两种类型，**滚柱式电动汽油泵和叶片式电动汽油泵。**

电动汽油泵的主要任务是连续不断地供给燃油系统具有足够压力的燃油。它由泵体、永磁电动机和外壳三部分组成。

当接通永磁电动机电源时，电动机转动并带动叶轮或滚柱旋转，将汽油从进油口吸入，流经电动燃油泵内部，再从出油口流出，给燃油系统输送压力油。

由于电动机浸泡在燃油中，电枢冷却靠燃油流动，工作时泵内充满燃油，也称湿式燃油泵。所以燃油箱存油量短缺时，会烧损燃油泵。虽然电动机浸泡在燃油中，由于没有空气，不可能着火。

燃油压力调节器 的作用是保证燃油压力与进气管压力差恒定。当进气管压力减小时，膜片克服弹簧压力向上弯曲，使膜片控制阀的阀门打开，燃油室内的部分燃油通过回油管回到燃油箱中，油管中汽油压力下降，从而保证两者的压差不变。反之，进气管压力大时，膜片向下弯曲，阀门关闭，回油终止，油管中燃油压力增大，使两者的压差仍保持不变。

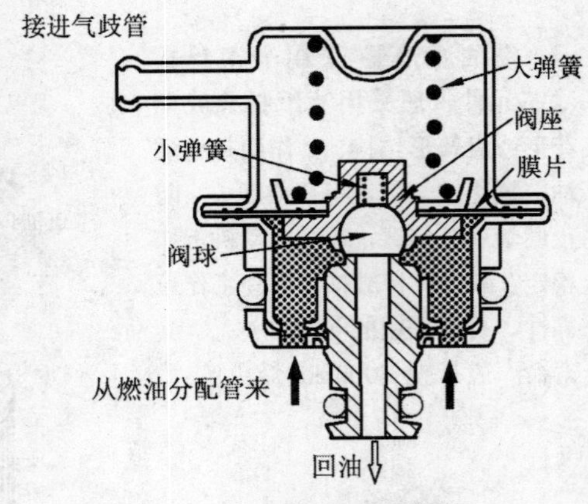

燃油压力调节器

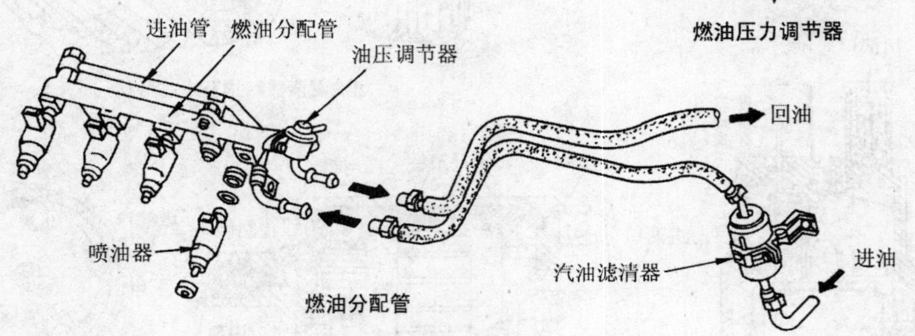

燃油分配管

燃油分配管 的功用是将汽油均匀、等压地输送给各缸喷油器。同时具有储油储压、减缓油压脉动的作用。

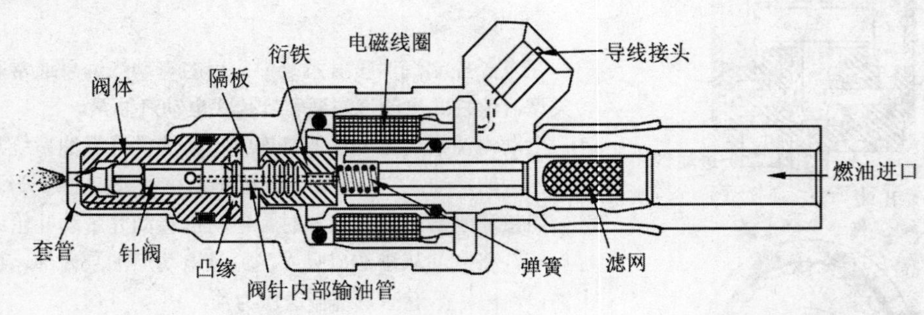

电磁喷油器结构

电磁喷油器 是电喷燃油系统中的关键执行器，它实际上是一个电磁阀。当电子控制装置发出喷油指令后，电流通过电磁线圈后产生磁场，把衔铁吸起，由于衔铁和针阀是连接在一起的，使针阀向后收缩，汽油从针阀与喷孔的环形间隙喷出。当指令为停止喷油时，电磁线圈失去电流，也就失去吸力，针阀在复位弹簧的作用下向前顶住喷孔，喷油器停止了喷油。

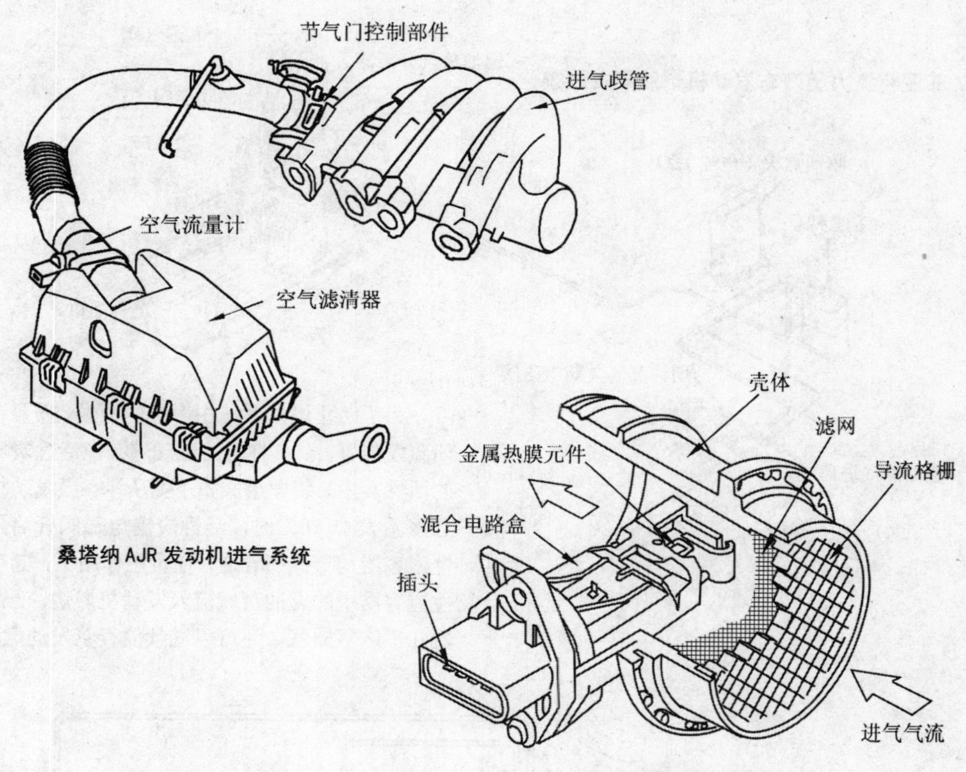

桑塔纳 AJR 发动机进气系统

热膜式空气流量计结构

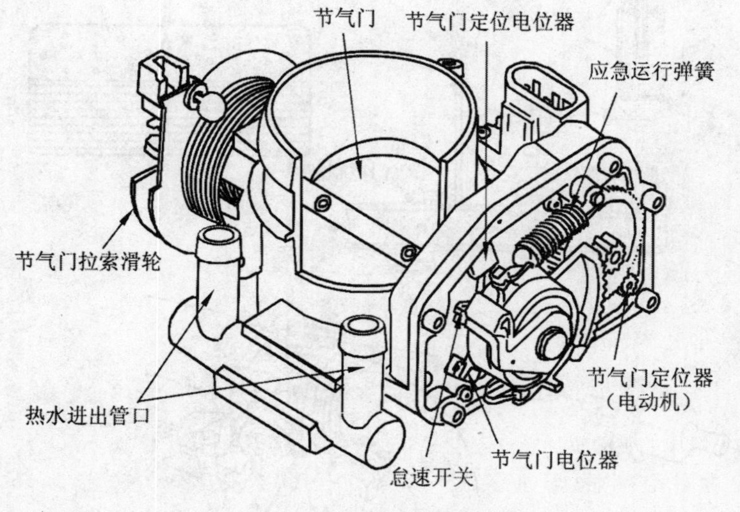

节气门控制部件

电子控制汽油喷射系统的作用是根据发动机的运行情况和车辆的运行情况确定汽油的最佳喷射量。该系统由各种传感器、电控单元（ECU）和执行器组成。

各种传感器和执行器的构造和工作原理，在《电路系统和车身》中有详细介绍。

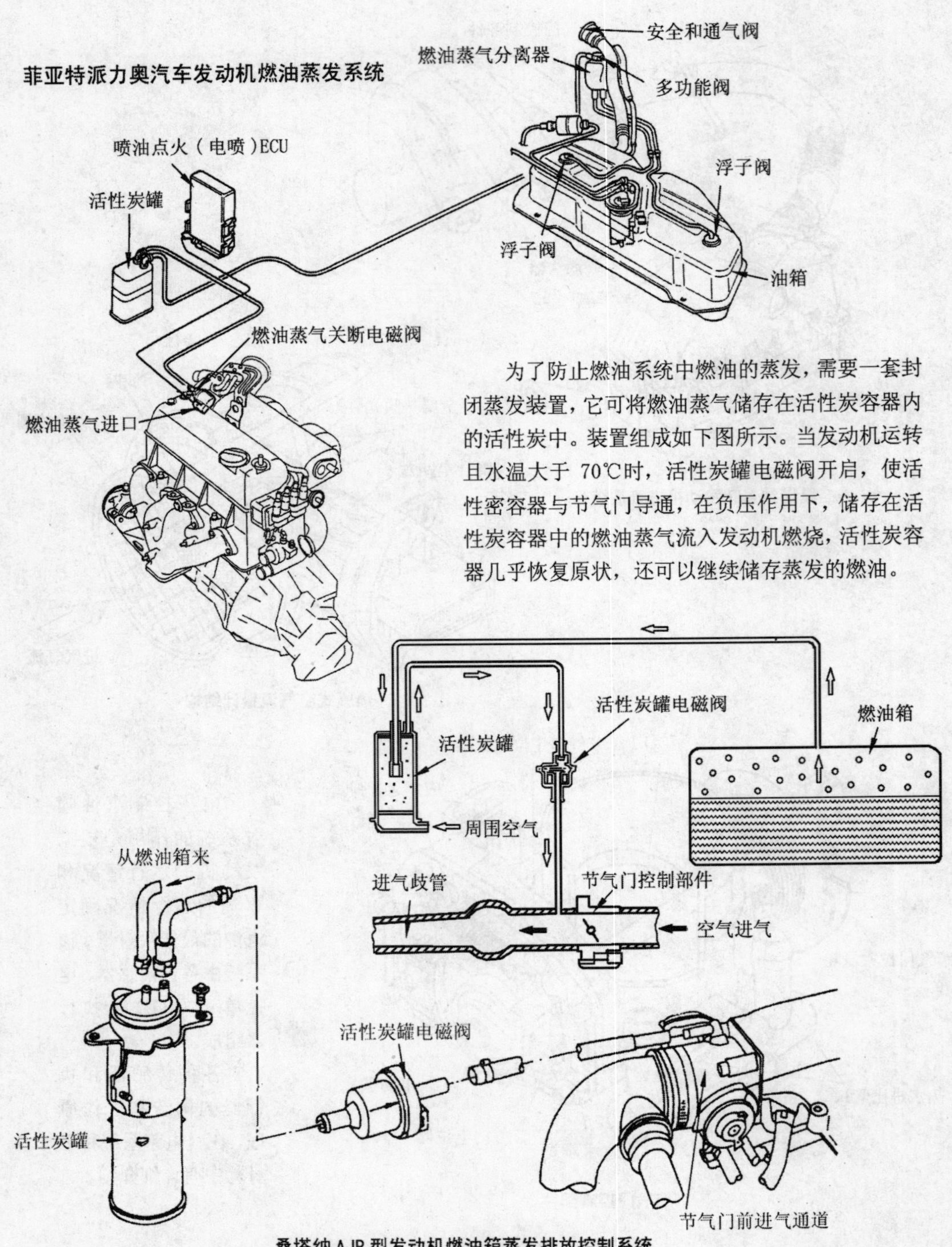

为了防止燃油系统中燃油的蒸发，需要一套封闭蒸发装置，它可将燃油蒸气储存在活性炭容器内的活性炭中。装置组成如下图所示。当发动机运转且水温大于 70℃时，活性炭罐电磁阀开启，使活性密容器与节气门导通，在负压作用下，储存在活性炭容器中的燃油蒸气流入发动机燃烧，活性炭容器几乎恢复原状，还可以继续储存蒸发的燃油。

桑塔纳 AJR 型发动机燃油箱蒸发排放控制系统

废气再循环装置 由**废气再循环阀、废气真空调节阀、开关和相应管道**等组成。电控废气再循环装置可根据发动机工况来控制废气以达到减少污染的目的。

当节气门开度小时，节气门四周的空气流速加快，作用于膜片室真空度愈大，阀门开启愈大，再循环废气量也愈大。反之再循环废气量小。

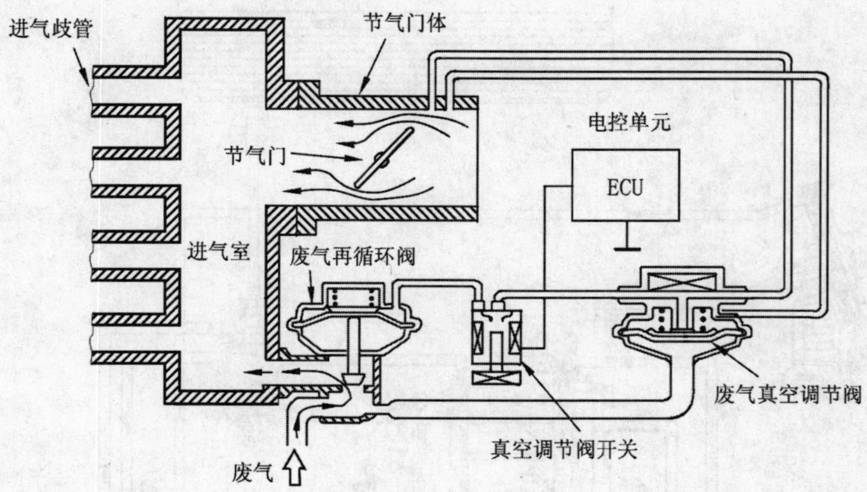

废气再循环装置示意图

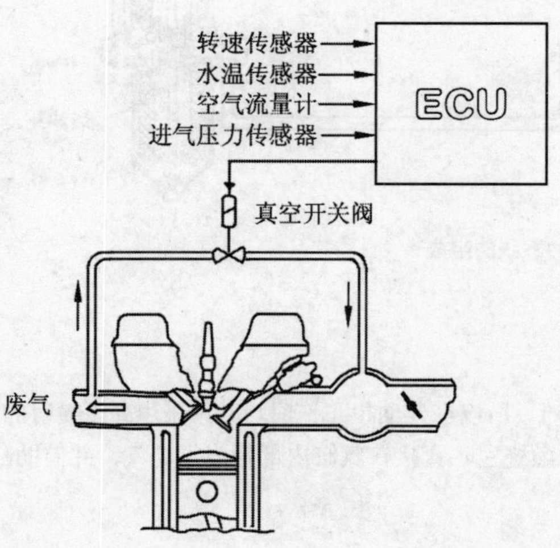

真空开关阀 是由电控单元控制的，它是根据空气流量计（或压力传感器）、转速、水温传感器的信号，来控制废气再循环。

当水温低于55℃、怠速或小负荷运转、突然加速或减速时，真空开关阀关闭，停止废气再循环。当发动机处于其他工况时，真空开关阀均开启，废气再循环起作用。

柴油机燃油系统的组成

柴油机燃料供给系 主要由油箱、输油泵、低、高压油管、柴油预滤器、柴油粗、细滤清器、喷油泵、预热室、喷油器、回油管调速器、喷油提前调节装置等组成。

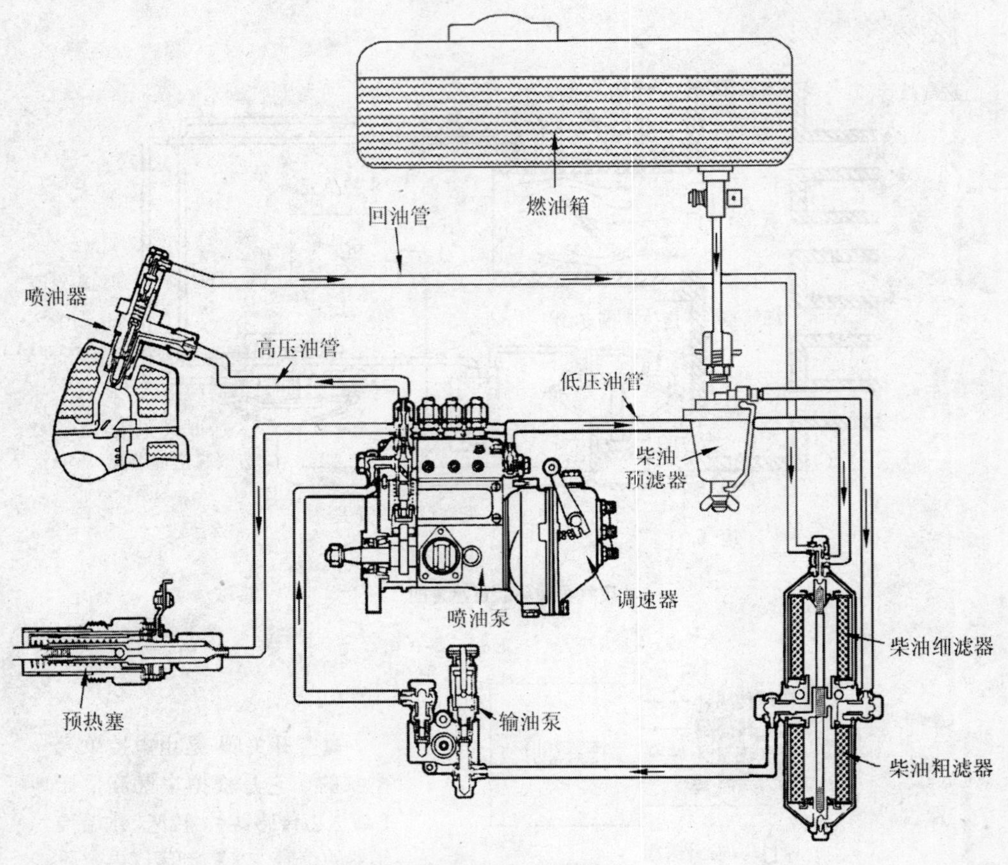

柴油机燃油系统的组成

柴油比汽油粘度大、蒸发性差、燃烧较困难，所以在柴油机工作时，必须采用高压喷射的方法，在压缩行程接近上止点时，将柴油以雾状喷入燃烧室，直接在气缸内部形成混合气，并借助缸内空气的高温，自行发火燃烧。

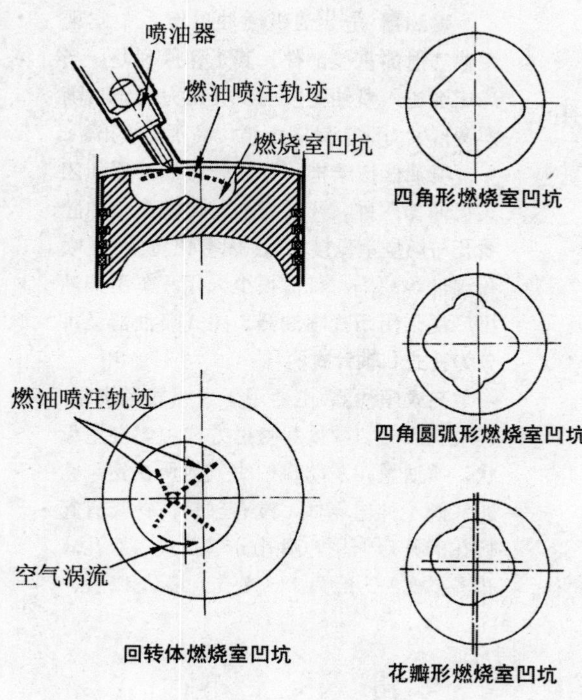

直喷式燃烧室结构

由于柴油机的混合气在气缸内部形成，所以燃烧室的结构与汽油机燃烧室有很大的不同。

柴油机燃烧室可分为**直喷式燃烧室**和**分隔式燃烧室**两大类。

直喷式燃烧室 燃烧室容积集中于气缸之中，且大部分集于活塞顶上的燃烧室凹坑内，凹坑形状多种多样，主要形状有ω形、半球形、球形。凹坑俯视形状有圆形、四角形、四角圆弧形和花瓣形等多种形状。这种燃烧室散热面积小，热量损失少，经济性好。

分隔式燃烧室 把燃烧室分隔成两部分，中间由通道连接。分隔式燃烧室又可分为**涡流室**和**预热室式**燃烧室（下图所示）。由于热量损失大，一般和轴针式喷油器匹配，为克服冷车起动需设置电热塞。

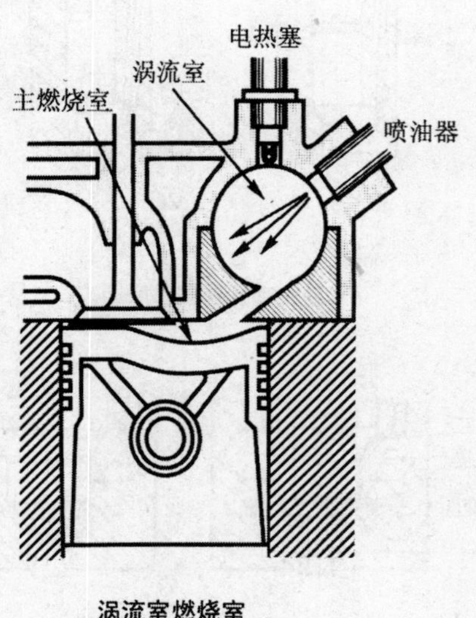

涡流室燃烧室

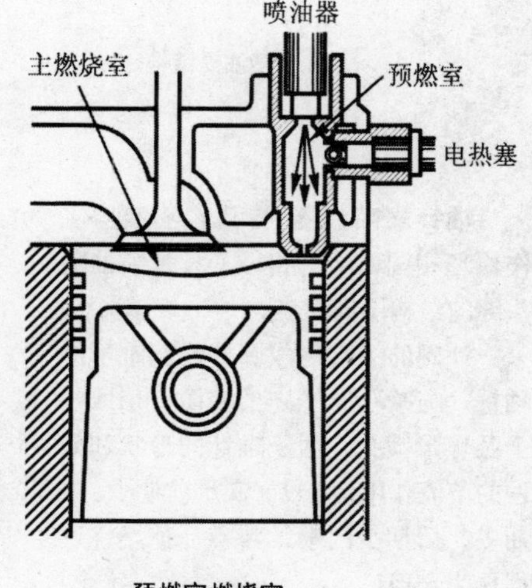

预燃室燃烧室

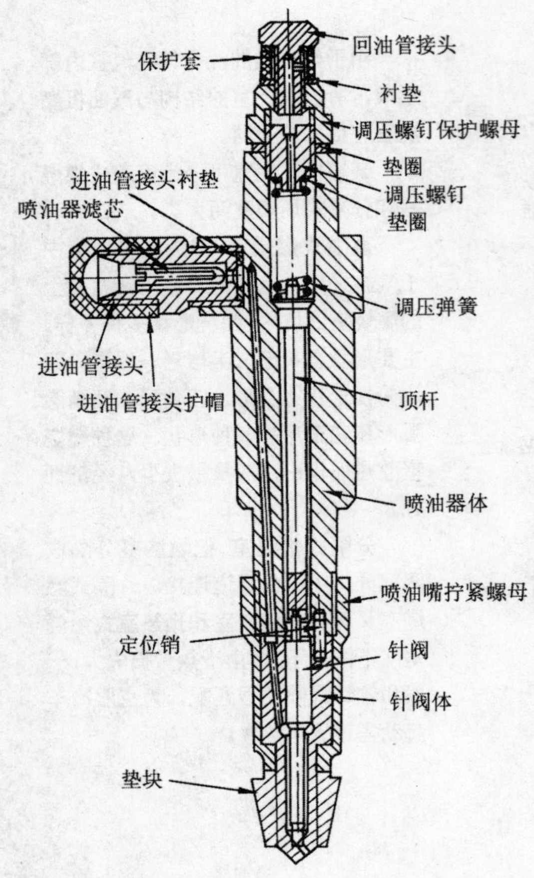

孔式喷油器结构

喷油器 是柴油机燃油供给系中实现燃油喷射的重要部件。其工作原理是：当高压油进入喷油器腔内，其压力大于喷嘴弹簧预紧力时，针阀上移，高压油喷出。

喷油器按结构可分为开式喷油器和闭式喷油器两种。开式喷油器是将高压油腔、喷孔与燃烧室直接相通，因雾化质量差，喷孔滴油等缺陷，目前很少采用。车用柴油机广泛采用**闭式喷油器**。闭式喷油器又可分为**孔式**和**轴针式**两种。

孔式喷油器 主要用于直喷式燃烧室，其喷孔尺寸、数量和喷射方向由燃烧室形状、喷油量和发动机中空气流所决定。它的针阀不伸出阀体，没有轴针，针阀只起喷孔的开启作用。喷孔分单孔式、双孔式和多孔式，一般为 1 ～ 7 孔，多达 12 孔。

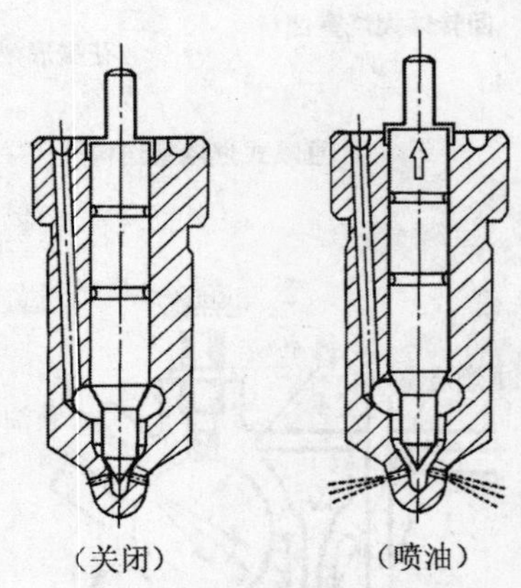

孔式喷油器工作原理

轴针式喷油器 与孔式喷油器工作原理相同，结构相似，只是喷油嘴头部的结构不同而已。

针阀的下端制成圆柱或倒锥形的轴针，与喷孔有一定的空隙，形成一个圆环形喷孔。由于轴针的形状和升程的节流作用，能较好满足前期少、中期多、后期少的喷油特点，使燃烧过程更为合理。

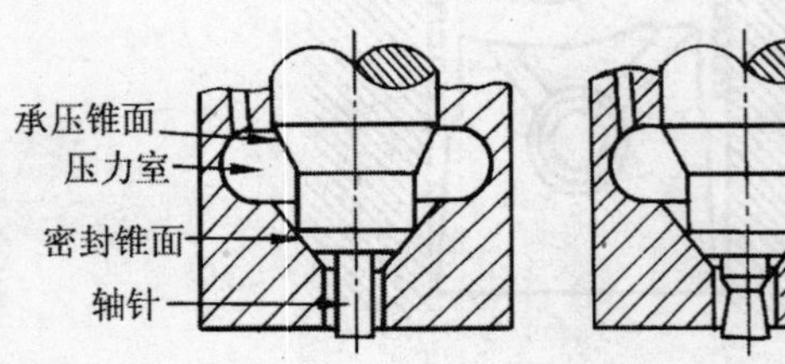

轴针式喷油器头部结构

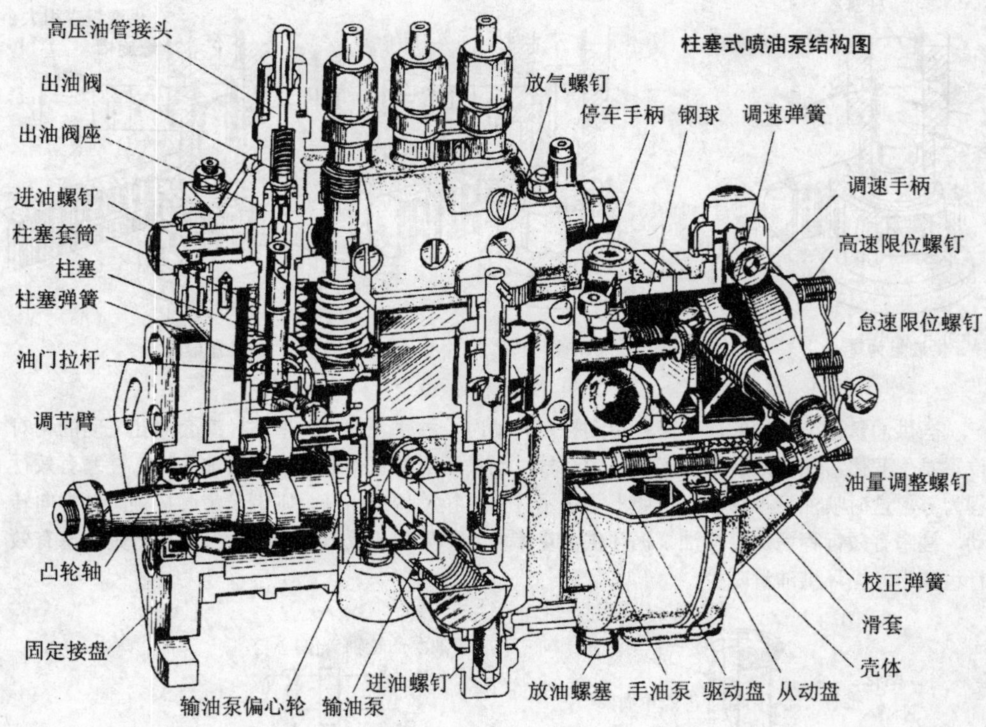

柱塞式喷油泵结构图

喷油泵的功用是定时、定量地向喷油器输送高压燃油。

柱塞式喷油泵工作原理：当柱塞位于进油口下止点时，燃油流过供油孔，进入柱塞上边的供油室。柱塞随凸轮轴旋转而上升，当柱塞顶面盖住供油孔时，压力供油开始，柱塞继续上升，供油室内燃油压力增高，顶开出油阀通过高压油管进入喷油器。柱塞继续上升时，当控制切口的上边到达供油孔下边时，压力供油过程结束。虽然柱塞继续上升，但供油室的油则通过柱塞的直槽和螺旋槽，再通过供油孔流回到进油室。

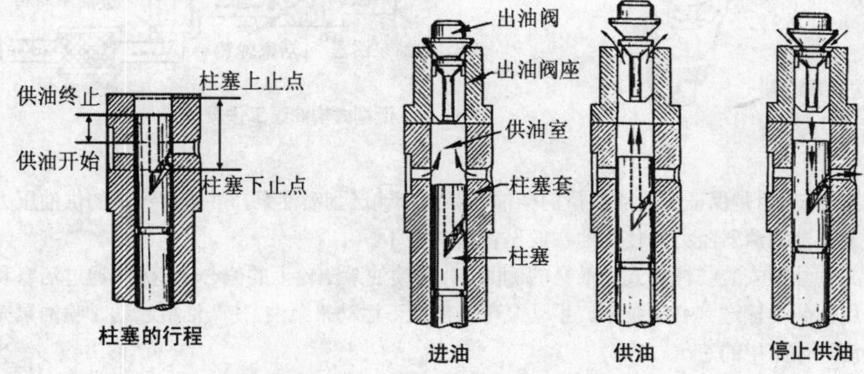

柱塞行程和供油工作原理简图

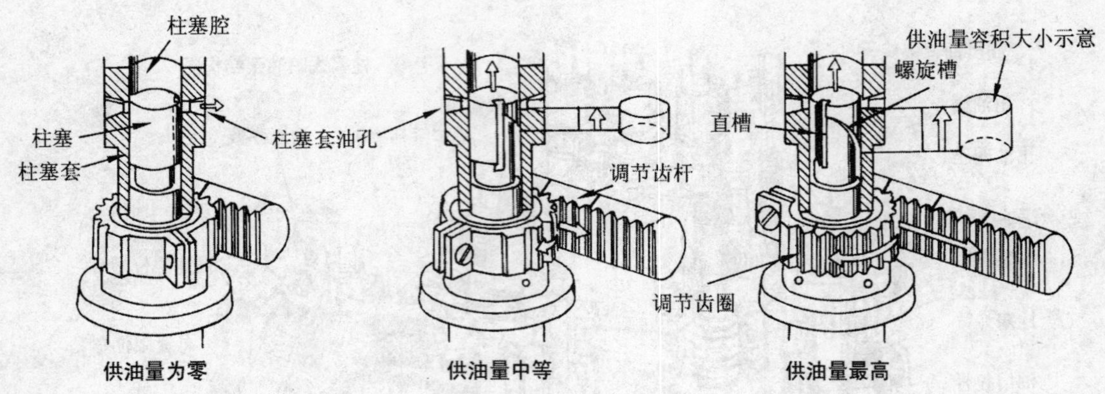

当供油量调节机构的调节齿杆拉动柱塞转动时，柱塞上的螺旋槽与柱塞套油孔之间的相对位置发生变化，从而改变了柱塞的有效行程。当柱塞上的直槽对正柱塞套油孔时，柱塞有效行程为零，这时喷油泵不供油。按照上图所示，向右拉动调节齿杆，则调节齿圈按顺时针方向转动，柱塞有效行程增加，喷油泵循环供油量增多。如果朝相反方向拉动调节齿杆，则柱塞有效行程减小，循环供油量减少。

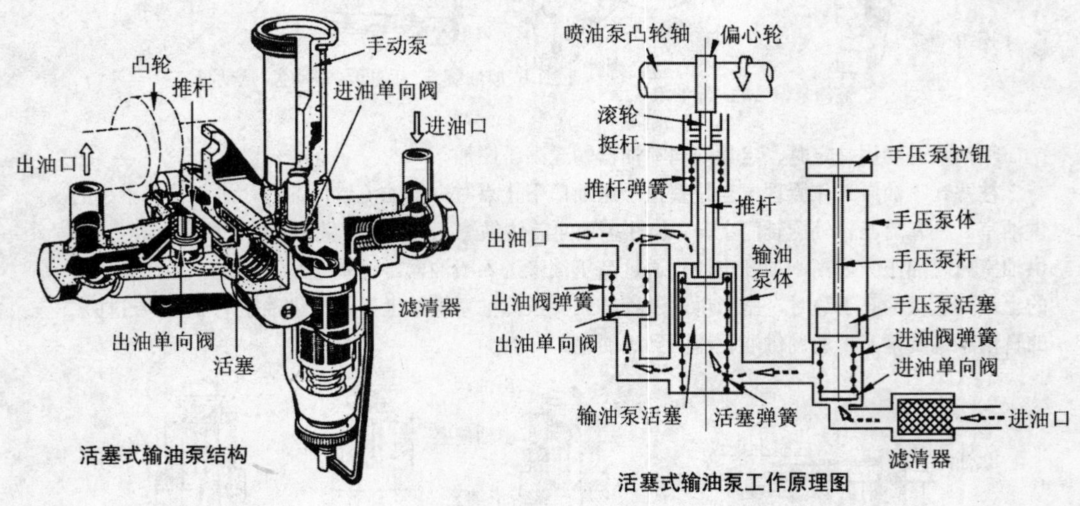

活塞式输油泵结构

活塞式输油泵工作原理图

输油泵 的功用是保证有足够数量的柴油自燃油箱输送到喷油泵，并维持一定的供油压力以克服管路及柴油滤清器阻力，使柴油在低压管路中循环。

活塞式输油泵安装在柱塞式喷油泵的侧面，并由喷油泵凸轮上的偏心轮驱动，通过活塞和单向阀的作用把柴油输送到喷油泵中。手动泵可以作上下运动来泵油，使柴油机起动时喷油泵充满油，并可清除油路中的空气。

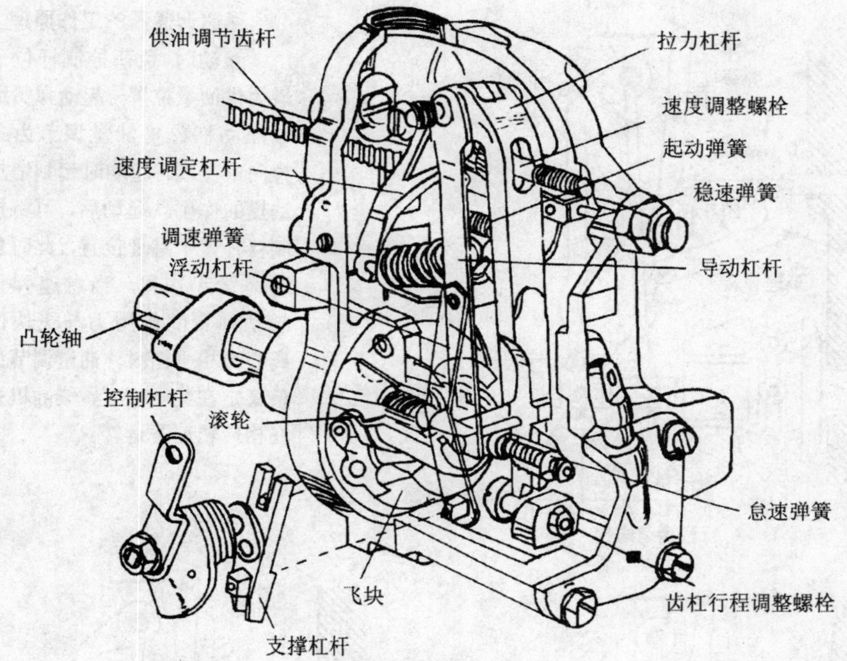

两速（RAD 型）调速器

调速器 是一种自动调节装置，它根据柴油机负荷的变化，自动增减喷油泵的供油量，使柴油机能够以稳定的转速运行。

在柴油机上装设调速器是由柴油机的工作特性决定的。汽车柴油机的负荷经常变化，当负荷突然减小时，若不及时减少喷油泵的供油量，则柴油机的转速将迅速增高，可能造成机件损坏。相反，当负荷骤然增大时，若不及时增加喷油泵的供油量，则柴油机的转速将急速下降直至熄火。另外，汽车柴油机还经常在怠速下运转。在这种情况下，容易引起柴油机怠速转速的波动甚至熄火。这时，唯有借助调速器，及时调节喷油泵的供油量，才能保持柴油机稳定运行。

汽车柴油机调速器按其工作原理的不同，可分为**机械式、气动式、液压式、机械气动复合式、机械液压复合式和电子式**等多种形式。但目前应用最广的当属**机械式调速器**，其结构简单，工作可靠，性能良好。

按调速器起作用的转速范围不同，又可分为**两极式调速器和全程式调速器**。中、小型汽车柴油机多数采用两极式调速器，以起到防止超速和稳定怠速的作用。在重型汽车上则多采用全程式调速器，这种调速器除具有两极式调速器的功能外，还能对柴油机工作转速范围内的任何转速起调节作用，使柴油机在各种转速下都能稳定运转。

两速调速器工作情况示意图

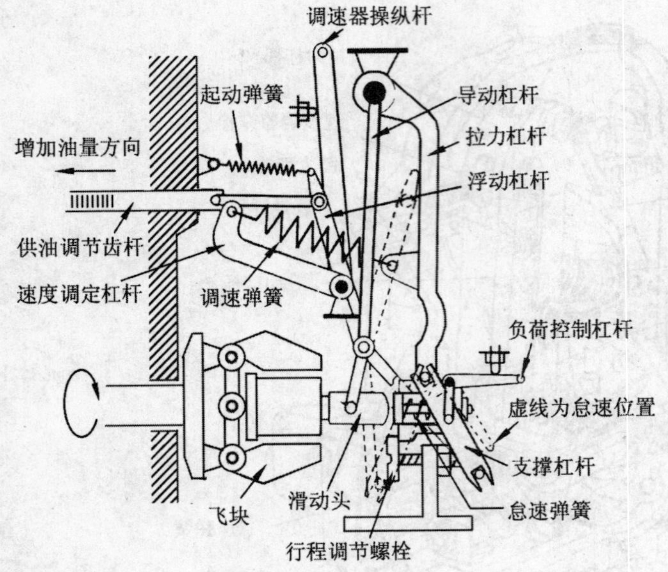

两速调速器的工作原理：

起动时 负荷控制杆位于最大供油量位置，起动弹簧通过浮动杠杆将油量调节齿条拉向最左端，起动时起到增加油量的作用。起动后，可将控制杠杆置于怠速位置，此时怠速弹簧起作用。当怠速弹簧、起动弹簧的作用力与飞块的离心力相平衡时，油量调节齿条稳定在某一位置，柴油机也在相应转速下运转。

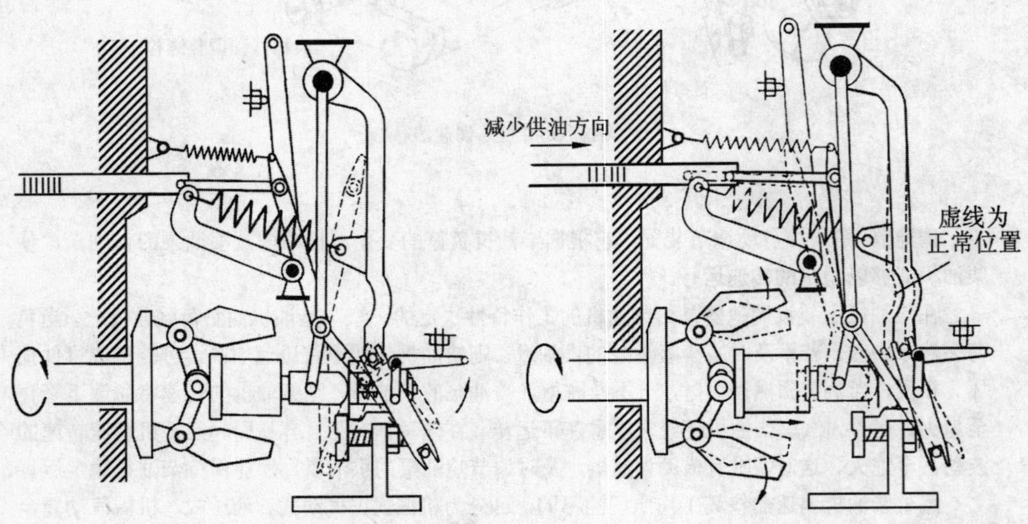

正常工况时 由于调速弹簧的作用，飞块的离心力不能推动拉力杠杆，因此支点不会移动。转速的变化并不能使调节器起调节作用，只有直接改变控制杠杆位置，才会增加或减小供油量。

当超过最高转速时 飞块离心力也增大到足以克服调速弹簧的拉力，推动滑套和拉力杠杆向右移动。使供油调节齿条向右移动，供油量减少，从而限制发动机转速进一步提高，避免因超高速造成机件的损坏。

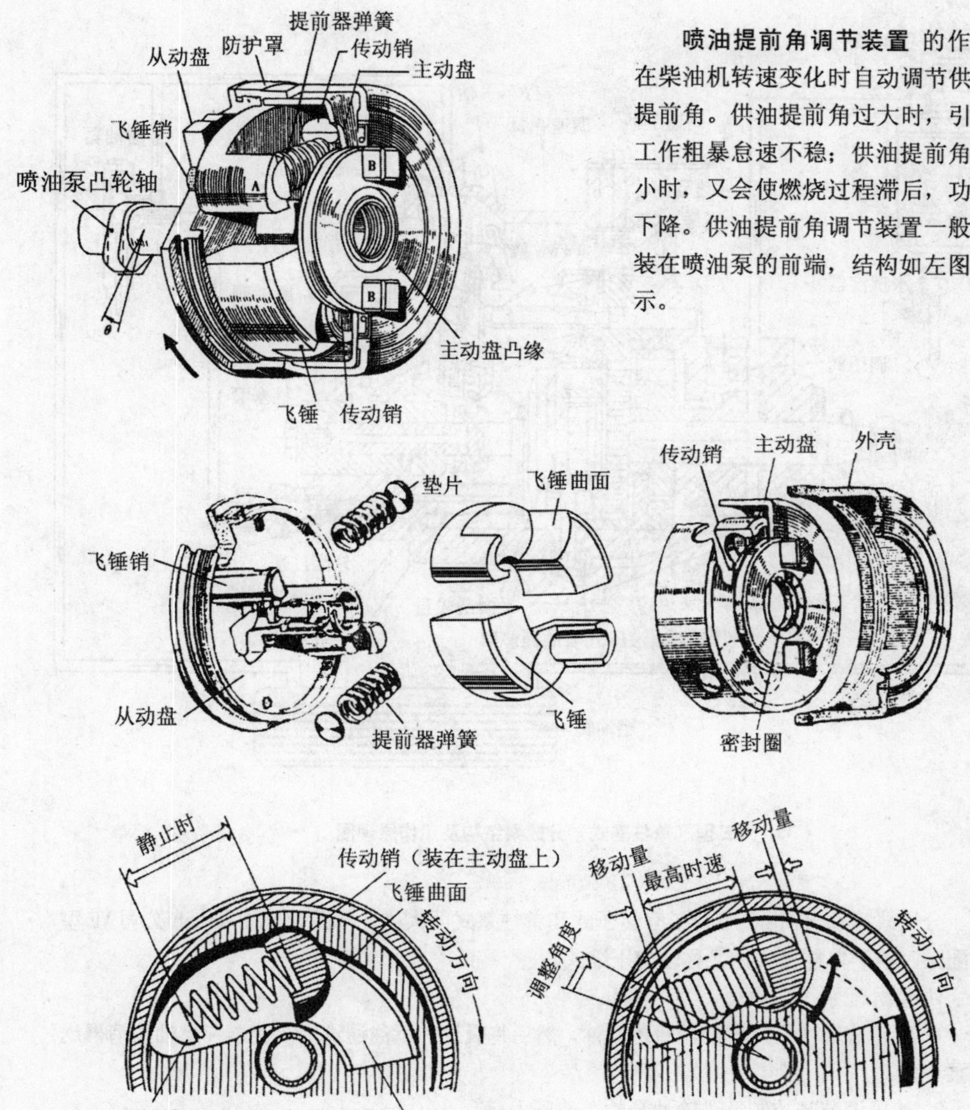

喷油提前角调节装置 的作用在柴油机转速变化时自动调节供油提前角。供油提前角过大时，引起工作粗暴怠速不稳；供油提前角过小时，又会使燃烧过程滞后，功率下降。供油提前角调节装置一般安装在喷油泵的前端，结构如左图所示。

工作原理 当柴油机转速升高时，飞锤以从动盘上的飞锤销为支点向外甩开，与此同时飞锤的曲面沿传动销圆柱的外侧滑动，由于飞锤曲面内侧至飞锤销中心小于外侧至飞锤销中心的距离，所以当飞锤曲面内侧接触到传动销时，飞锤销与传动销距离相应缩短，弹簧受到压缩。当飞锤离心力与弹簧力平衡时，主动盘与从动盘同时旋转，这时从动盘与主动盘之间产生一个角度，从而使喷油提前角有所增大。

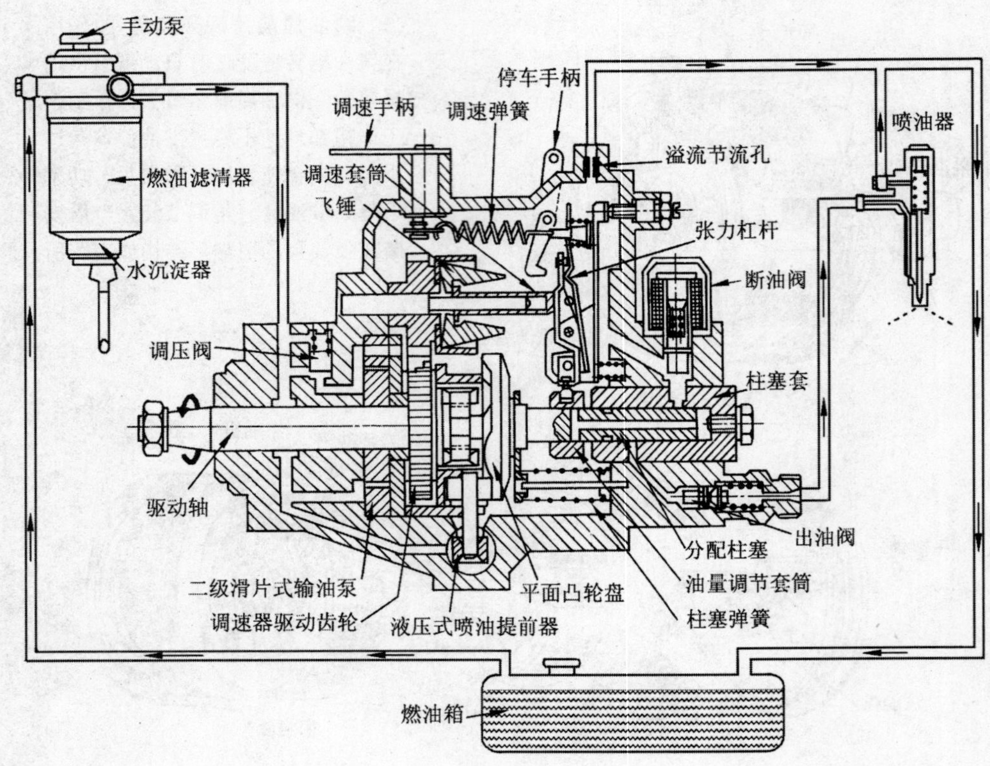

VE 型（单柱塞式）分配泵结构及工作原理图

分配式喷油泵简称分配泵，有转子式和单柱塞式两大类。本图为德国 Bosch 公司 VE 型分配泵，属于单柱塞式，又称轴向压缩式。

VE 型分配泵工作原理

1. 叶轮式输油泵从燃油箱吸进燃油，然后将吸进的燃油通过水沉淀器和燃油滤清器送入泵壳内。

2. 油压调节阀控制流进输油泵的燃油压力。

3. 过剩的燃油通过溢流阀流回燃油箱。其中一部分被用于冷却工作部件。

4. 凸轮盘被喷射泵传动轴所驱动。喷射泵柱塞是与凸轮盘相连接，而燃油通过柱塞的旋转、往复运动得到输送。

5. 燃油喷射量由机械式调速器来控制。

6. 喷射定时由被燃油压力所控制的定时器来调节。

7. 燃油断开电磁阀截断或接通喷射泵柱塞的燃油通路。

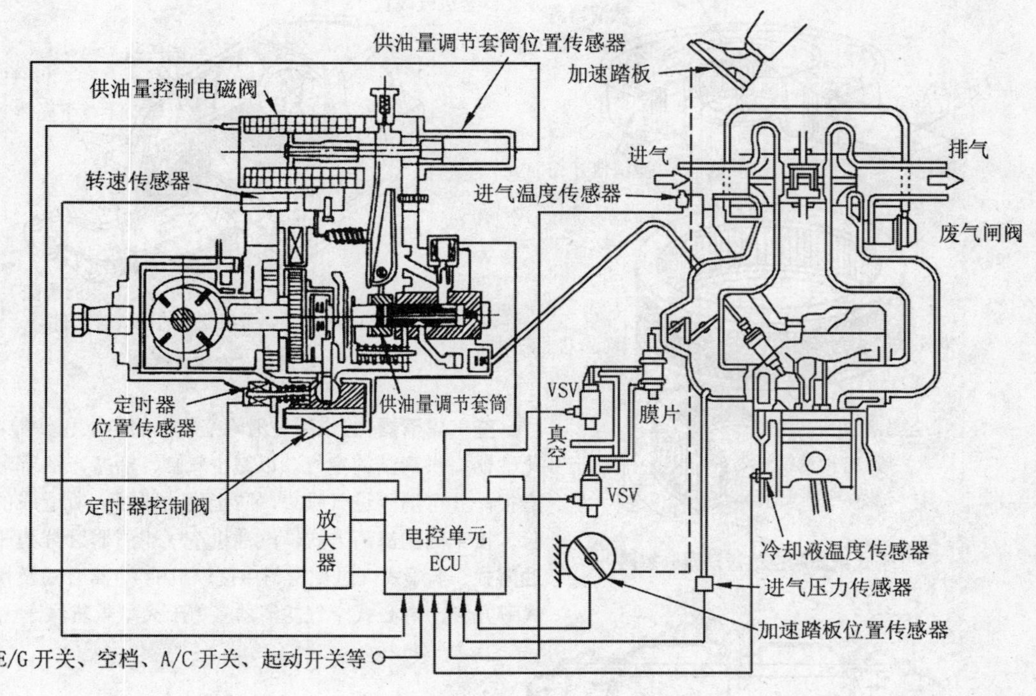

ECD 系统的组成

为了改善柴油机的运转性能、提高排放标准、降低油耗，从 20 世纪 80 年代初期开始，各种电控柴油喷射系统相继问世。

与传统的机械控制柴油喷射系统相比，电控柴油喷射系统有下列优点：

1. 机械控制喷射系统的基本控制信息是柴油机的转速和加速踏板的位置，而电控喷射系统则通过许多传感器检测柴油机的运行状态和环境条件，并由电控单元计算出适应柴油机运行状况的控制量，然后由执行器实施。因此控制精确、灵敏。而且在需要扩大控制功能时，只需改变电控单元的存储软件，便可实现综合控制。

2. 机械控制喷射系统往往由于设定错误和磨损等原因，而使喷油时刻产生误差。但是，在电控喷射系统中，总是根据曲轴位置的基本信号进行再检查，因此不存在产生失调的可能性。

3. 在电控喷射系统中，通过改换输入装置的程序和数据，可以改变控制特性，一种喷射系统可用于多种柴油机。在此过程中不需要机械加工，故可缩短开发新产品的周期，有利于降低成本。

上图为日本丰田汽车公司的 ECD 系统（电子控制柴油喷射系统），电控单元的工作原理和汽油电喷系统相似，这里不再详述。

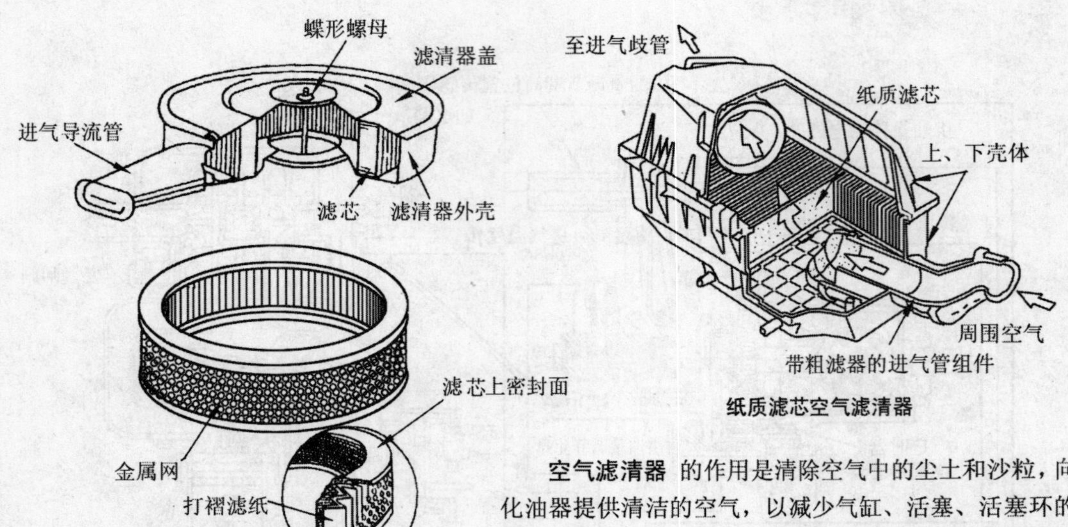

干式纸滤芯空气滤清器分解图

纸质滤芯空气滤清器

空气滤清器 的作用是清除空气中的尘土和沙粒，向化油器提供清洁的空气，以减少气缸、活塞、活塞环的磨损，并可消除进气噪声，防止化油器回火所造成的危险。按不同的滤清方式，汽油机空气滤清器可分为**干式**、**油浴式**、**半湿式**（过滤材料中浸以机油）、**离心式**及**惯性式**等几种。离心式空气滤清器多用于大型载货汽车上。

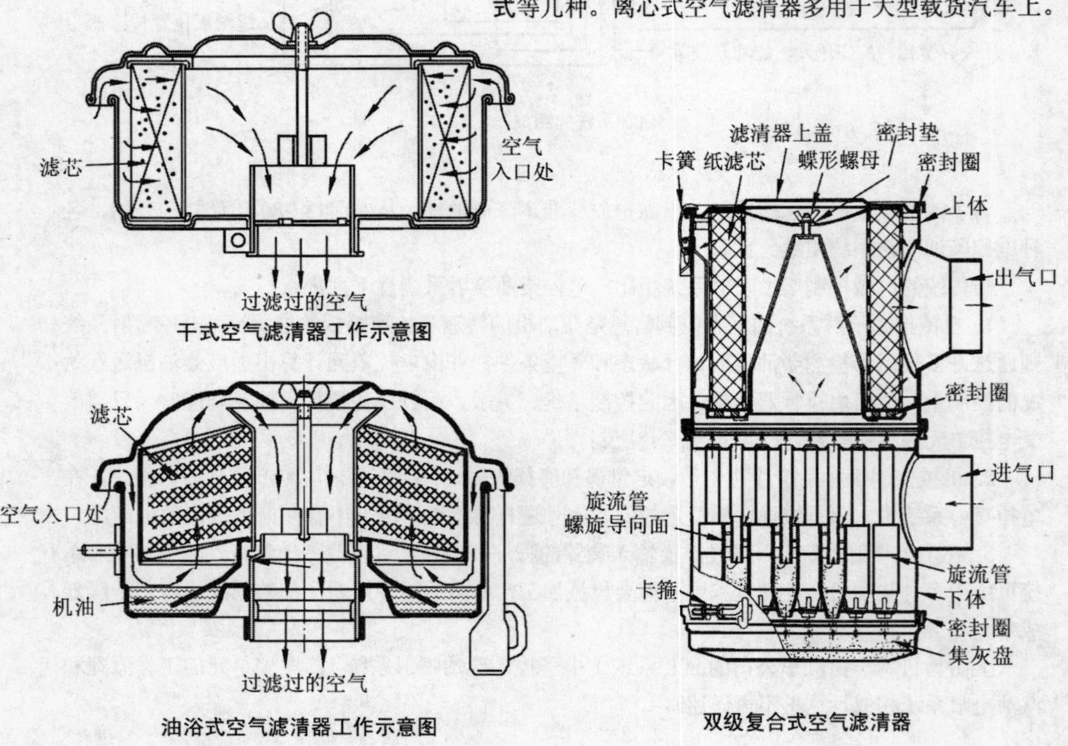

干式空气滤清器工作示意图

油浴式空气滤清器工作示意图

双级复合式空气滤清器

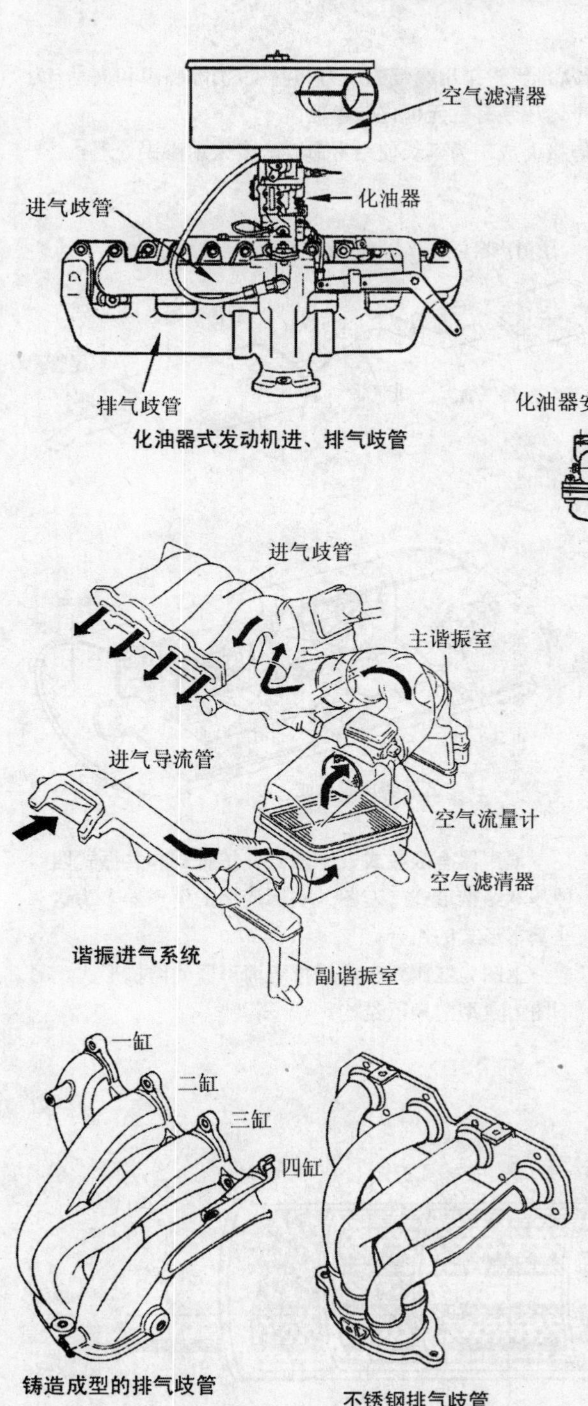

化油器式发动机进、排气歧管

谐振进气系统

铸造成型的排气歧管

不锈钢排气歧管

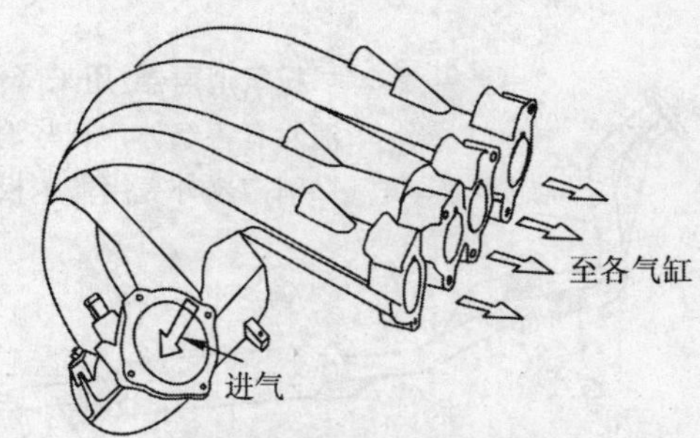

气道燃油喷射式发动机进气歧管

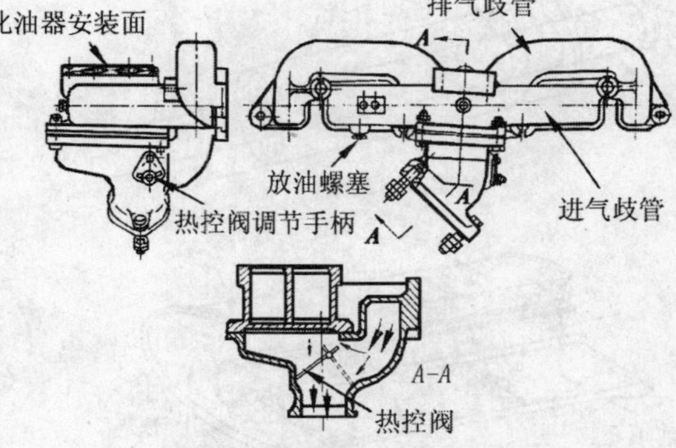

利用发动机排气加热进气歧管

进气歧管 是化油器或节气门体（单点喷射）之后到气缸盖进气道之前的进气管道。它的功用是将空气 - 燃油混合气由化油器或节气门体分配到各缸进气道。对气道燃油喷射发动机和柴油机而言，进气歧管侧是将洁净的空气分配到各缸进气道。

为促进空气混合气流通，进气歧管可利用发动机排气或循环冷却液进行加热。

谐振进气系统是利用进气系统的进气压力波与进气周期调谐，使进气歧管内的压力增强，从而增加进气量。

排气歧管 一般用铸铁或球墨铸铁制造。不锈钢的排气歧管质量轻、内壁光滑，排气流畅，目前高级轿车应用较多。最理想的设计是每缸单独采用一个排气支管，长度尽可能长些，形状尽可能做成圆滑过度，这样排气顺畅，互不干扰。

排气消声器 用来降低从排气管排出废气的压力和温度，消除噪声和火星。为了消除有害气体，有些消声器还装有三元催化转换器。

消声器外壳用薄钢板焊接而成，为延长使用寿命，大多采用渗铝处理。

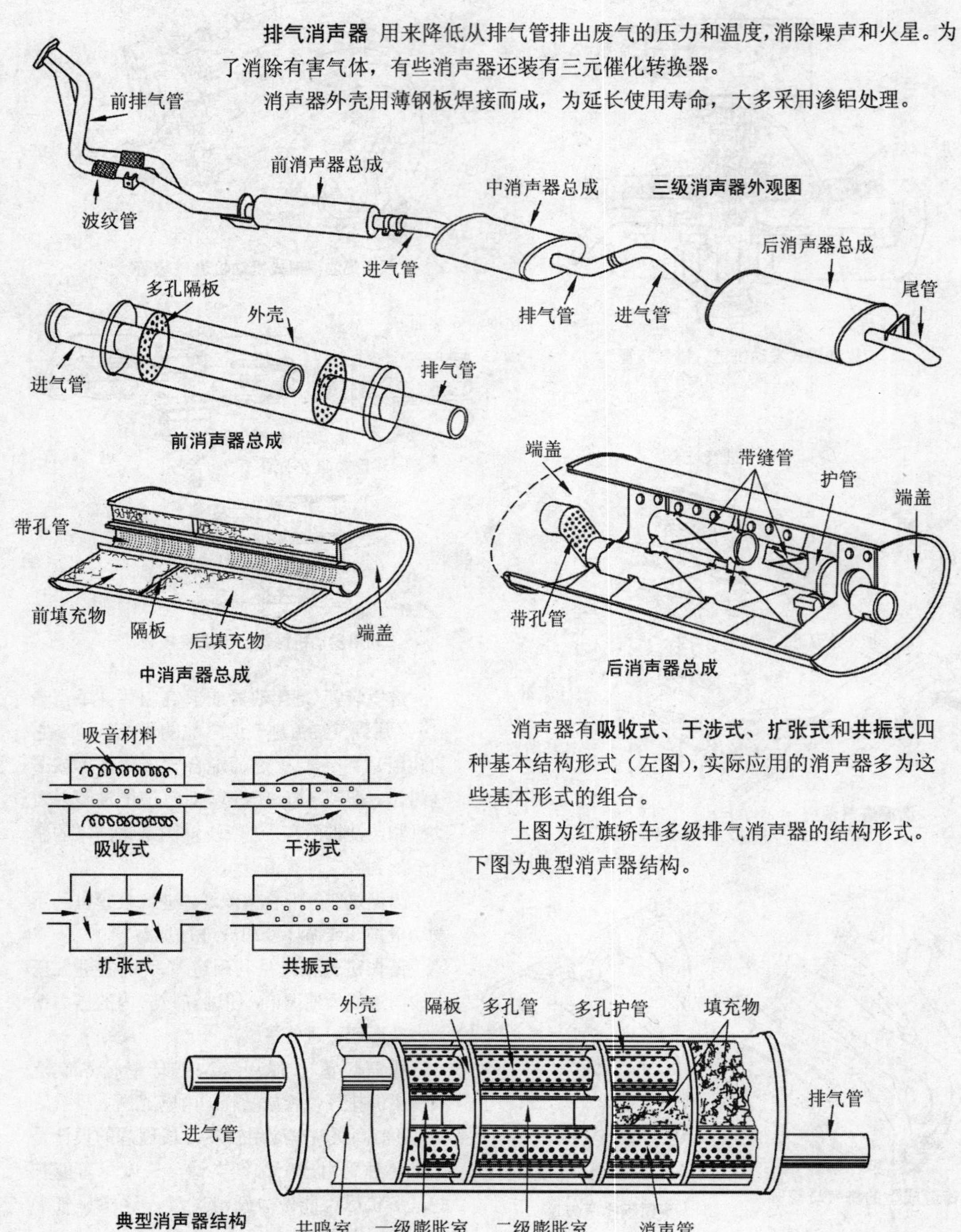

消声器有**吸收式**、**干涉式**、**扩张式**和**共振式**四种基本结构形式（左图），实际应用的消声器多为这些基本形式的组合。

上图为红旗轿车多级排气消声器的结构形式。下图为典型消声器结构。

典型消声器结构

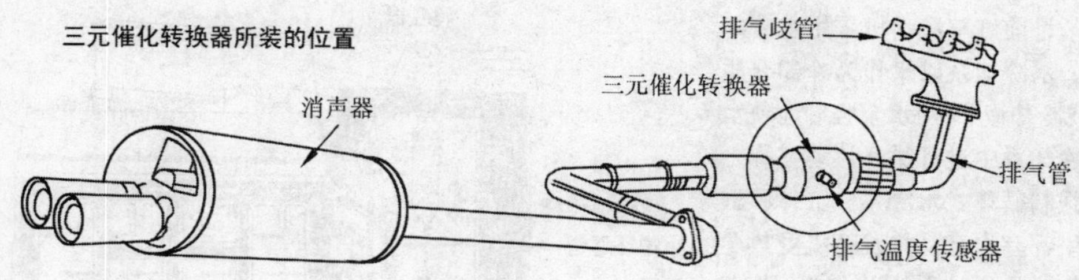

三元催化转换器 是一种使 CO（一氧化碳）、HC（碳氢化合物）和 NOx（氮氧化合物）三种有害成分同时得到净化的排气净化装置。催化剂除了可以起到氧化作用外，还可起到还原和分解作用，即把 NOx 还原成 N_2，使 CO 和 HC 变成 CO_2 和 H_2O，把有害气体变成无害气体。

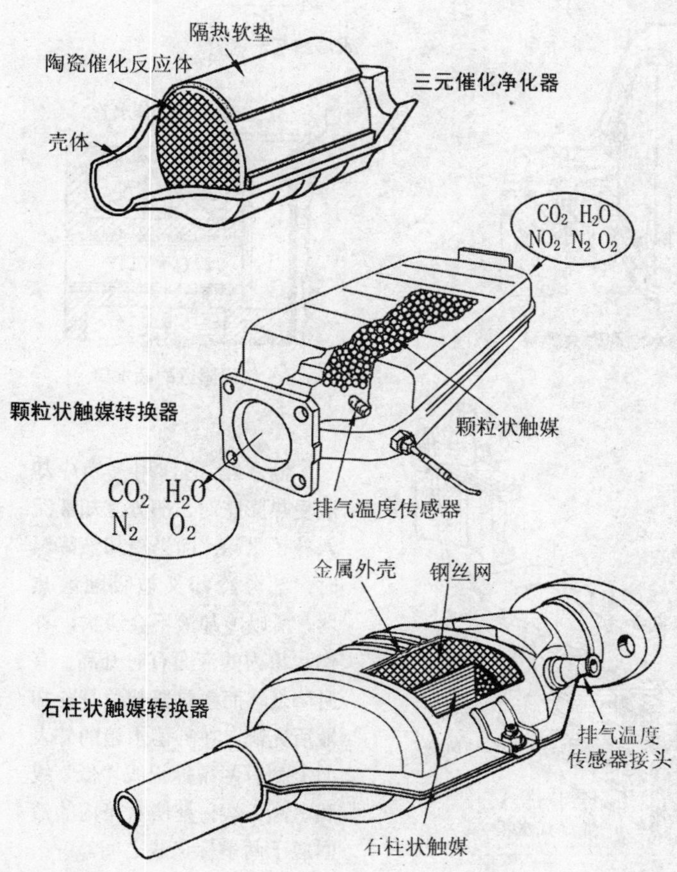

触媒采用白金、钒、铜、锰等金属及氧化物制成，把这些金属制成球状颗粒或石柱状装入容器中。排出的气体从中通过时，有害成分发生化学反应，变成无害成分排出。

三元催化转换器所用的催化剂是铂、铑和钯等贵金属。上述三种混合物喷镀到金属网条或陶瓷做的蜂巢体上，然后再包上不锈钢金属外壳。催化转换器前装一个氧传感器，工作温度 300℃以上，才能使铂、钯有效地发挥催化作用。为了保证三元催化转换器工作正常，必须加注无铅汽油，否则转换器将丧失工作能力。

目前汽车发动机采用水冷却系。水冷却系以水作为冷却介质（或冷却液），用水泵强制地使水在冷却系中进行循环流动，称之为**强制循环式水冷系**。缸体和缸盖中都有水套，将发动机受热零件的热量通过水传送出去，其任务就是保证发动机在最适宜的温度范围内工作。

有些发动机还设有**分水管**，使各气缸冷却更均匀。

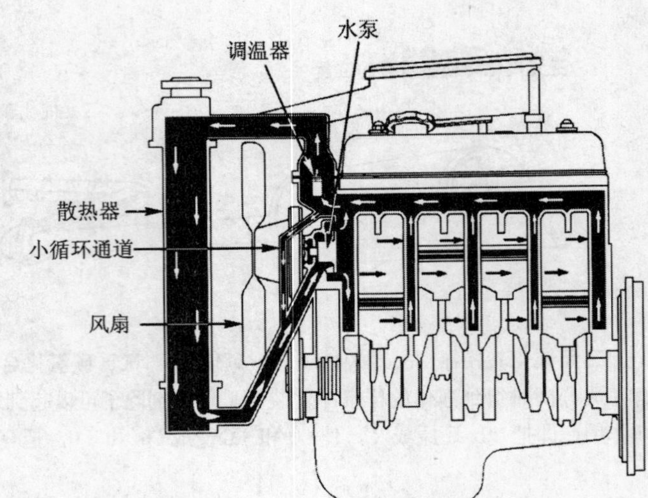

水冷却系示意图

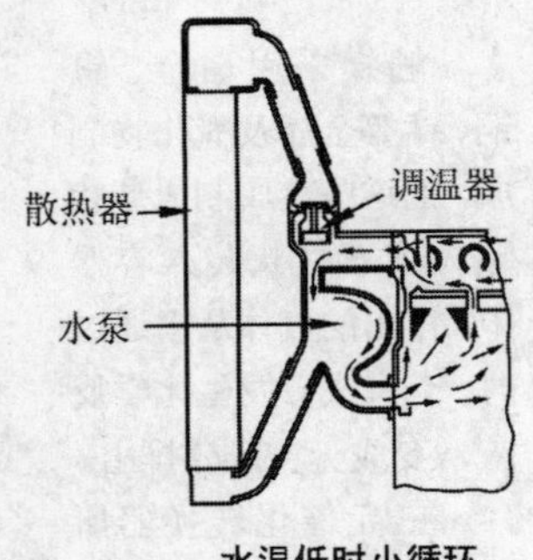

水温低时小循环

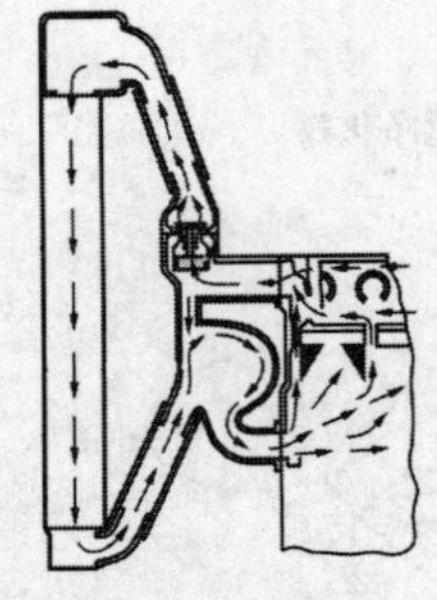

水温高时大循环

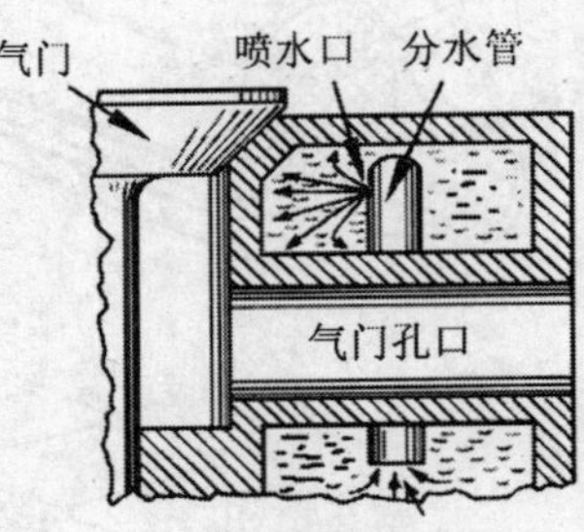

气门附近的喷水口

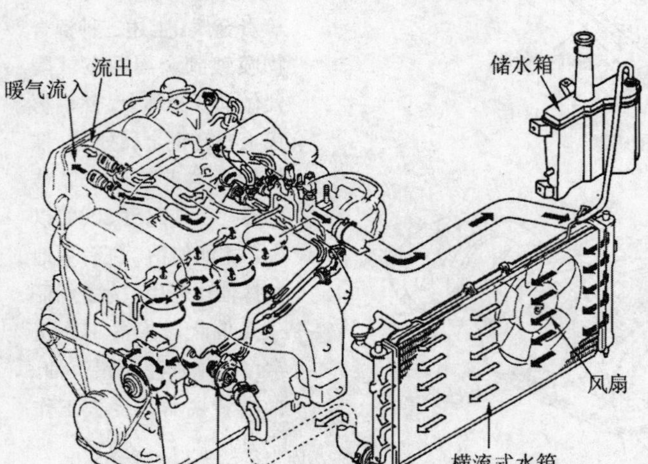

储水箱 的作用是当冷却液受热膨胀时，部分冷却液流入补偿水箱；而当冷却液降温时，部分冷却又被吸回散热器，所以冷却液不会溢失。补偿水箱内的液面有时升高，有时降低，而散热器却总是冷却液所充满。在补偿水箱的外表面上刻有两条标记线“低”线和“高”线，补偿水箱内的液面应于两条标记线之间。

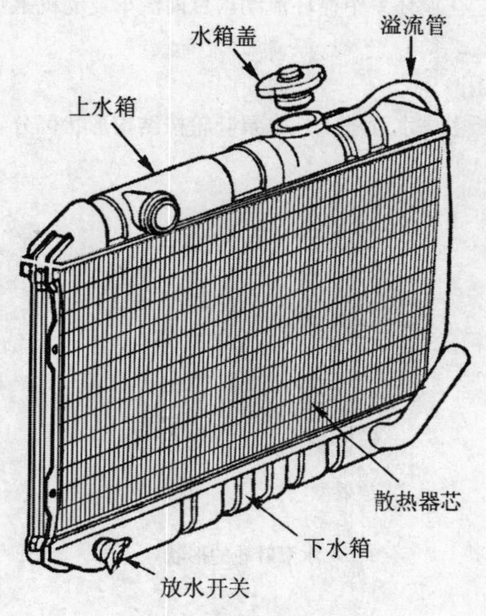

散热器构造

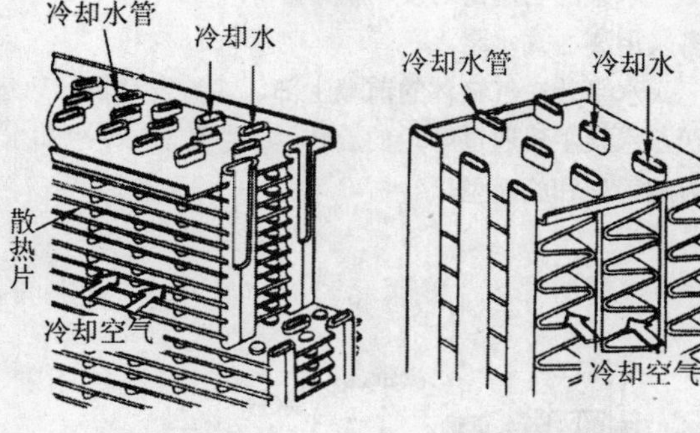

管片式散热器芯　　直管带式散热器芯

散热器又叫水箱，它的作用是将冷却水所携带的热量散入大气，以保证发动机在最佳工作温度下正常运转。散热器的构造如左图所示。散热器的主要部件是散热器芯，主要结构形式有**管片式**、**直管式**和**波纹管式**。

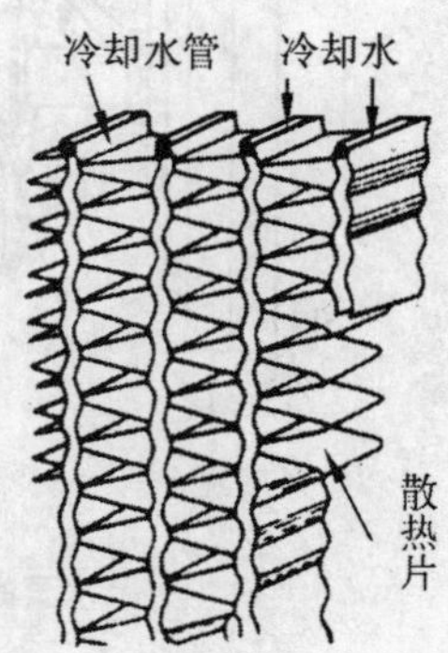

波纹管式散热器芯

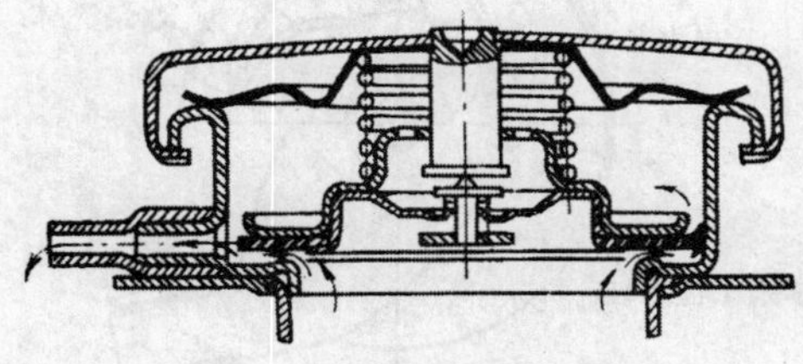
压力阀开启

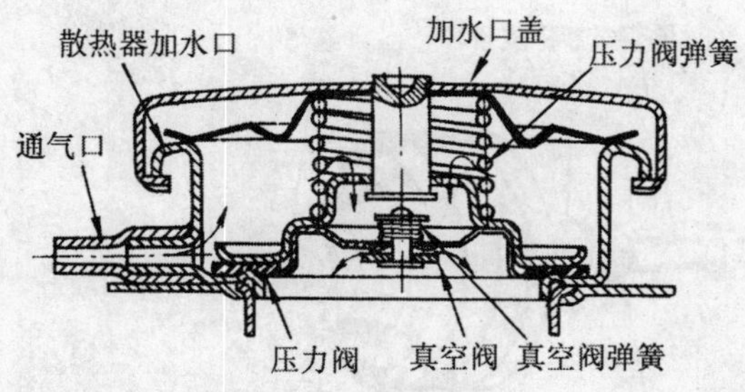

真空阀开启

目前汽车上所采用带有压力－真空阀散热器盖的**闭式水冷系**。由于在一般情况下两阀均在弹簧的作用下处于关闭状态，当散热器内的蒸汽超过126～134kPa时，压力阀被顶开，水蒸汽从通气管排出。当水温下降使冷却系中压力小于大气压力时，真空阀开启，空气从通气管进入冷却系，防止散热器被大气压瘪。

水泵的功用是对发动机冷却系中的冷却水加压，使之在循环系中循环流动。目前汽车发动机上多采用离心式水泵。

水泵装在气缸体的前端上部，多数发动机和风扇共用一轴。

水泵主要通过叶轮的旋转，产生真空，使冷却水不断由进水管进入。水泵叶轮按结构形状可分为放射型和旋涡型。

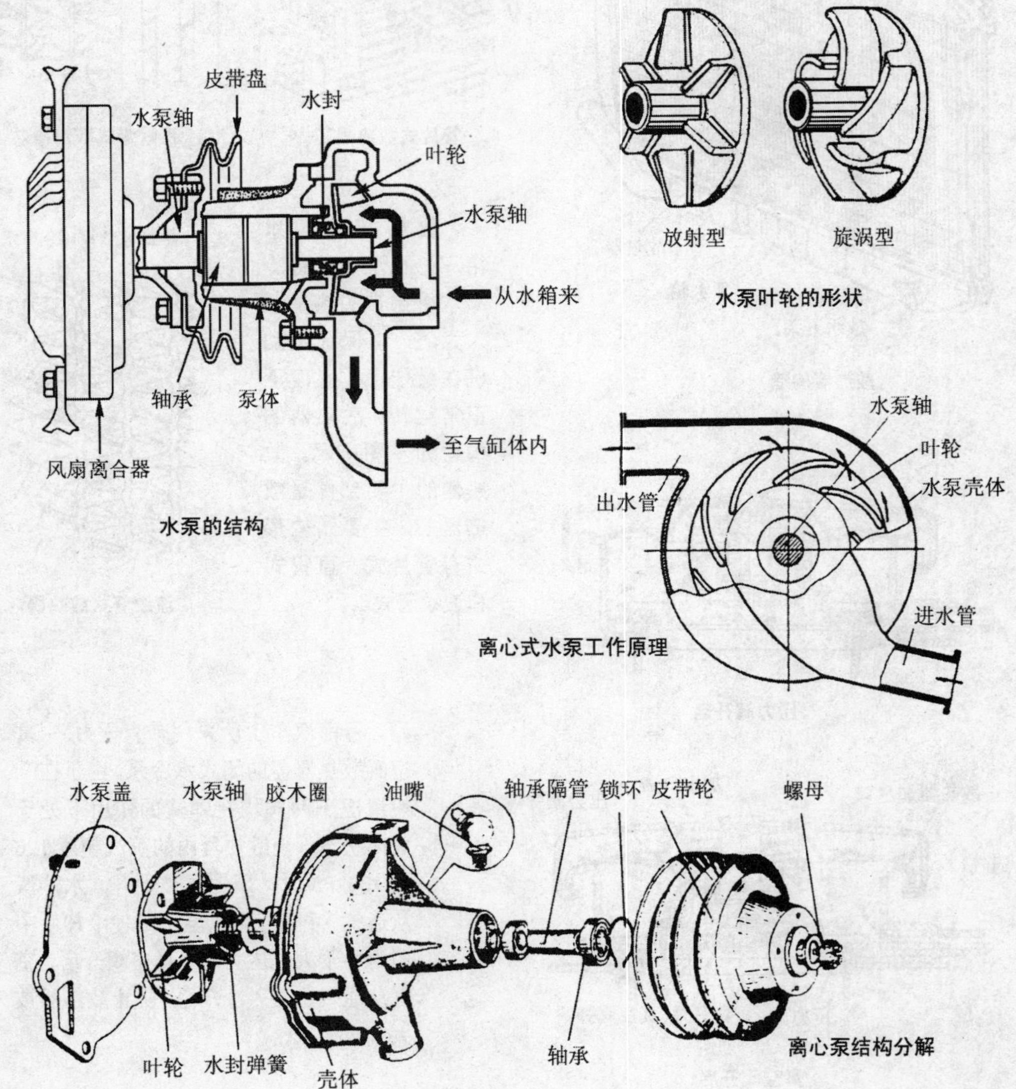

水泵的结构

水泵叶轮的形状

离心式水泵工作原理

离心泵结构分解

节温器 一般装在气缸盖出水处，其功能是改变冷却水的循环路线，使发动机保持在最佳工作温度范围内。节温器有折叠式、蜡式以及双金属式节温器等。

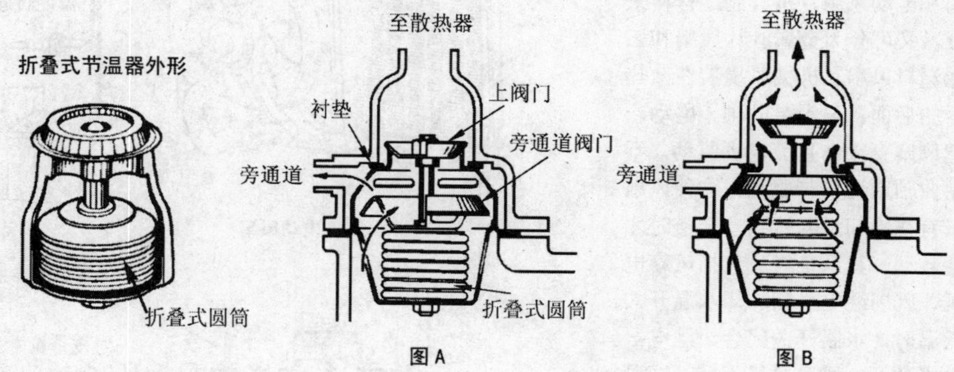

图 A　　图 B

折叠式节温器的工作原理

折叠式圆筒内装有易挥发的乙醚，当低水温时，乙醚体积小，这时上阀门关闭，旁通道阀门打开，冷却水进入小通道循环（图 A）；当水温升高至 80℃以上时，乙醚体积开始膨胀，推动上阀门和旁通道阀门上升，使旁通道关闭，至散热器的大通道打开（图 B），冷却水进行大循环，保持发动机的正常工作水温。

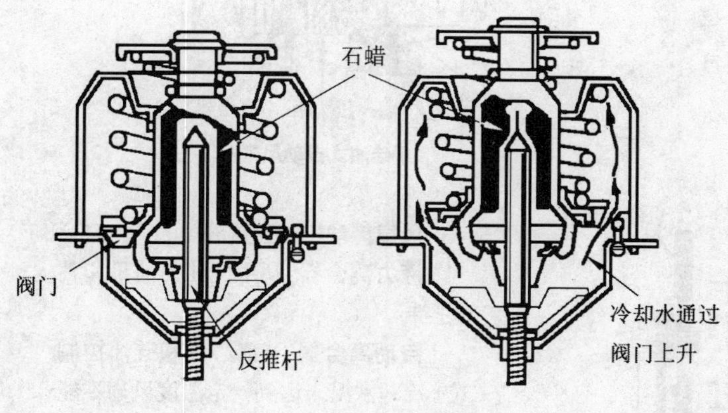

小循环（上阀门关闭）　　大循环（上阀门开启）

蜡式节温器工作原理

当冷却水温低时，石蜡为固体，体积小，在弹簧的作用下，通过旁通水道，而关闭水套到散热器的通道，进行小循环。

当冷却水的温度上升到 80℃以上时，石蜡开始溶化，体积逐渐膨胀，产生压力，关闭旁通道水道，打开水套与散热器的通道，进行大循环冷却。

风扇用来提高流经散热器的空气流速与流量，增强散热器的散热能力。风扇一般分为机械风扇和电动风扇，按其制造材料来分，又可分为金属叶片风扇和工业塑料风扇。机械风扇装在散热器的后面，与水泵同轴。电动冷却风扇直接由直流电机驱动，不由曲轴通过皮带驱动。这种风扇只有在冷却水温达到一定值时才会转动，其系统组成包括风扇电机、风扇继电器和冷却水温开关。低温时，水温开关闭合，继电器触点断开，风扇电机不转；高温时，温度开关断开，继电器触点接触，电机带动风扇转动。

硅油自动离合器式风扇工作原理：

当流经散热器的空气温度较低时（低于65℃），总成内部的硅油收缩，板弹簧将活塞向左推动，压力板因永久磁铁压的吸引，将风扇脱离皮带盘而空转，风扇自动停止工作。

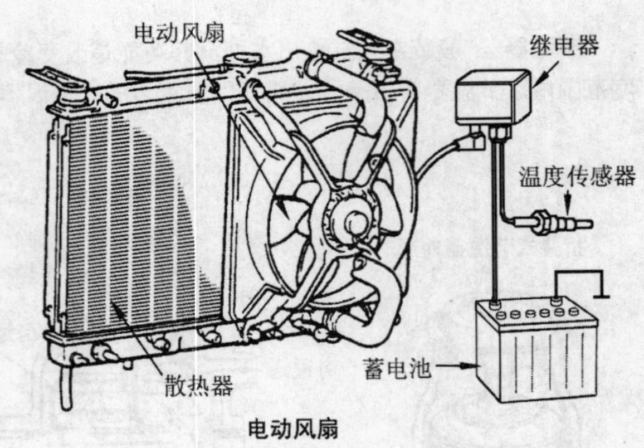

电动风扇

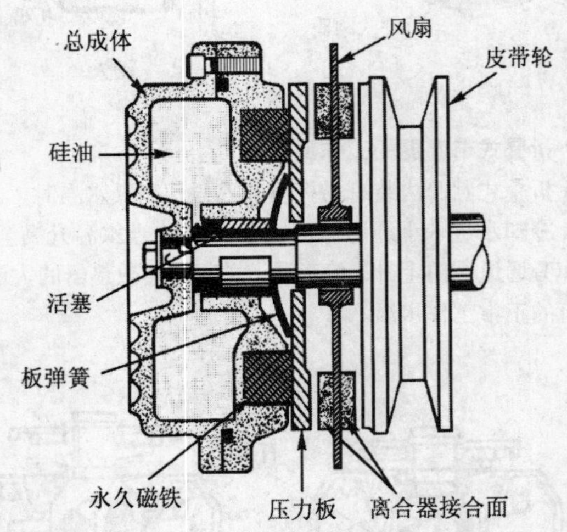

硅油式自动风扇

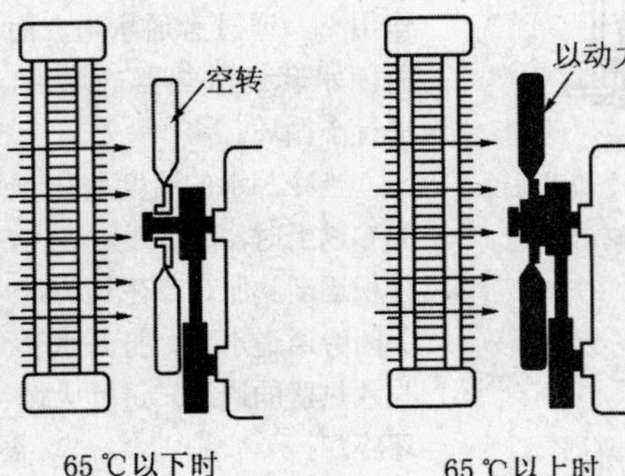

风扇传动控制装置分类

液力离合器 利用硅油的油量和粘度控制。

自动离合器 （离心式和硅油控制式）冷却水温未达到一定温度风扇不能转动。

控制液力耦合器 风扇的转速受冷却水温度和转速控制。

发动机在工作的时候，有许多运动零件，如活塞、气缸、曲轴颈和轴瓦以及有关齿轮等，产生摩擦和阻力，导致零件发热，以至于烧损。为了发动机能正常有效地工作，必须进行润滑。

发动机有两种基本润滑方法：

压力润滑 利用机油泵，将具用一定压力的润滑油不断压送到机件的摩擦表面。

飞溅润滑 利用发动机工作时运动零件飞溅的润滑油，润滑机件的摩擦表面。

现代汽车发动机都采用**复合式润滑**，即对负荷大、运动速度高的零件（如曲轴轴颈和凸轮轴轴颈）用压力润滑；对负荷不大，速度不高的零件（如配气机构的气门导管、挺杆，凸轮轴上的凸轮、气缸壁等）用飞溅润滑。

对辅助系统中有些零件，如水泵、发电机等，可采用**定期加注润滑脂**的方法。

发动机润滑系统图

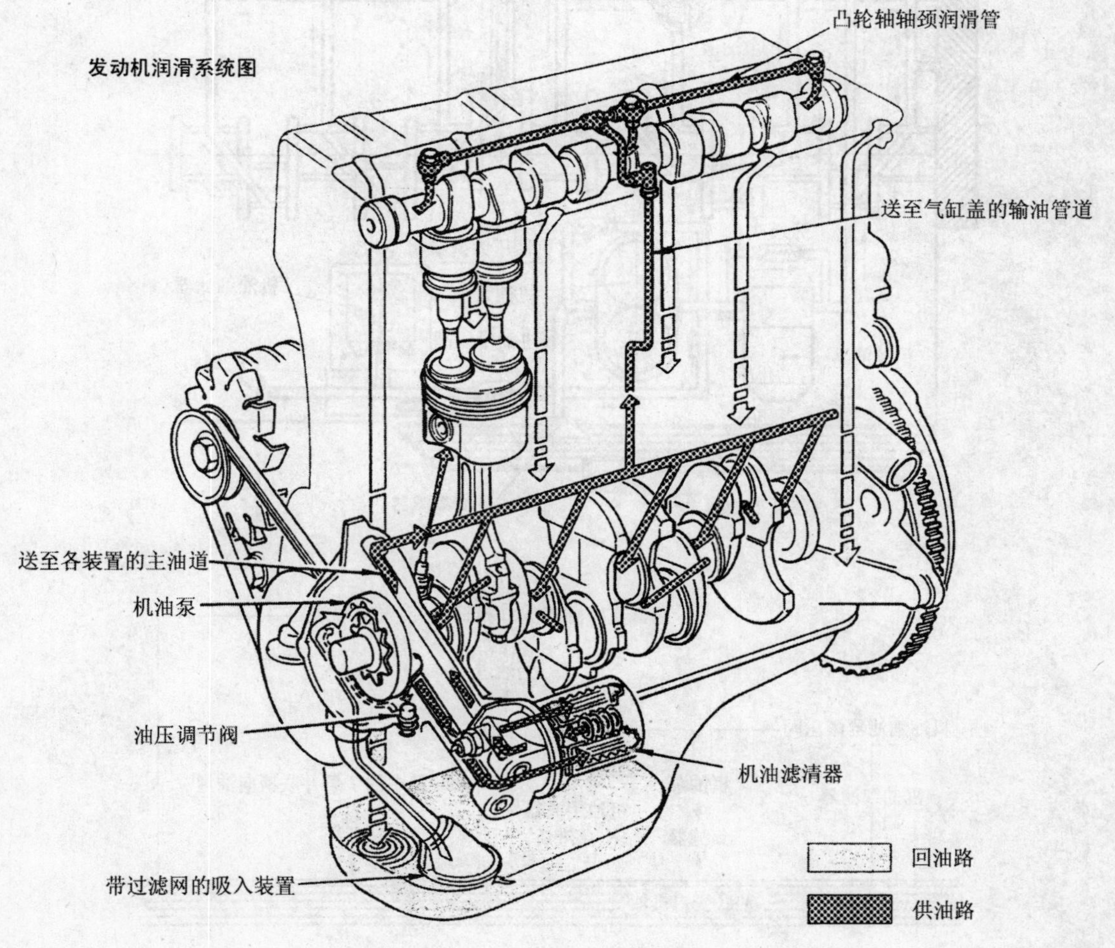

摇臂轴
上油道
机油泵传动轴
主油道
旁通阀
机油压力调节阀
机油泵
机油细滤器
进油限压阀
粗滤清器
阀门
磁性放油螺塞
机油集滤器

摇臂支座、摇臂轴、推杆球头、气门端部
上油道
机油细滤器限压阀
主油道
机油泵
曲轴箱中的7条并联横向油道
机油细滤器
机油粗滤器
（全流纸质）
主轴颈
集滤器
油底壳内机油

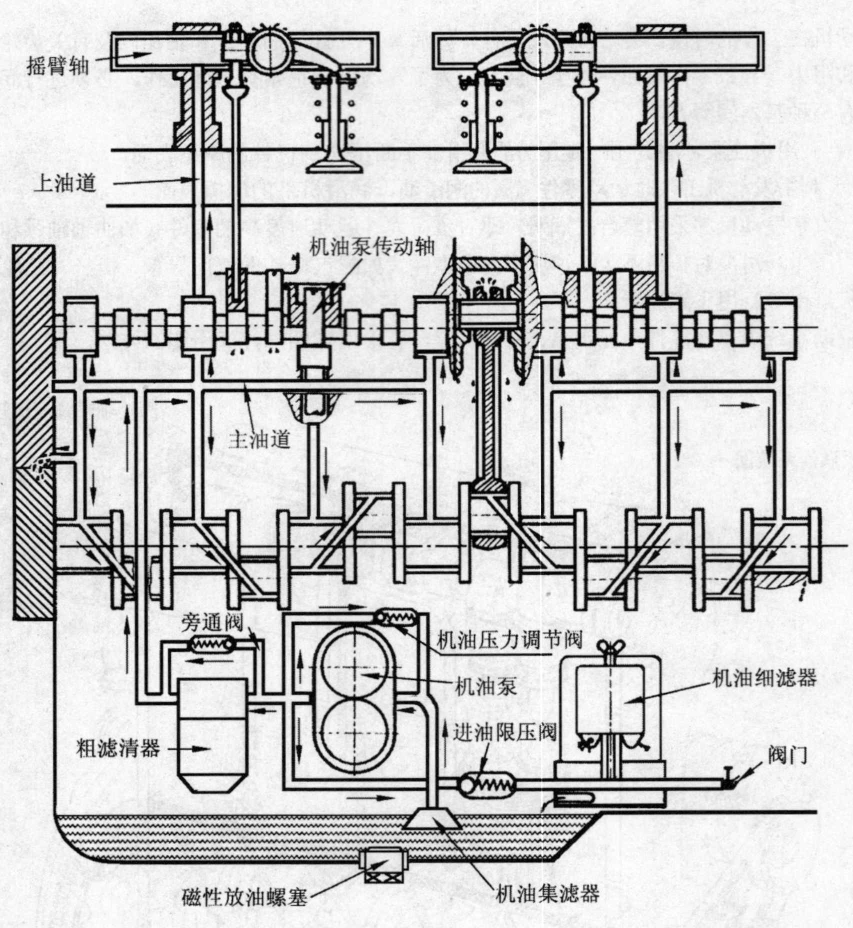

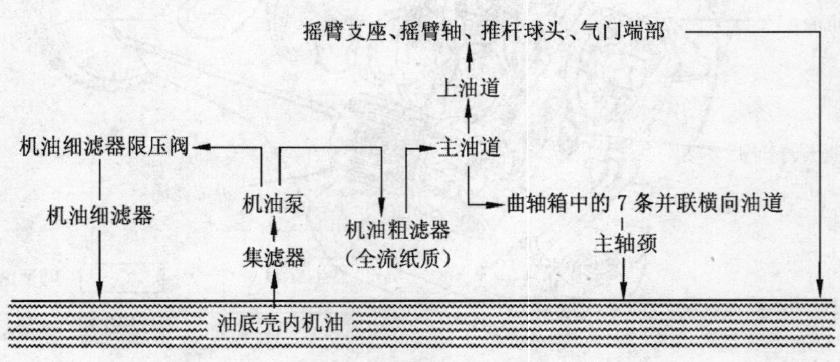

发动机润滑流程图

机油的分类

国际上广泛采用美国**SAE 粘度分类法**和**API 使用分类法**,而且它们已被国际标准化组织(ISO)确认。

美国工程师学会(SAE)按照机油的粘度等级，把机油分为冬季用机油和非冬季用机油。冬季用机油有 6 种牌号：SAE0W、SAE5W、SAE10W、SAE15W、SAE20W 和 SAE25W。非冬季机油有 4 种牌号：SAE20、SAE30、SAE40 和 SAE50。号数较大的机油粘度较大，适于在较高的环境温度下使用。

上述牌号的机油只有单一的粘度等级，当使用这种机油时，汽车驾驶员需根据季节和气温的变化随时更换机油。目前使用的机油大多数具有多粘度等级，其牌号有 SAE5W-20、SAE10W-30、SAE15W-40、SAE20W-40 等。例如，SAE10W-30 在低温下使用时，其粘度与 SAE10W 一样，而在高温下，其粘度又与 SAE30 相同。因此，一种机油可以冬夏通用。

API 使用分类法是美国石油学会(API)根据机油的性能及其最适合的使用场合，把机油分为 S 系列和 C 系列两类。S 系列为汽油机油，目前有 SA、SB、SC、SD、SE、SF、SG 和 SH8 个级别。C 系列为柴油机油，目前有 CA、CB、CC、CD 和 CE 5 个级别。级号越后，使用性能越好，适用的机型越新或强化程度越高。其中，SA、SB、SC 和 CA 等级别的机油，除非汽车制造厂特别推荐，否则已不再使用。

我国的机油分类法参照采用 ISO 分类方法。GB / T7631.3—1995 规定，按机油的性能和使用场合分为：

1. 汽油机油：SC、SD、SE、SF、SG、SH 等 6 个级别。
2. 柴油机油：CC、CD、CD-II、CE、CF-4 等 5 个级别。
3. 二冲程汽油机油：ERA、ERB、ERC 和 ERD 等 4 个级别。

每一种使用级别又有若干种单一粘度等级和多粘度等级的机油牌号。例如，CC 级机油有三个单一粘度等级和六个多粘度等级的机油牌号。它们分别是 30、40 和 50 号及 5W/30、5W/40、10W/30、10W/40、15W/40 和 20W/40。

合成机油

合成机油是利用化学合成方法制成的润滑剂。其主要特点是有良好的粘度－温度特性，可以满足大温差的使用要求；有优良的热氧化安定性，可长期使用不需更换。使用合成机油，发动机的燃油经济性会稍有改善，并可降低发动机的冷起动转速。目前，虽价格较贵。但随着生产规模的扩大和制造工艺的改进，价格会越来越便宜。未来将是合成机油的时代。

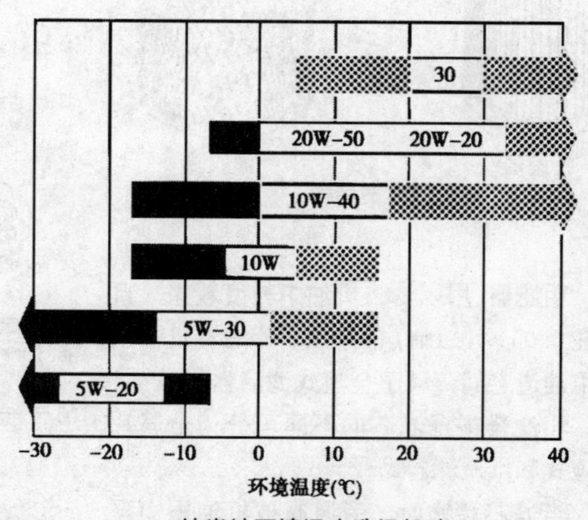

按当地环境温度选择机油

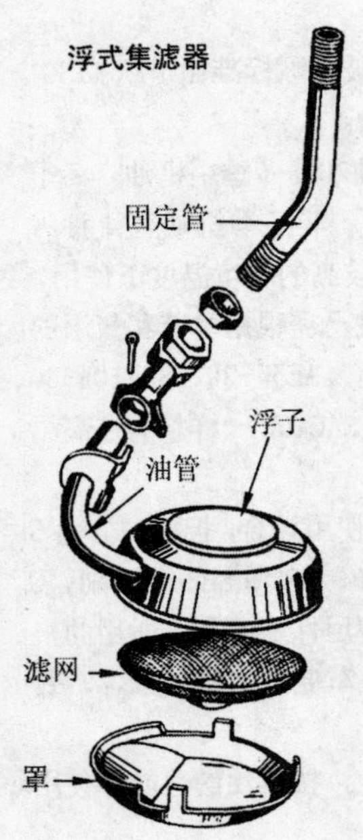

集滤器 一般是滤网式，装在机油泵之前，防止粒度大的杂质进入机油泵。集滤器有浮式和固定式。浮式的浮子是空心的浮在油面上，吸入的机油较清洁，但易吸入泡沫。固定式集滤器装在油面下，虽然吸入的油不如浮式清洁，但不会吸入泡沫，应用较多。

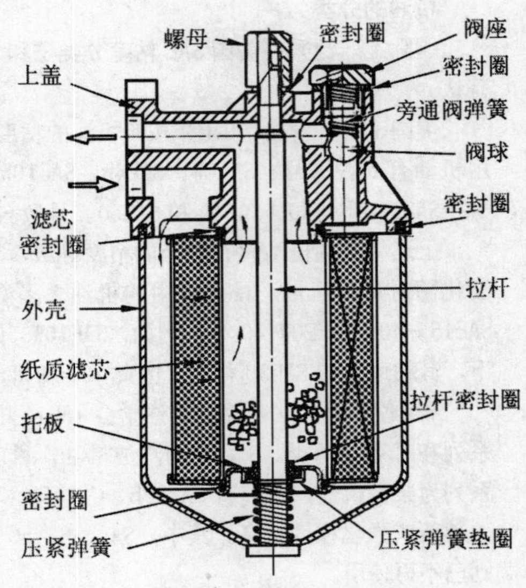

纸质滤芯式滤清器

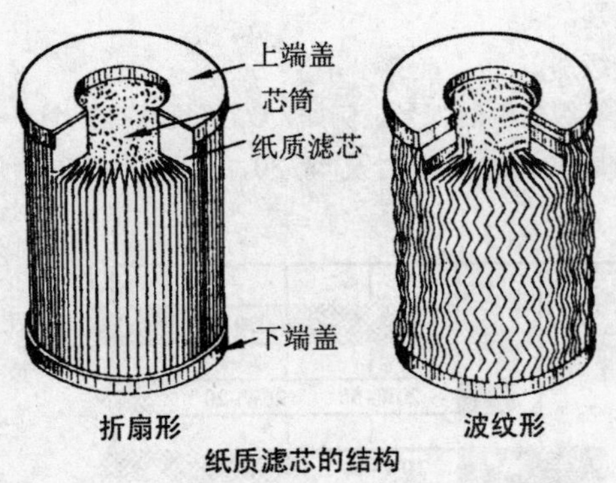

纸质滤芯的结构

粗滤器 用以滤去机油中粒度较大（直径在0.05～0.1mm）的杂质。串联在机油泵和主油道之间，属于全流式滤清器。

粗滤器根据滤芯的不同可分为金属片缝隙式和纸质滤芯式。

当滤芯堵塞时，旁通阀被机油压力顶开，保证供油不会中断。

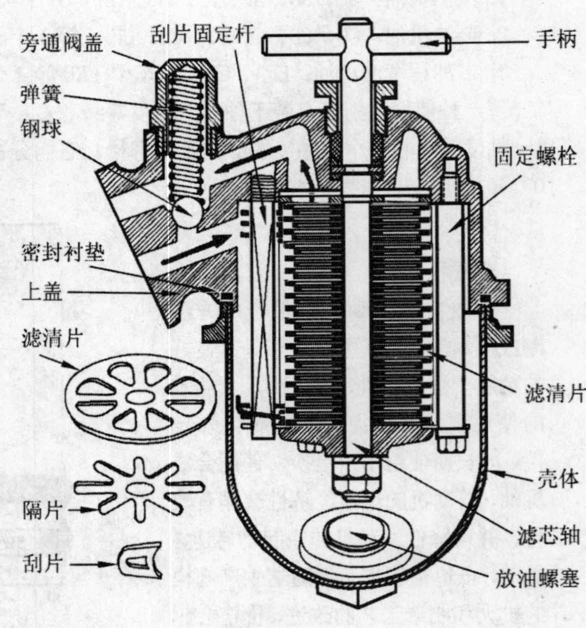

金属片缝隙式粗滤器

细滤器能清除 0.001mm 的细小杂质，由于这种滤清器对机油的流动阻力比较大，一般做成分流式，和主油道并联。

分离式机油细滤器 按清除方式来分，有**过滤式**和**离心式**两种。过滤式存在着滤清能力与通过能力的矛盾，而离心式则有滤清能力高，通过能力大，且不受沉淀物影响等优点。因此车用发动机多以离心式机油滤清器作为分流式机油细滤器。

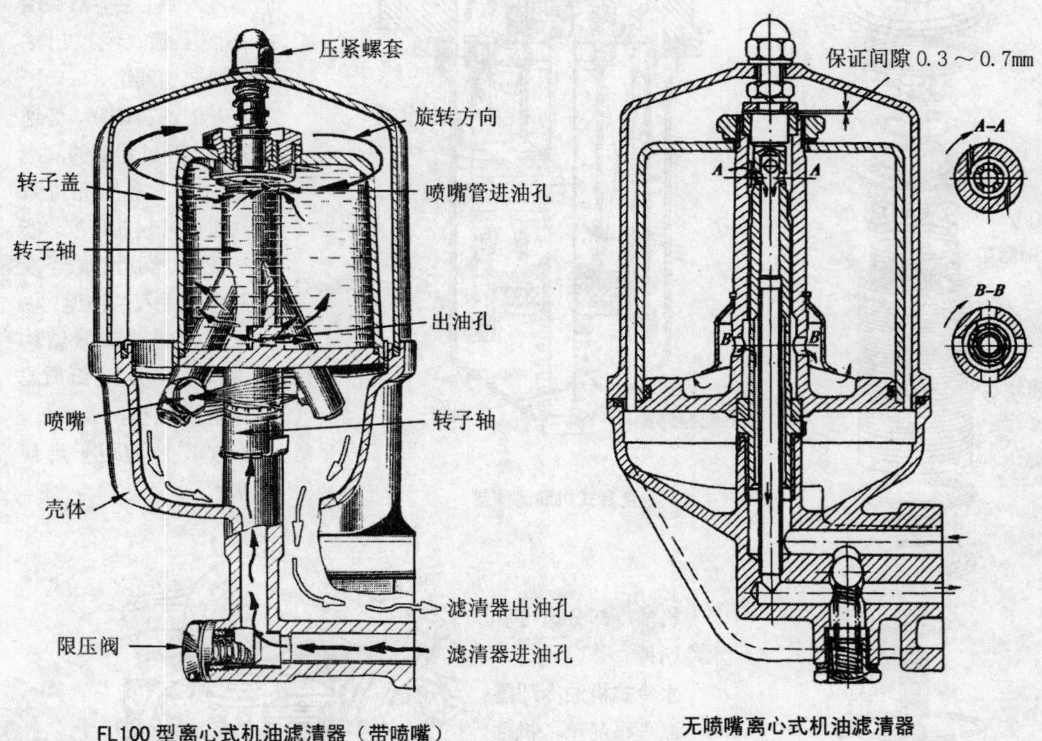

FL100 型离心式机油滤清器（带喷嘴）

无喷嘴离心式机油滤清器

离心式细滤器的工作原理 从机油泵来的机油从进油孔进入滤清器转子轴内的中心油道，（油压低于 0.1N/mm^2 时限压阀不开，高于此值时限压阀打开）再从中心油道的出油孔进入转子总成内腔，再从内腔的进油孔进入喷油嘴管道，由两个喷嘴喷出，喷嘴方向相反在喷射的作用下转子会高速旋转，机油中的机械杂质在离心力的作用下被甩向转子内腔壁上。经过这样的滤清，喷出的洁净机油源源不断再从滤清器的出油口流回机油盘。

无喷嘴离心式机油滤清器 是利用偏心设置转子的进油孔和出油孔以获得驱动转子旋转的力矩。无喷嘴机油滤清器可减轻机油的泡沫化。

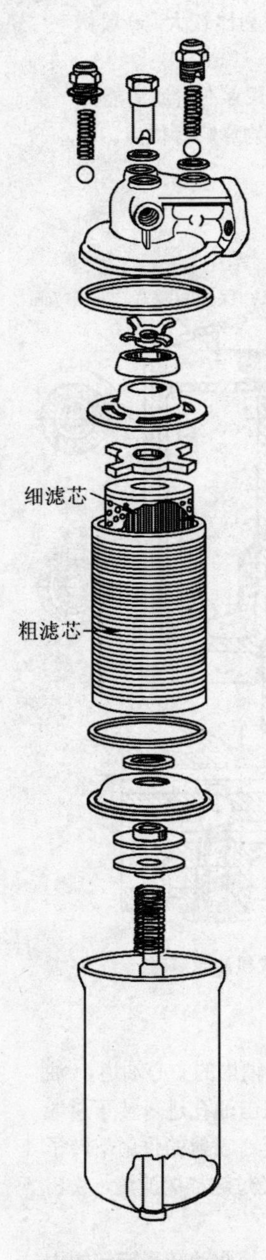

复合式滤清器分解图

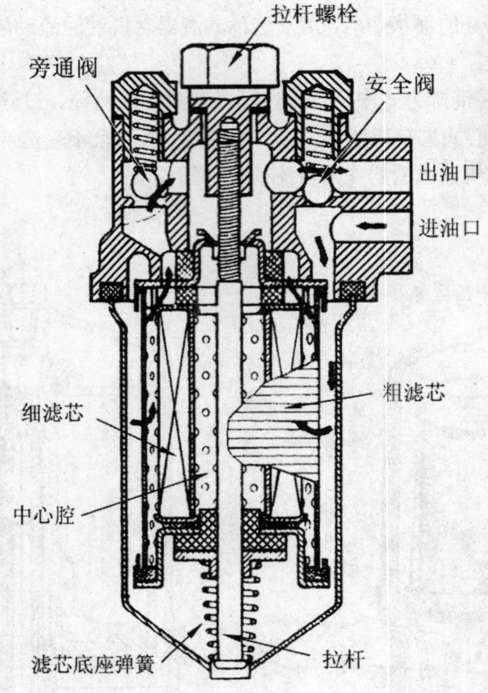

复合式机油滤清器

复合式滤清器 在正常情况下，即来自机油泵的润滑油，经进油口进入机油滤清器。由于橡胶元件的密封作用，润滑油先经过粗滤芯过滤，再经细滤芯进入中心腔，然后沿中心腔上流，经过出油口，流向主油道。

若细滤芯堵塞，旁通阀开启，经过粗滤的润滑油通过滤芯盖腔孔进入主油道。若粗芯堵塞，安全阀开启，润滑油则不经滤芯直接进入主油道。

复合式滤清器结构紧凑、工作可靠，纸质滤芯可定期更换，成本低，因此被广泛应用于现代轿车上。

机油冷却分风冷和水冷两种。

水冷式机油冷却器 原理很简单，机油经滤清器滤清之后直接进入冷却器，机油在冷却器的芯内流动，利用水温使高温的机油得以冷却降温。水冷式机油冷却器外形尺寸小，布置方便，且不会使机油冷却过度，机油温度稳定，因而在轿车上应用较广。

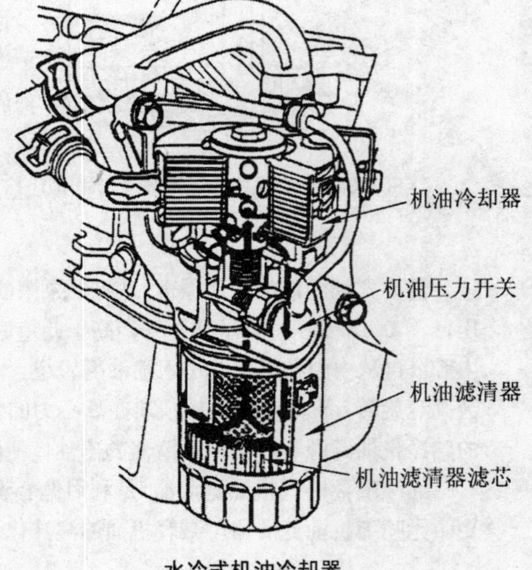

水冷式机油冷却器

齿轮式机油泵分为**外啮合齿轮式机油泵**和**内啮合齿轮式机油泵**。机油泵进油管上装有集滤器，保证进入机油泵的机油没有大的杂质。也有机油泵和集滤器做成一个整体的。

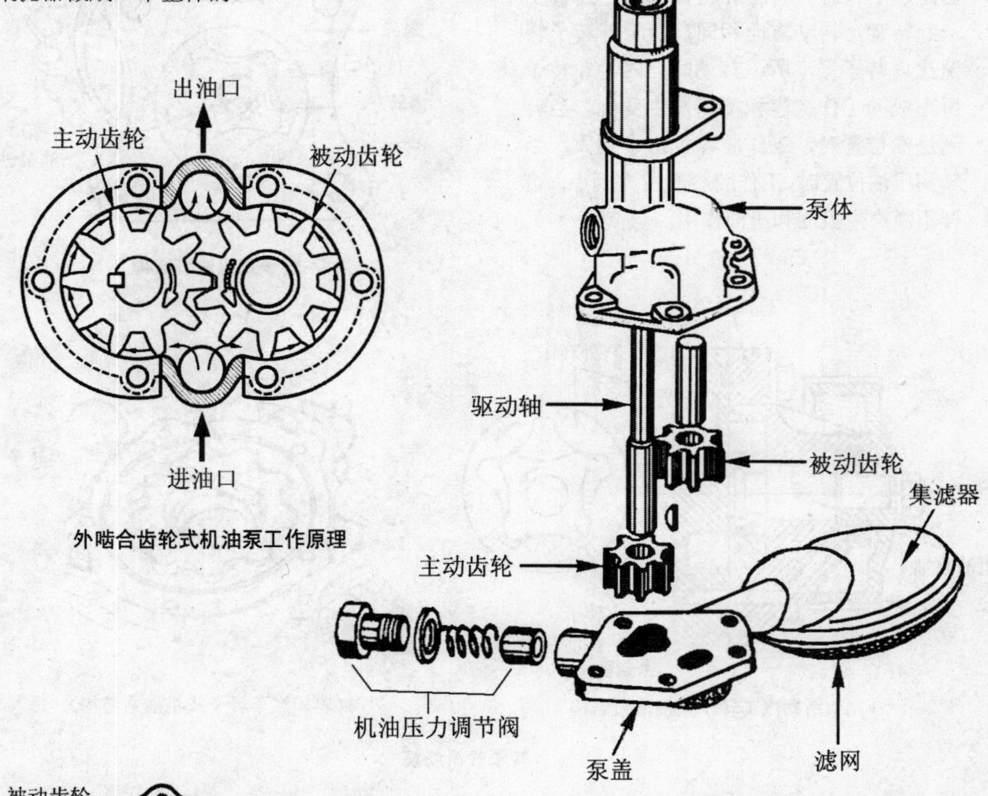

外啮合齿轮式机油泵工作原理

外啮合齿轮式机油泵解体图

被动齿轮
主动齿轮

内啮合齿轮式机油泵

齿轮式机油泵工作原理 机油泵壳体内有一对主、从动齿轮，齿轮与壳体内壁之间的间隙很小。壳体上有进、出油口。当发动机工作时，主动齿轮带动从动齿轮反向旋转，机油沿油泵壳壁由进油腔带到出油腔，使出油腔油压增大，润滑油便经出油口后压送到发动机油道中。同时，进油腔出现一定真空度，润滑油便从进油口被吸入进油腔。

转子式机油泵亦称**偏心内啮合转子式机油泵**，以共轭曲线为齿形齿廓。内、外转子形成四个工作腔，二者之间有一定偏心距。工作时，齿轮旋转带动内、外转子一起转动，转动方向相同。由于外转子转速比内转子慢，所以转动时，内、外转子所形成的工作腔容积不断发生变化。当转到进油位置时，工作腔容积由小到大；当转到压油位置时，工作腔容积由大到小。这样不断产生吸油和压油作用。

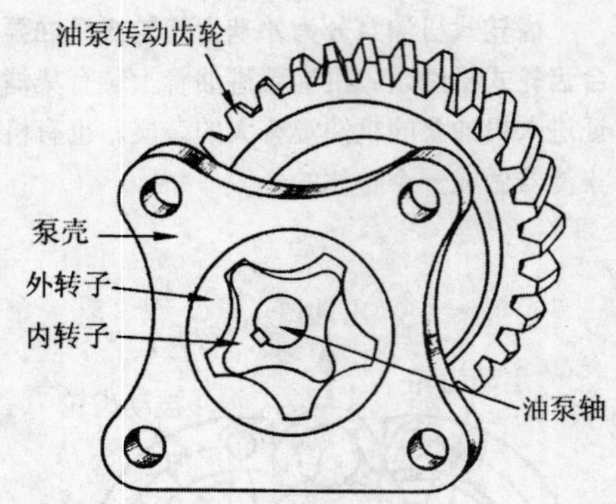

转子式机油泵结构

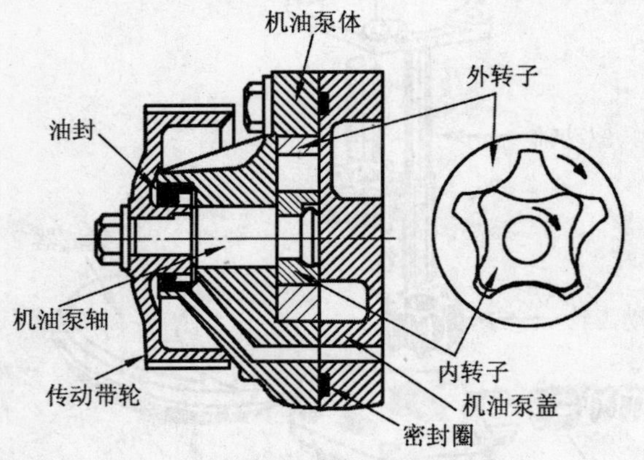

（克莱斯勒汽车转子式机油泵结构）

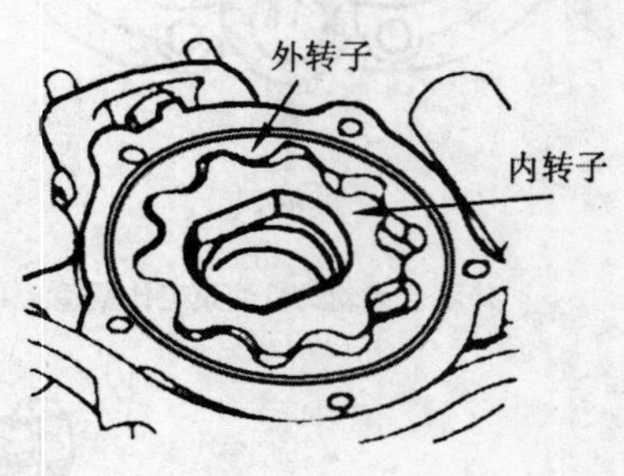

（本田汽车转子式机油泵结构）

转子式机油泵

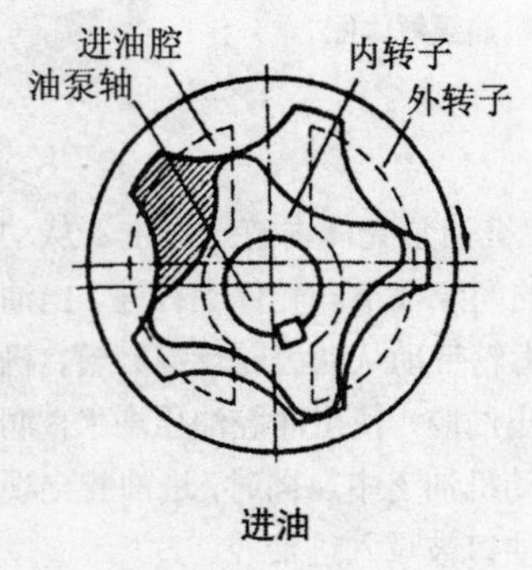

进油

压油

出油腔

出油

转子式机油泵工作过程

曲轴箱通风方式一般有两种，一种是**自然通风**（将曲轴箱内抽出的气体直接导入大气）；另一种是**强制通风**（将曲轴箱内的气体导入发动机的进气管内）。

经过通风，使漏入曲轴箱的可燃混合气 、废气及润滑油油雾等及时排出，防止润滑油的稀释和发生积水现象，保证润滑油的质量。强制通风可将窜入曲轴箱内的混合气回收利用，既提高了发动机的经济性，又减少了对大气的污染。

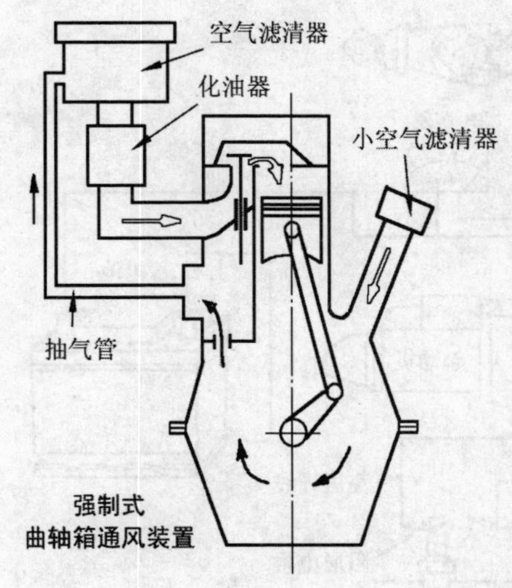

强制式
曲轴箱通风装置

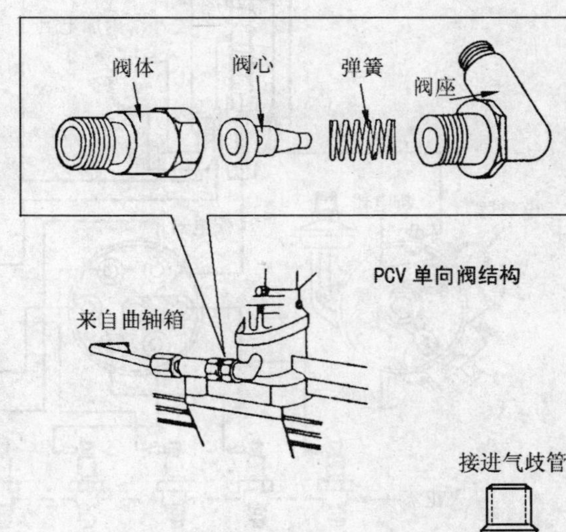

PCV 单向阀结构

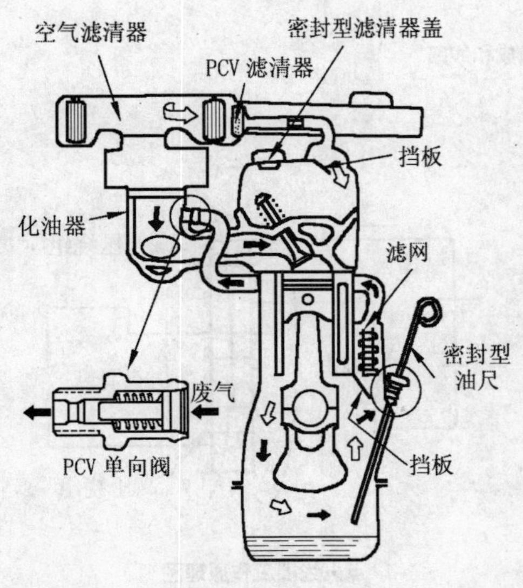

PCV 单向阀在发动机上的位置

PCV 单向阀的作用：怠速时，发动机进气歧管真空度大，阀心被吸在阀座上（图 A)，曲轴箱内的废气经单向阀上的小孔进入进气管；随着发动机的负荷增大，阀心在弹簧的作用下向左移动（图 B)；负荷最大时，阀心移到最左边（图 C)，这时通风量最大。

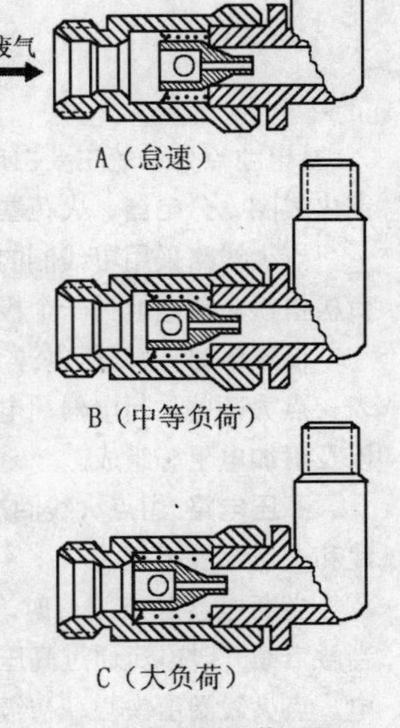

PCV 单向阀工作过程

点火系统按产生高压的方法不同，分为**蓄电池点火系统**和**磁电机点火系统**两种。一般汽车上采用蓄电池点火系统。磁电机点火系统用在高速的竞赛汽车和不带蓄电池的摩托车发动机和拖拉机的起动汽油机上。

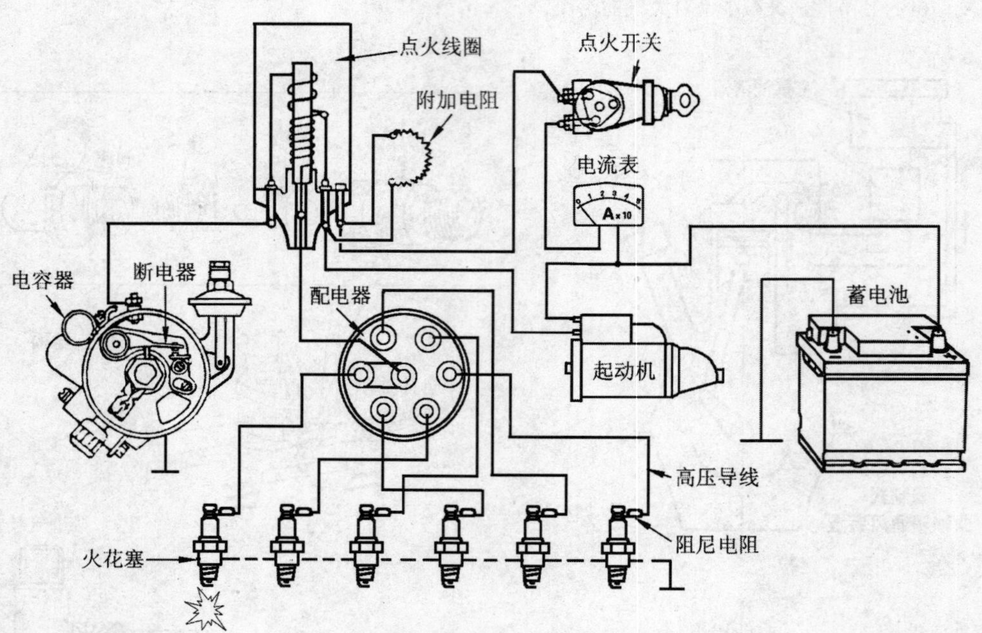

蓄电池点火系统的组成和线路

蓄电池点火系统主要由**电源**（蓄电池和发电机）、**点火线圈**、**分电器**、**火花塞**、**点火开关**等组成。

点火线路采用单线制的连接方法，现行广泛采用负极搭铁，蓄电池另一个极用导线引出通往点火开关。

低压电路 由低压电源（蓄电池和发电机）、电流表、点火开关、断电器、电容器和点火线圈初级绕组以及附加电阻等组成。

高压电路 由点火线圈次级绕组、分电器、高压导线和火花塞等组成。

当断电器触点闭合时，点火线圈不产生高压电，当触点断开时电流通过高压绕组，点火线圈产生高压电。点火线圈由铁心、初级线圈、次级线圈、绝缘座和接线柱等组成。

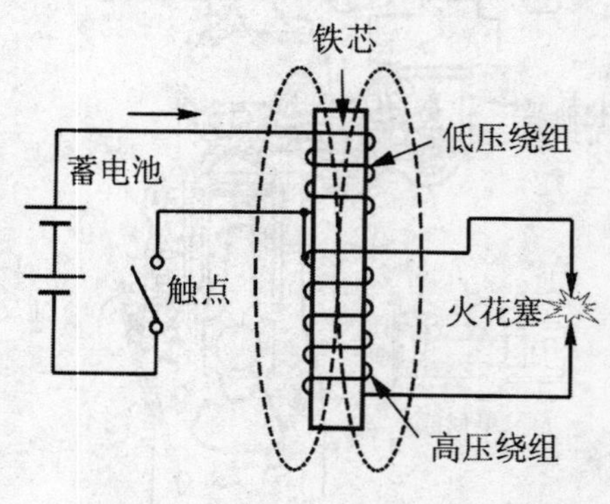

点火线圈工作原理图

分电器 由断电器、配电器、电容器、点火提前调节器和驱动机构等组成。

分电器具有 3 种功能：

1. 接通和断开初级线圈的电路，使点火线圈次级绕组感应而产生高压电。

2. 按发动机的工作循环和点火顺序分配给各个气缸的火花塞。

3. 根据发动机转速和负荷的变化自动调节发动机点火时刻。

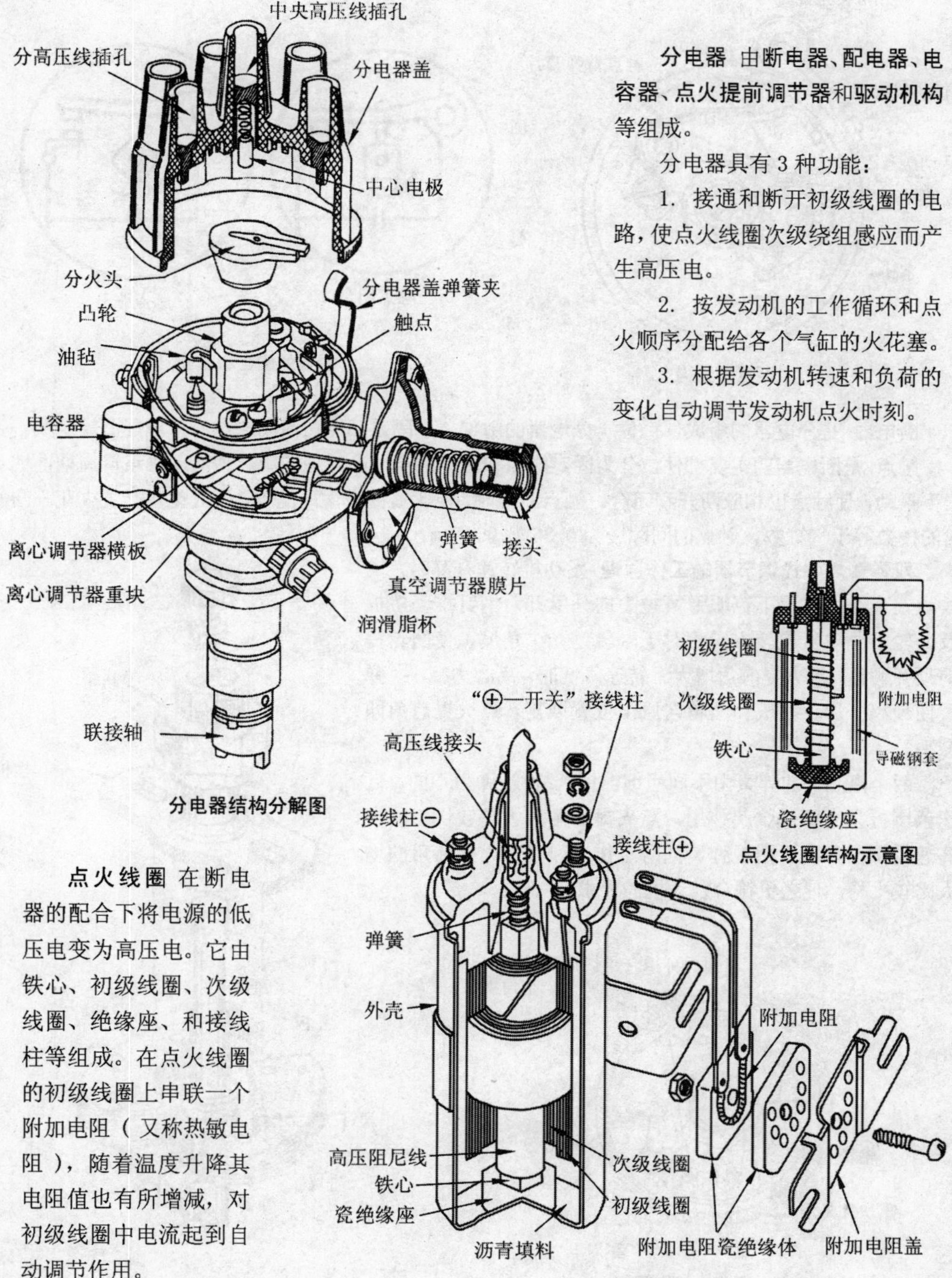

分电器结构分解图

点火线圈结构示意图

点火线圈结构

点火线圈 在断电器的配合下将电源的低压电变为高压电。它由铁心、初级线圈、次级线圈、绝缘座、和接线柱等组成。在点火线圈的初级线圈上串联一个附加电阻（又称热敏电阻），随着温度升降其电阻值也有所增减，对初级线圈中电流起到自动调节作用。

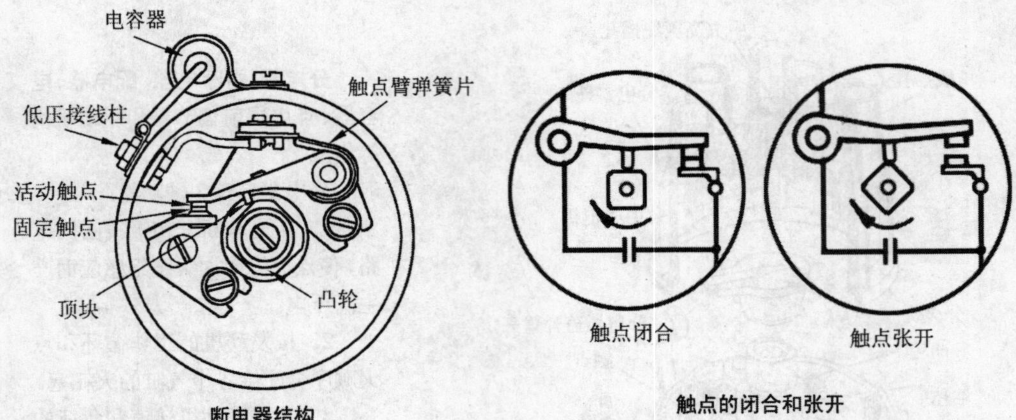

断电器结构

触点的闭合和张开

断电器 是分电器的组成件，位于分电器的中部，由**固定触点**、**活动触点**和**分电器凸轮**组成。

触点 是断电器的主要部件，分为**固定触点**和**活动触点**。凸轮轴的旋转使活动触点臂周期性地上下摆动，使触点也相应断开和闭合。触点断开时，点火线圈产生高压电，使火花塞产生火花。凸轮的棱数等于气缸数。触点的间隙应为 0.35 ～ 0.45mm。

双弹簧离心式调节器的工作原理 发动机转速升高时，离心块在离心力作用下克服弹簧拉力向外甩开，销钉推动拨板及凸轮沿分电器旋转方向相对于轴转过一个角度，使凸轮提前顶开触点，点火提前角增大。转速降低时，离心力减小，弹簧便使离心块、拨板和凸轮向原来位置恢复。点火提前角即减小。

两个离心块的弹簧由不同粗细的钢丝绕成，弹力不同。低速范围内只有细弹簧起作用，点火提前角增大得较快；而在高速范围内，由于两根弹簧同时工作。因而点火提前角的增大比较平稳，使之更符合发动机的要求。

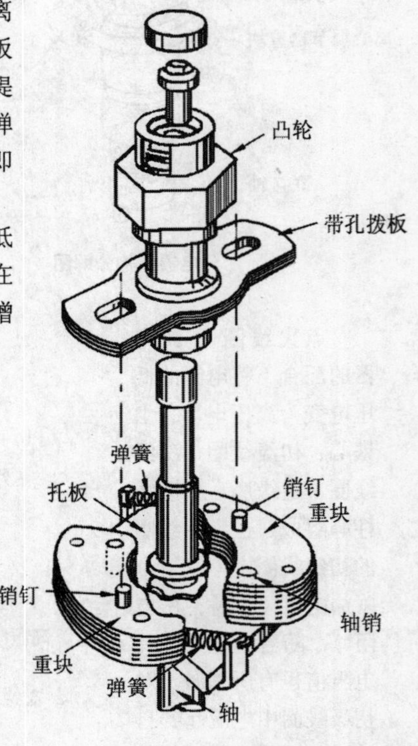

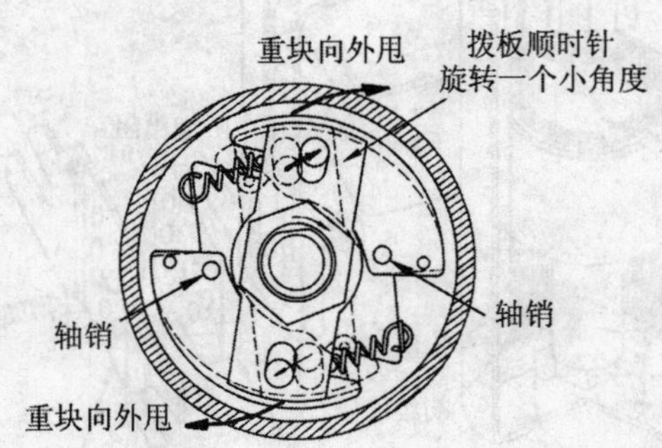

离心调节器工作原理

离心式点火提前调节装置分解图

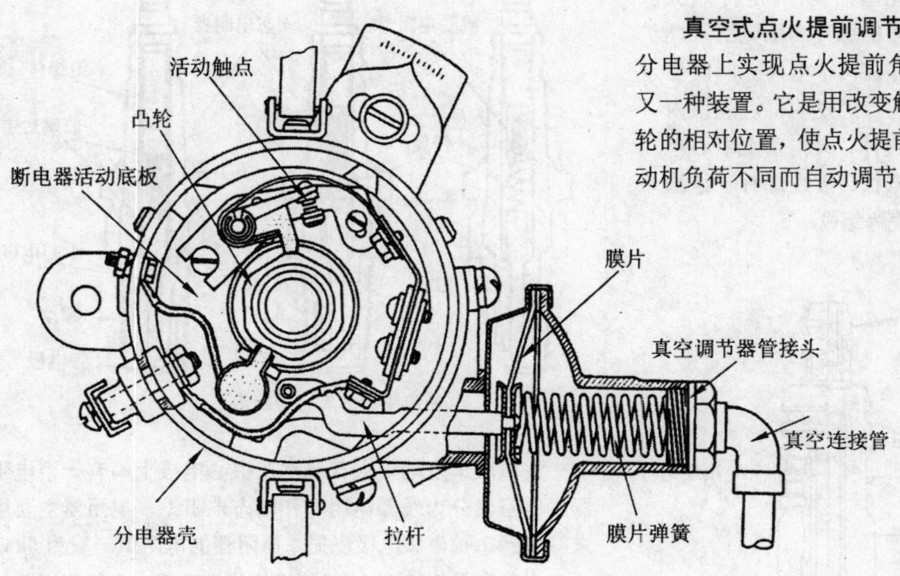

真空式点火提前调节装置 是分电器上实现点火提前角调整的又一种装置。它是用改变触点与凸轮的相对位置，使点火提前角随发动机负荷不同而自动调节。

真空式点火提前调节装置有两种形式：一是**转动断电器活动底板**；另一种是**转动分电器壳**。

当发动机小负荷工作时，节气门后方真空度增大，真空室内的真空度也随之增加，吸动膜片向右拱曲压缩弹簧，带动拉杆向右移动，拉杆拉动断电器的活动底板（凸轮不动）按逆时针方向旋转一个角度，使点火提前角增大。

当发动机全负荷工作时，节气门全开，小通气孔处的真空度很小，膜片在弹簧的作用下向左拱曲，在拉杆的作用下，断电器活动底板按顺时针方向旋转一个角度，使点火提前角减小。

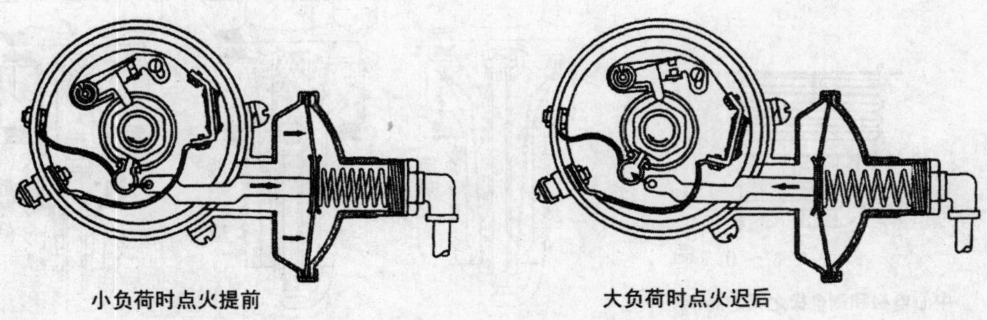

小负荷时点火提前　　　　大负荷时点火迟后

火花塞 的功用是将点火线圈产生的脉冲高压电引入燃烧室，并在两个电极之间产生电火花，点燃发动机燃烧室内的混合气体。火花塞由**中心电极、侧电极、接线螺杆、绝缘体、外壳**等组成。

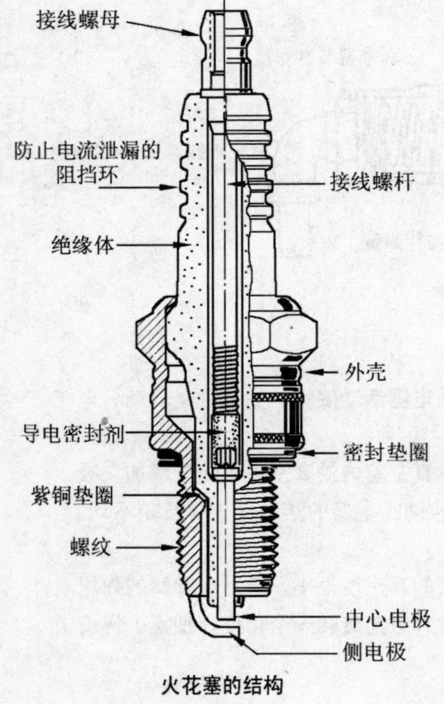

火花塞的结构

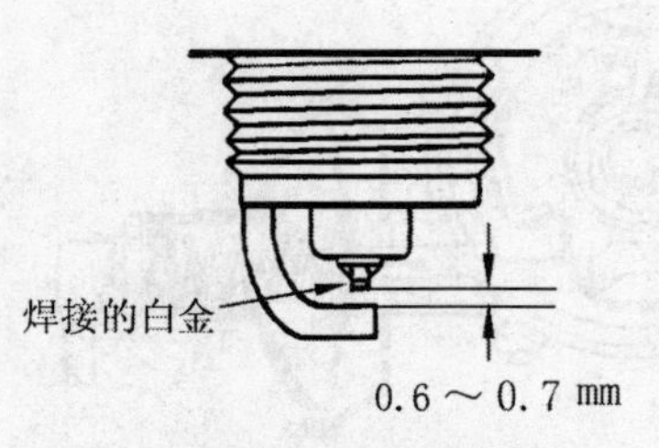

中心电极和侧电极之间的距离

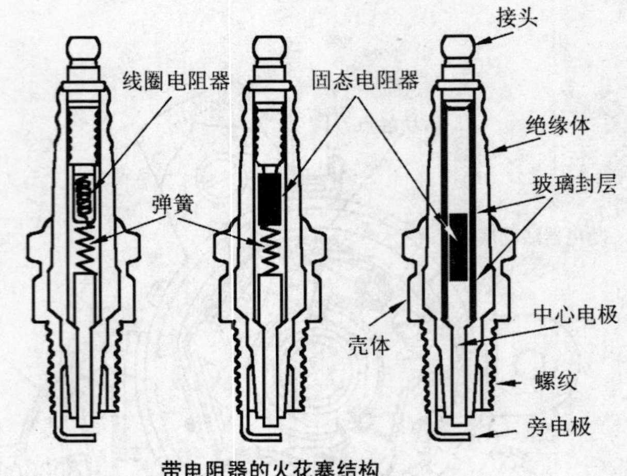

带电阻器的火花塞结构

进口汽车发动机火花塞常在中心电极上串有一个电阻器，电阻器分为线圈电阻型和固态电阻型，电阻器主要用来减少静态噪声和电极烧损。电阻器的电阻值一般为5kΩ。

火花塞的热特性 一般用“热值”表示或直接用裙部长度加以区别。我国规定热值代号为1～11，其中1、2、3为热型，4、5、6为普通型，7～11冷型。

热型的火花塞绝缘体裙部长，吸收热量的面积大，散热能力差；冷型的火花塞绝缘体裙部暴露的面积小，吸收的热量少，热的传导路径短，散热的性能好。

压缩比低、转速低、功率小的发动机，应选用“热型”火花塞。反之，压缩比高、转速高、大功率的发动机应选用“冷型”火花塞。

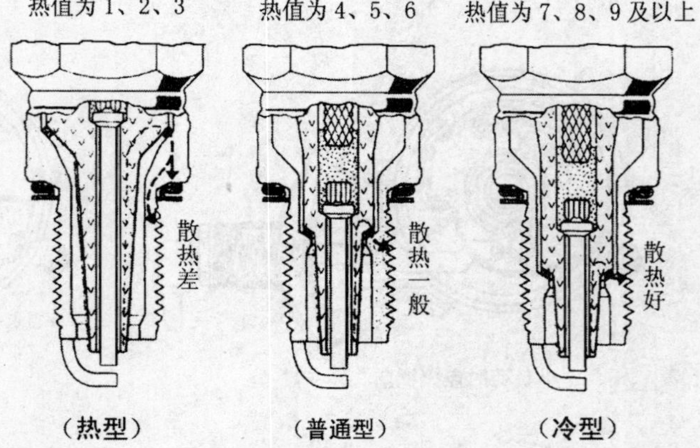

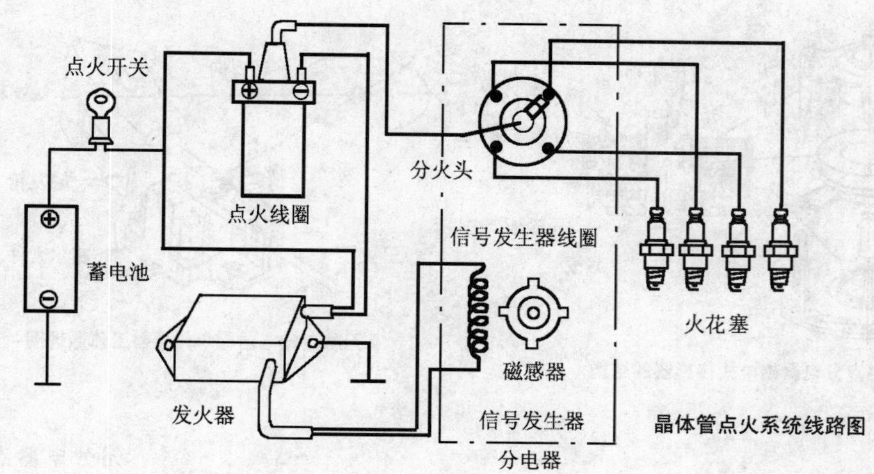

晶体管点火系统线路图

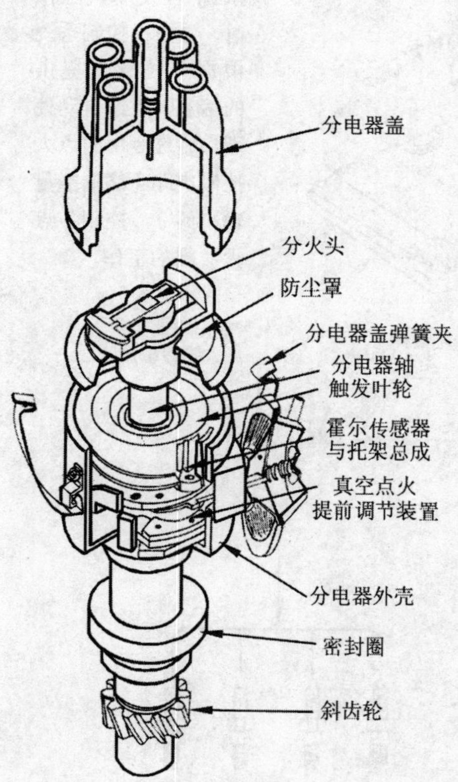

无触点分电器分解图

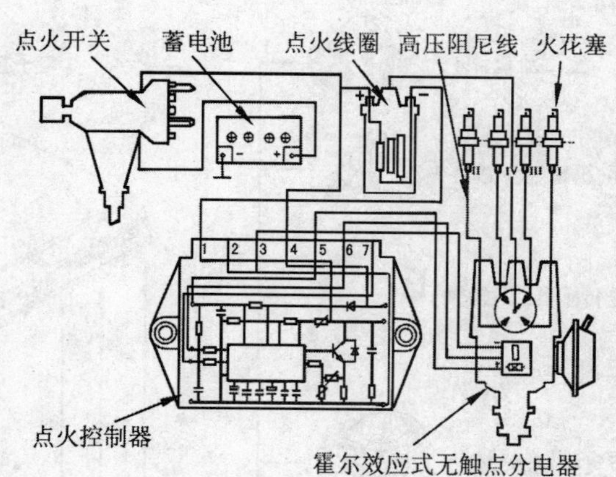

无触点点火系统电路图

目前汽车电子点火装置按其功能可分为**半导体辅助点火装置**、**无触点半导体点火系统**、**微机控制的点火系统**和**无分电器点火系统**等几类。每类的结构及功能各有特点。

无触点点火系统 一般采用磁感应或霍尔传感器和点火控制器代替断电器，克服了触点容易烧坏的缺陷。

点火控制器的主体是一个三极管，利用三极管的截止和开通来代替断电器上触点张开与闭合，从而切断或接通点火线圈初级电流，控制点火高压电流。

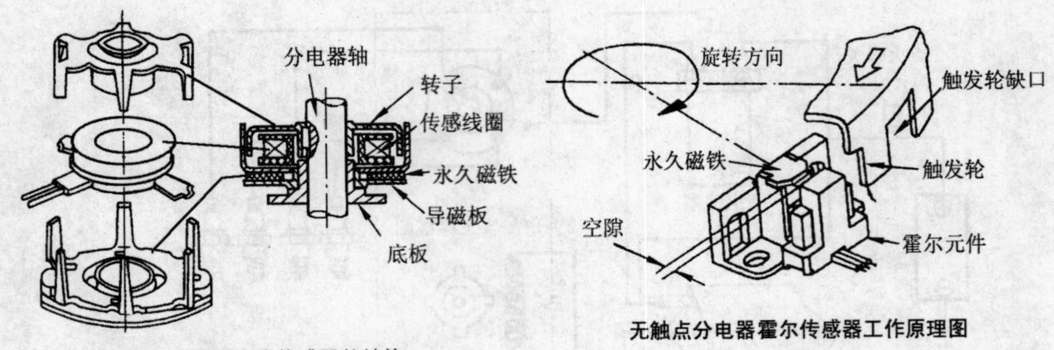

分电器轴
转子
传感线圈
永久磁铁
导磁板
底板
无触点分电器磁电式传感器的结构

旋转方向
触发轮缺口
永久磁铁
触发轮
空隙
霍尔元件
无触点分电器霍尔传感器工作原理图

无分电器点火系统 在发动机工作时，由微机控制系统根据各传感器提供的信息，经过自动处理，通过专用的点火控制电路（终端能量输出级），控制各点火线圈的工作。

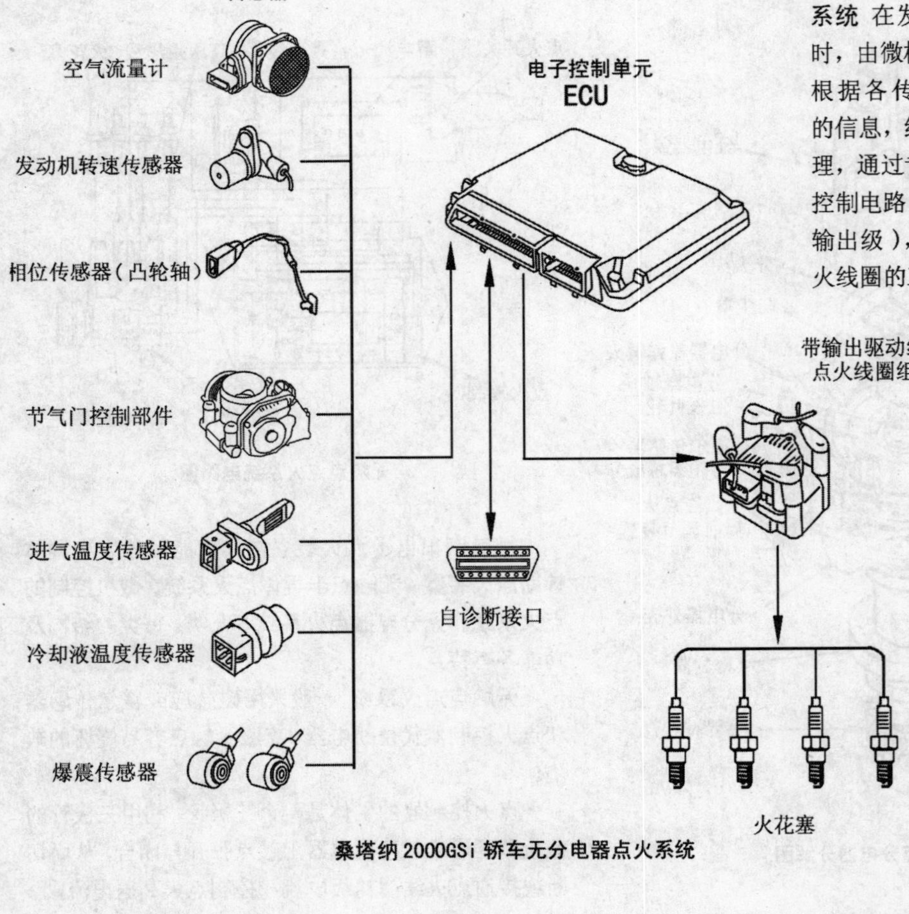

传感器
空气流量计
发动机转速传感器
相位传感器（凸轮轴）
节气门控制部件
进气温度传感器
冷却液温度传感器
爆震传感器
电子控制单元
ECU
自诊断接口
带输出驱动级的
点火线圈组件
火花塞
桑塔纳 2000GSi 轿车无分电器点火系统

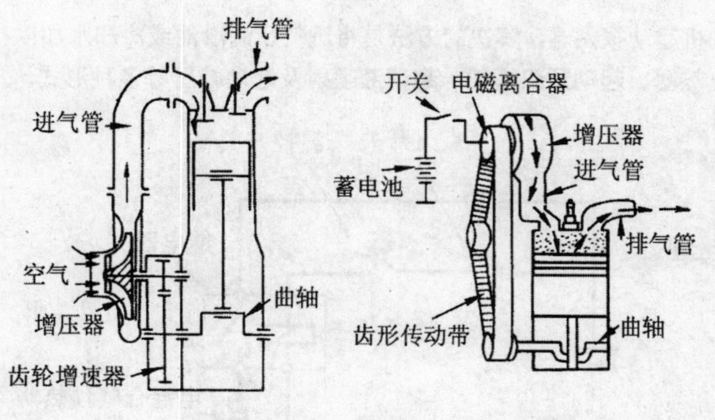

机械增压示意图

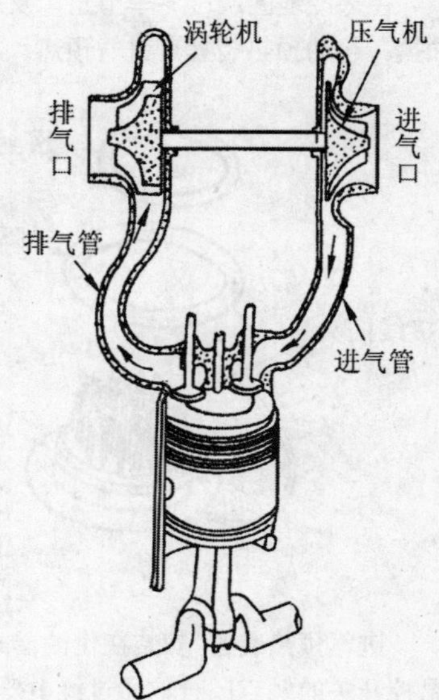

涡轮增压示意图

发动机增压 是将空气预先压缩，然后再供入气缸，达到提高空气密度、增加进气量的目的。由于进气量增加，可相应地增加循环供油量，从而可以增加发动机的功率。同时，增压还可以改善燃油经济性。实践证明，在小型汽车发动机上采用涡轮增压或机械增压，当汽车以正常的经济车速行驶时，不仅可以获得相当好的燃油经济性，而且还由于发动机功率增加，可以得到驾驶员所期望的良好的加速性。

增压有**机械增压**、**涡轮增压**和**气波增压**等三种基本类型。实现空气增压的装置称为增压器。各种增压类型所用的增压器分别称为机械增压器、涡轮增压器和气波增压器。

机械增压器 由发动机曲轴经齿轮增压器驱动，或由曲轴齿形带动轮经齿形传动带及电磁离合器驱动。

涡轮增压器 由涡轮机和压气机构成。将发动机排出的废气引入涡轮机，利用废气所包含的能量推动涡轮机叶轮旋转，并带动与其同轴的压气机叶轮工作。

气波增压器 中有一个特殊形状的转子，由发动机曲轴带轮经传动带驱动。在转子发动机排出的废气直接与空气接触，利用排气压力波使空气受到压缩，以提高进气压力。目前这种增压器只能在低速范围内使用，由于柴油机最高速度比较低，因此多用于柴油机上。

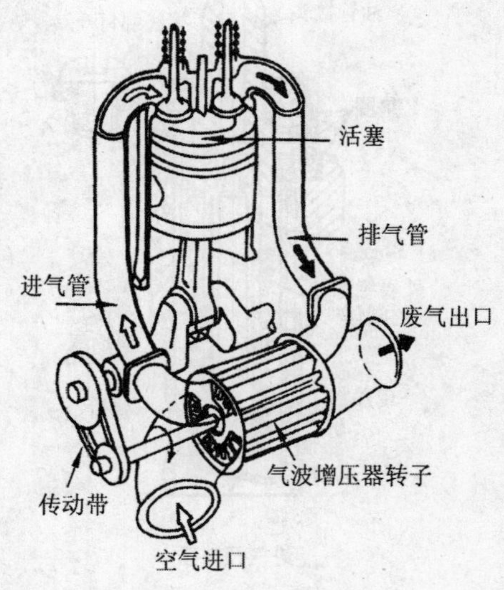

气波增压示意图

发动机起动预热装置 -1

在寒冷地区或严冬季节里，发动机起动很困难，解决的方法是将进气、润滑油或冷却水加以预热。起动预热装置有**进气预热**、**电热塞**、**起动预热锅炉**、**起动液喷射**及**起动减压**等多种形式。

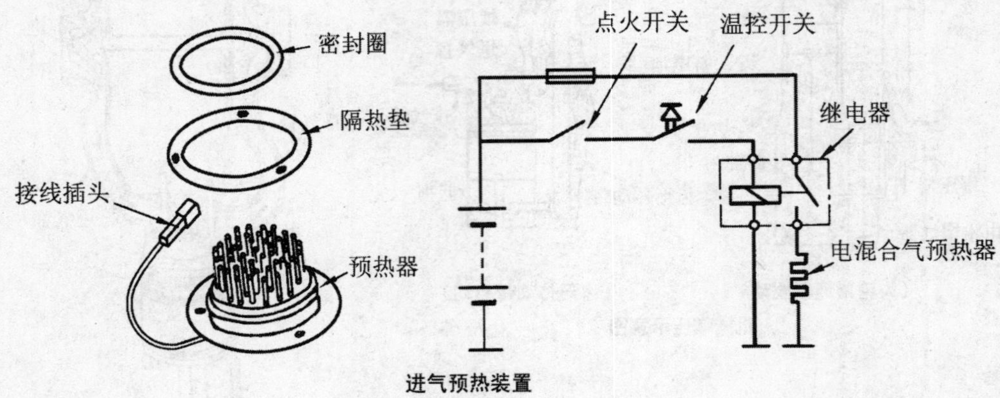

进气预热装置

进气预热装置 安装在化油器式发动机的进气管道内，当进气温度或冷却水温度低于一定值时温控开关的触点闭合，通过继电器接通预热器电源，使进气管中的空气迅速加热。

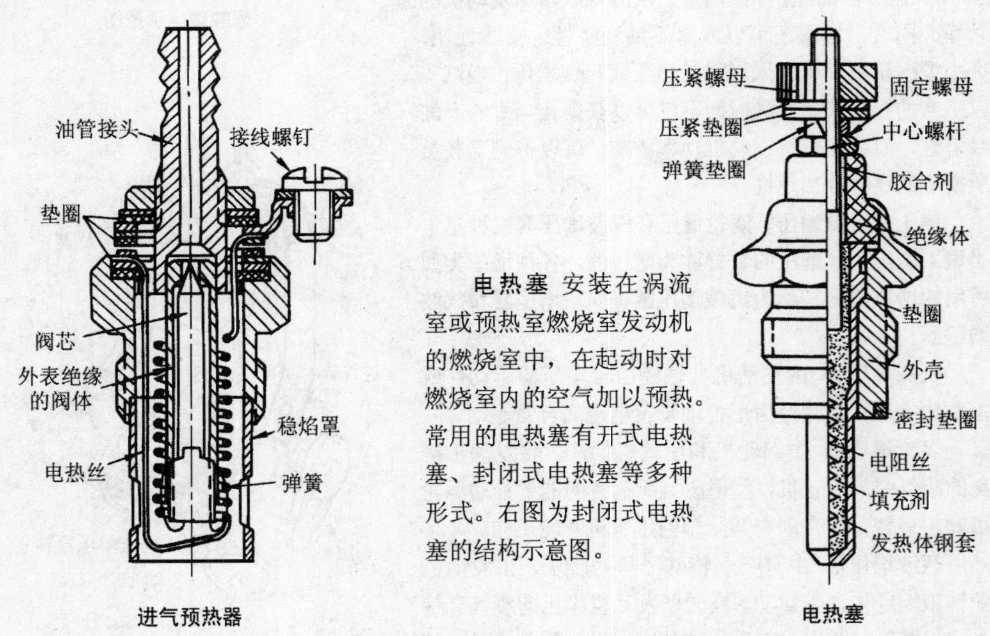

电热塞 安装在涡流室或预热室燃烧室发动机的燃烧室中，在起动时对燃烧室内的空气加以预热。常用的电热塞有开式电热塞、封闭式电热塞等多种形式。右图为封闭式电热塞的结构示意图。

进气预热器　　电热塞

中、小功率柴油机采用进气预热器。电热丝通电后温度升高并将阀体加热，阀体受热伸长带动阀芯下移使锥形端离开进油孔，燃油进入阀体内腔受热而气化，并从阀体内腔喷出，被炽热的电阻丝点燃，喷入进气管道，使进气管道得到预热。

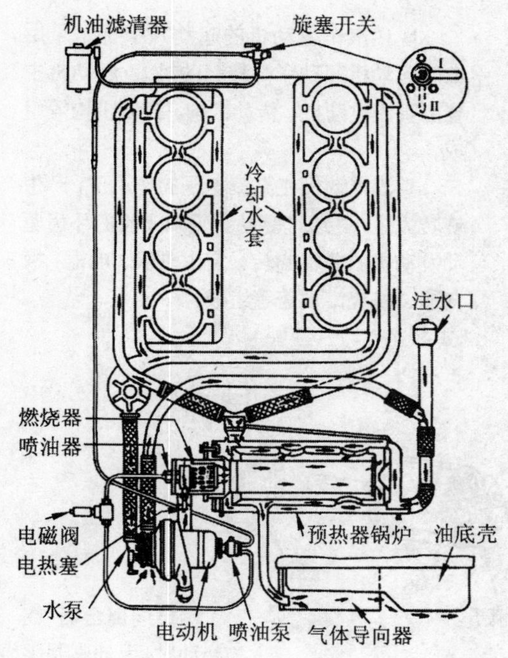

起动预热锅炉

有些重型汽车使用**预热锅炉**作为起动预热装置，以此将冷却水和机油加以预热。左图为亚姆斯238V型8缸柴油发动机的起动预热锅炉的组成和工作示意图。它由起动预热锅炉、电动机驱动的泵组及燃烧器等组成。

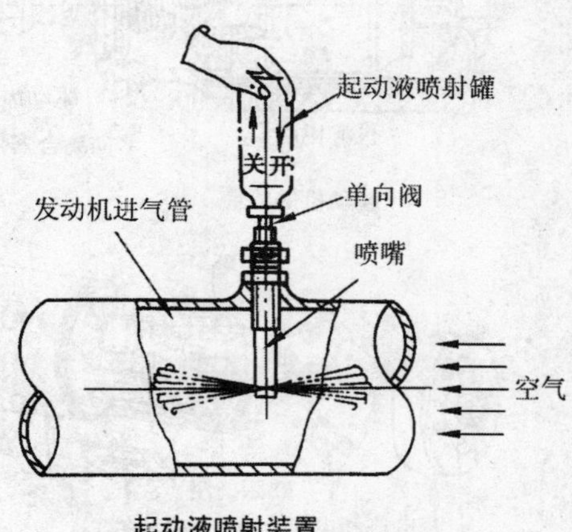

起动液喷射装置

起动液喷射装置 的喷嘴安装在发动机进气管上，起动液喷射罐内充有压缩气体氮气、乙醚、丙酮、石油醚等易燃燃料。低温起动时，将喷射罐倒置，罐口对准喷嘴上端的管口，向下轻压即能喷出可燃液体。

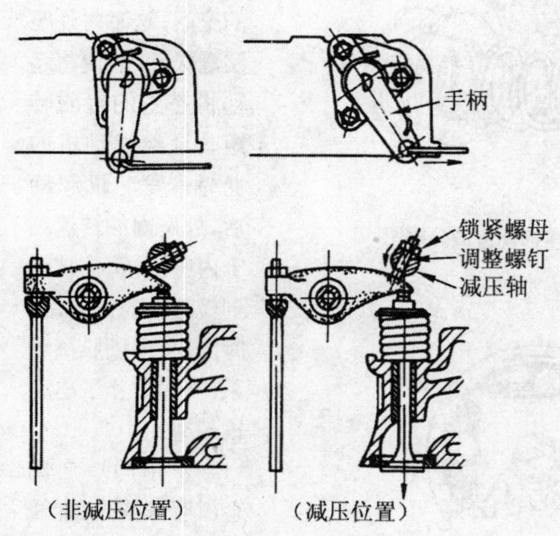

起动减压装置

起动减压装置 是用降低起动转矩、提高起动转速的方法改善柴油机的起动性能。

起动发动机时，将手柄转到减压位置，使调整螺钉按图中箭头方向转动，并微微顶开气门（一般压下1～1.25mm），以降低压缩行程的初始阻力，使起动机转动曲轴时的阻力矩减小，从而提高了起动转速。

起动机的组成

现代汽车发动机的起动几乎都是采用**电动起动机**起动（简称起动机）。起动机主要由直流电动机、传动机构、控制机构等组成。

直流电动机在直流电压的作用下，产生旋转力矩，并通过驱动齿轮和飞轮的环齿驱动发动机的曲轴旋转。它由**磁极**、**电枢**、**换向器**、**机壳**、**端盖**等组成。

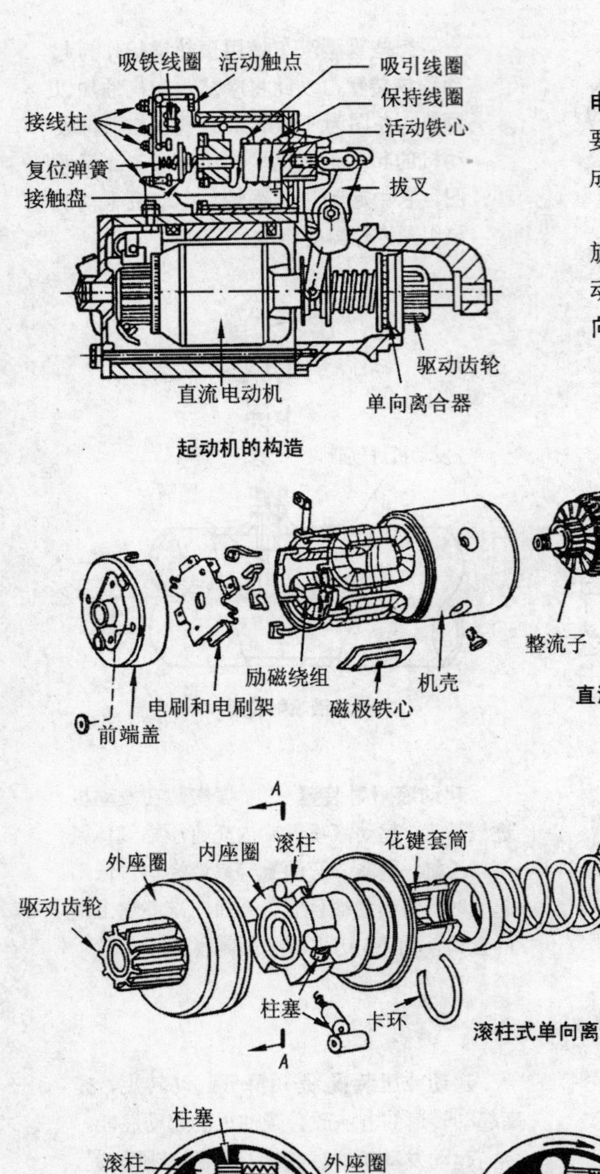

起动机的构造

直流电动机分解图

滚柱式单向离合器分解图

起动时

起动后

单向离合器 在起动时，因外座圈阻力大，在弹簧张力和摩擦力的作用下，滚柱被带到楔形槽窄的空间，这时内外座圈联成一起，便将起动机产生的电磁转矩传递给发动机的曲轴。发动机起动后，外座圈的转速高于内座圈，滚柱被带到楔形槽的宽处，这时内、外座圈脱离联系，从而防止了电动机超速。

常用的单向离合器有**滚柱式**、**弹簧式**、**摩擦片式**等多种形式。

控制机构 也称操纵机构，它的作用是控制起动机主电路的接通和断开及驱动齿轮的移出和退回。起动机的控制机构分为直接操纵式（由驾驶员踩下起动踏板来控制）和电磁操纵式两种。

电磁式起动机的起动开关与点火开关制成一起，只要旋转点火开关的钥匙，起动机便开始工作，操作十分方便，目前国内外的汽车几乎都是采用这种起动机的控制机构。

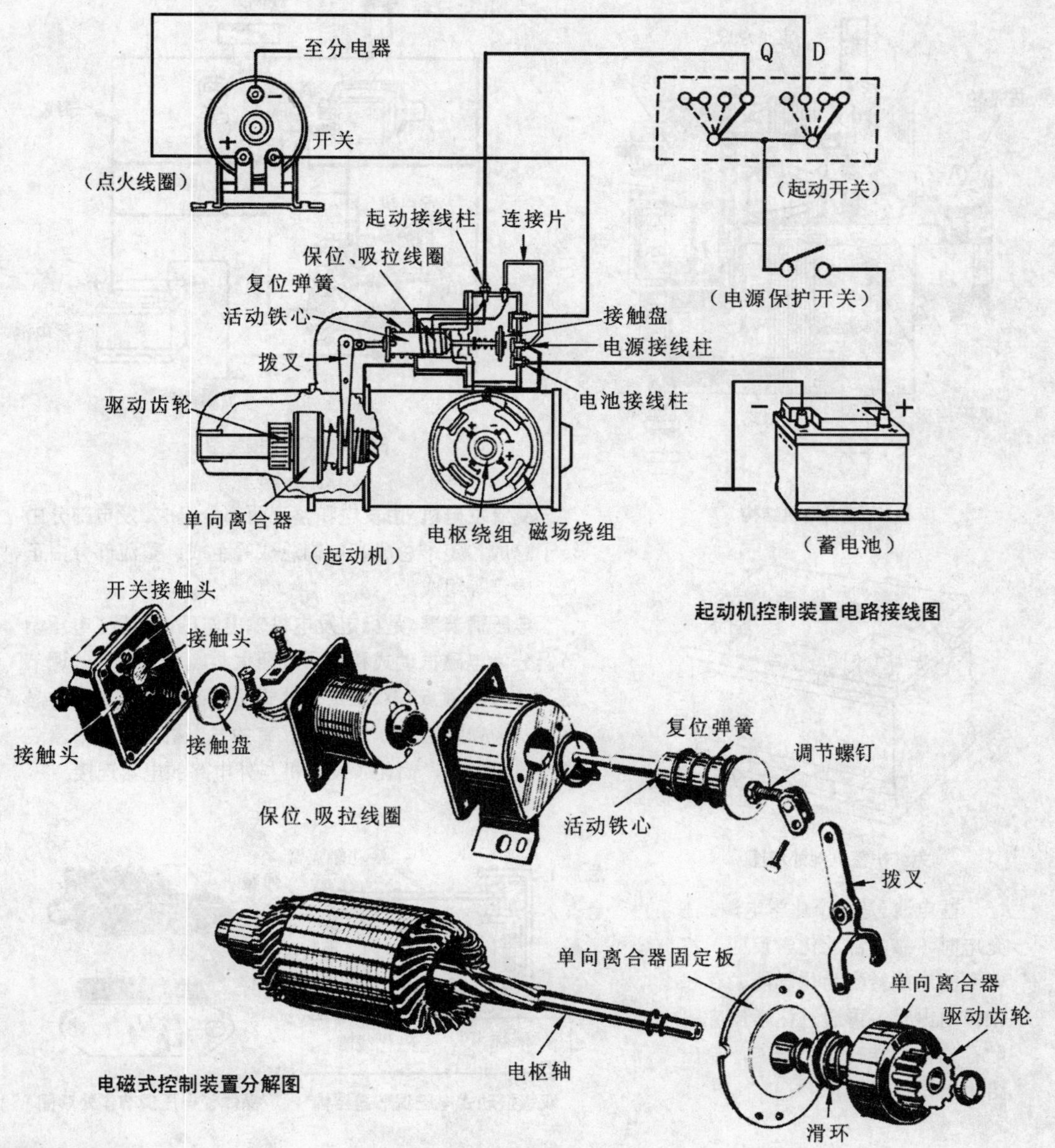

起动机控制装置电路接线图

电磁式控制装置分解图

汽车电源系统主要由**蓄电池**、**发电机**及**电压调节器**组成。

在发动机正常工作情况下，发电机对点火系及其它用电设备供电，同时还对蓄电池充电。当汽车耗电量很大，所需功率超过发电机的功率时，则蓄电池与发电机共同向点火系等用电设备供电。

在发动机起动或低速运转时，发电机不能发电或发出电压很低，此时点火系及其它用电设备所需的电能完全由蓄电池供给。

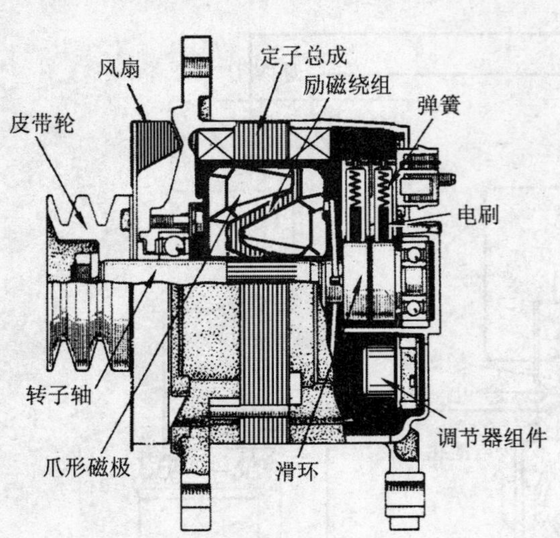

交流发电机结构

用电设备
控制开关
调节器
导线
点火开关
发电机
蓄电池
接车身金属部分

汽车电源系统接线图

交流发电机 由发电和整流两部分组成。发电部分由转子总成、定子总成和电刷总成等组成；整流部分由正、负二极管等组成。

电压调节器 是稳定发电机输出电压的装置。电压调节器分为电磁振动式和电子式两大类。电磁振动式调节器又分为单触点、双触点振动式两种；电子式又分为晶体管、集成电路（IC）式两种。有的发电机电压调节器装在发电机内部，简化了发电机与外电路的电器连接。

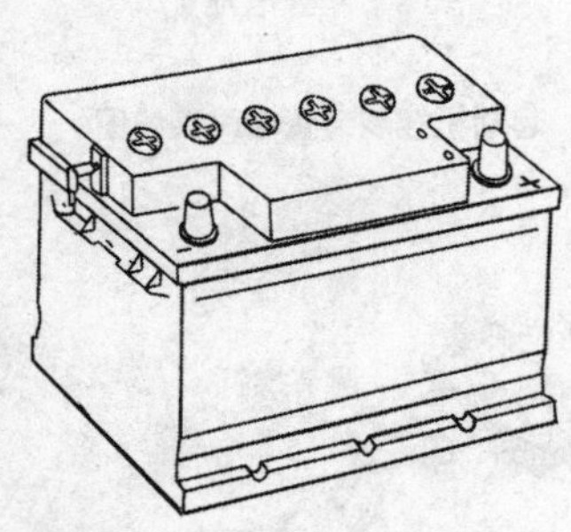
免维护蓄电池外观图

蓄电池 是一个化学电源。在充电时，靠内部的化学反应，将电源的电能转变为化学能贮存起来；用电时，再通过化学反应将贮存的化学能转变为电能，输出给用电设备。

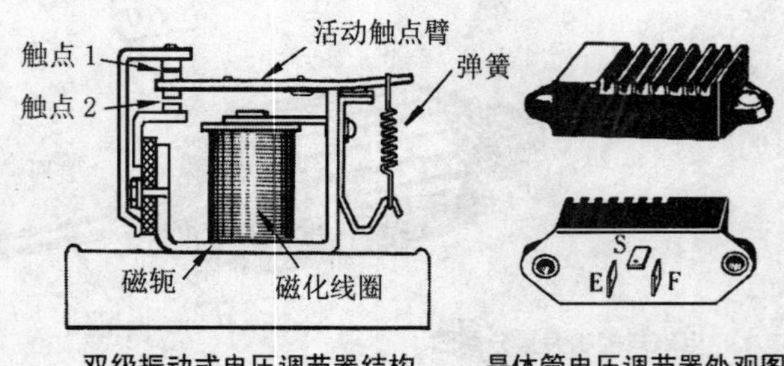

双级振动式电压调节器结构　　晶体管电压调节器外观图

底盘部分

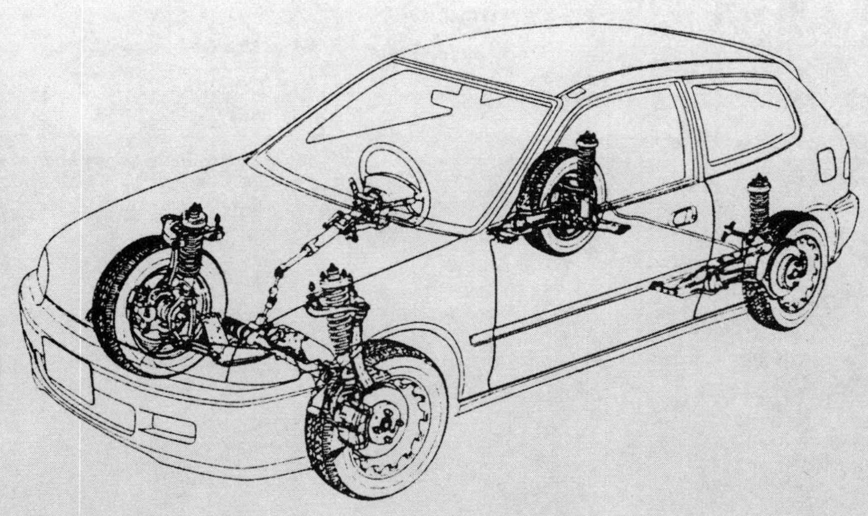

DIPAN BUFEN

汽车传动系统 的基本功用是将发动机发出的动力传给驱动车轮。

现代汽车普遍采用的是活塞式内燃机，与之相配用的传动系统大多数是采用机械式的。常见的传动形式有发动机前置后轮驱动。以普通货车的机械式传动系统为例。发动机发出的动力依次经过离合器、变速器和由万向节与传动轴组成的万向传动装置，以及安装在驱动桥中的主减速器、差速器和半轴，最后传到驱动车轮。

很多轿车采用发动机前置前轮驱动形式。右下图为该传动系统示意图。变速器和差速器连在一起，省去了两者之间的传动轴，差速器两端通过两根半轴驱动左右前轮（**详见132页转向驱动桥**）。

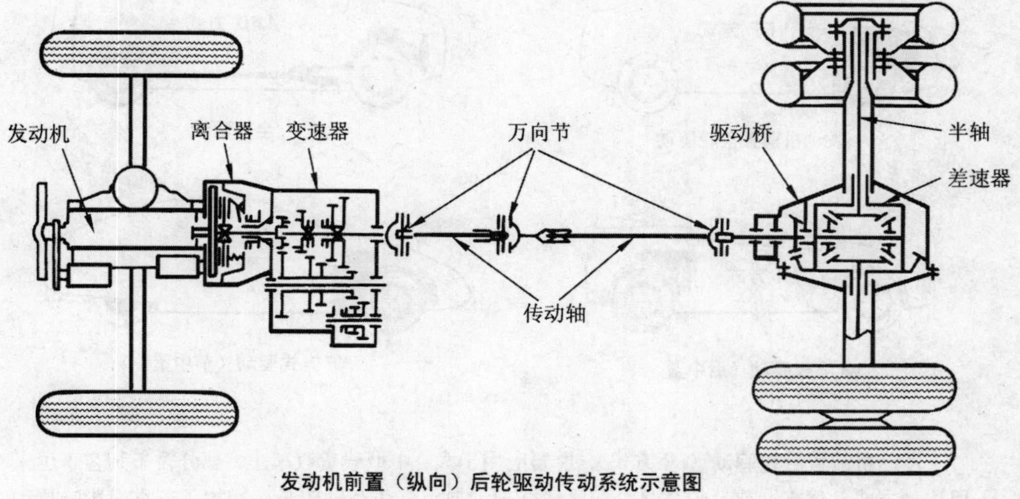

发动机前置（纵向）后轮驱动传动系统示意图

为保证汽车在不同条件下正常行驶，并具有良好的动力性和燃油经济性。为此，汽车的传动系统必须具有如下5个功能：

1. 实现汽车减速增矩。
2. 实现汽车变速。
3. 实现汽车倒车。
4. 能随时中断动力传递。
5. 车轮具有差速功能。

按能量传递方式划分，传动系统可分为**机械传动**、**液力传动**、**液压传动**和**电传动**等。本书仅介绍常见的机械传动各部件的结构和原理。

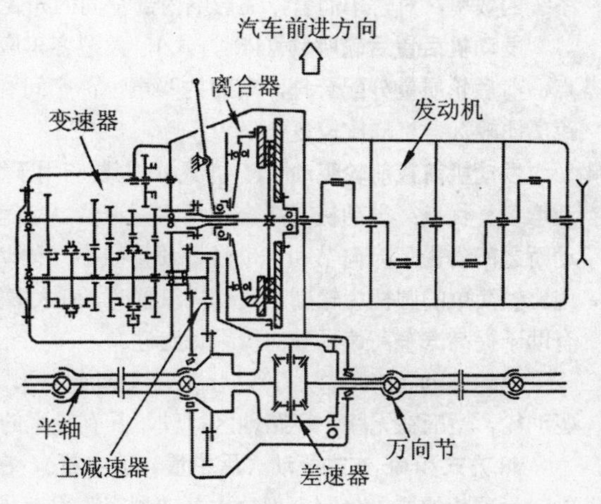

发动机前置（横向）前轮驱动传动系统示意图

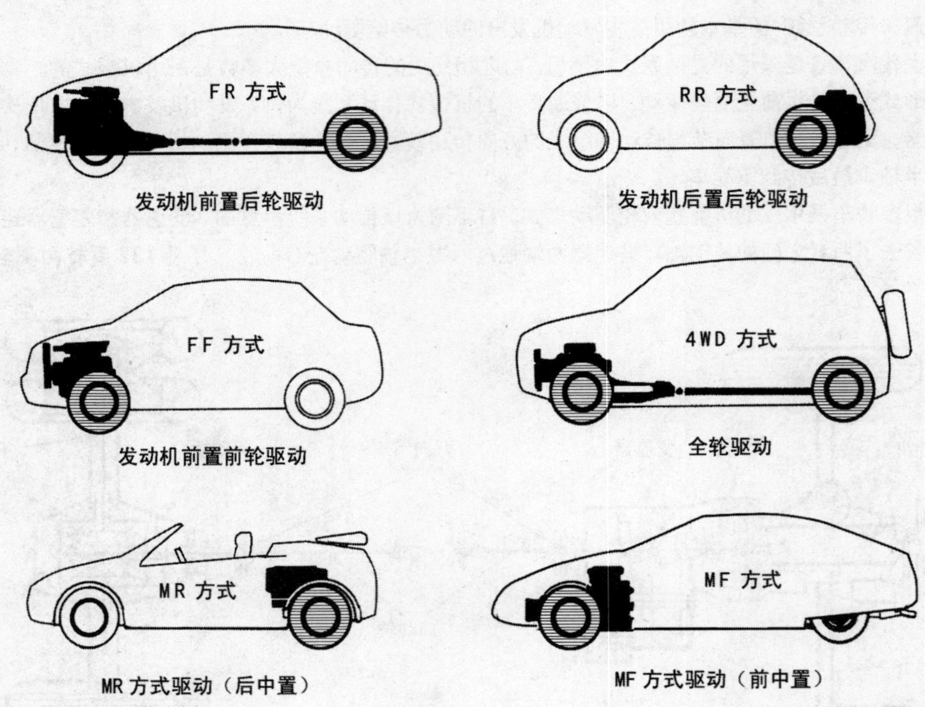

发动机前置后轮驱动（FR 方式），主要应用于大、中型载货汽车上，部分轿车和客车也采用这种方式。优点：前后轮质量分配比较合理。缺点：传动轴较长，增加了车重，影响传动系统的效率，对轿车而言，还影响内部空间的布置。

发动机后置后轮驱动（RR 方式），大型客车应用较多，少量微型车也采用这种方式。优点：前后轮质量分配合理，车厢内噪声小，空间利用率高。缺点：发动机冷却条件差，操纵距离比较远，机构比较复杂。

发动机前置前轮驱动（FF 方式），主要应用于微型和普通轿车上，中、高级轿车应用也逐渐增多。优点：发动机、离合器与主减速器、差速器等设计成整体，结构紧凑。变速器和驱动桥之间省去了万向节和传动轴，质量减小，传动效率提高。发动机横置时，主减速器可采用比较简单的圆柱齿轮副。发动机纵置时，侧大多数采用螺旋锥齿轮副。由于前轮是驱动轮，有助于提高汽车高速行驶的操纵稳定性。

全轮驱动（nWD 方式），（n 表示驱动轮数），主要应用于越野汽车上，全部车轮都作为驱动轮，适应在无路、坏路地区行驶，具有较大的牵引力和爬坡能力。

MR 方式和 MF 方式驱动（后中置、前中置），在赛车上应用较多，主要是有利于实现前后轮较为理想的质量分配。部分大、中型客车也有采用这种方式的。由于发动机占据了部分使用空间，一般轿车很少采用这种传动方式。

离合器 是汽车传动系统中直接与发动机相联系的部件。其功能有 3 点：

1. 保证汽车平稳起步。
2. 保证传动系统换档时工作平稳。
3. 防止传动系统过载。

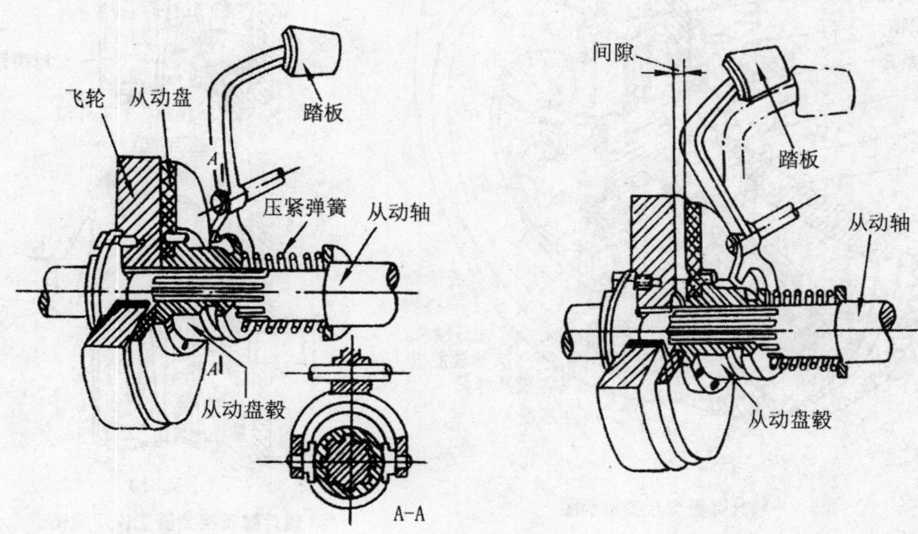

摩擦离合器的结构和工作原理图

发动机飞轮是离合器的主动件。带有摩擦片的从动盘和从动盘毂与从动轴（即变速器主轴）之间有花键相连。压紧弹簧将从动盘压紧在飞轮上面，由此将发动机的转矩传给变速器，变速器再通过一系列的部件传给驱动车轮。

摩擦离合器 按从动盘的数目分可分为**单盘离合器**和**双盘离合器**。

单盘离合器 只有一个从动盘，其前后都装有摩擦衬片，因而它有两个摩擦面。对于轻型货车和轿车而言，完全可以满足传递最大转矩的要求。

双盘离合器 具有两个从动盘，增加了一个从动盘，从而增加了摩擦面的数目，可使离合器所传递的最大转矩增大一倍。

摩擦离合器按压紧弹簧的结构来分，可分为**螺旋弹簧离合器**和**膜片弹簧离合器**。

螺旋弹簧离合器按弹簧在压盘上的布置又分为**周布弹簧离合器**和**中央弹簧离合器**。

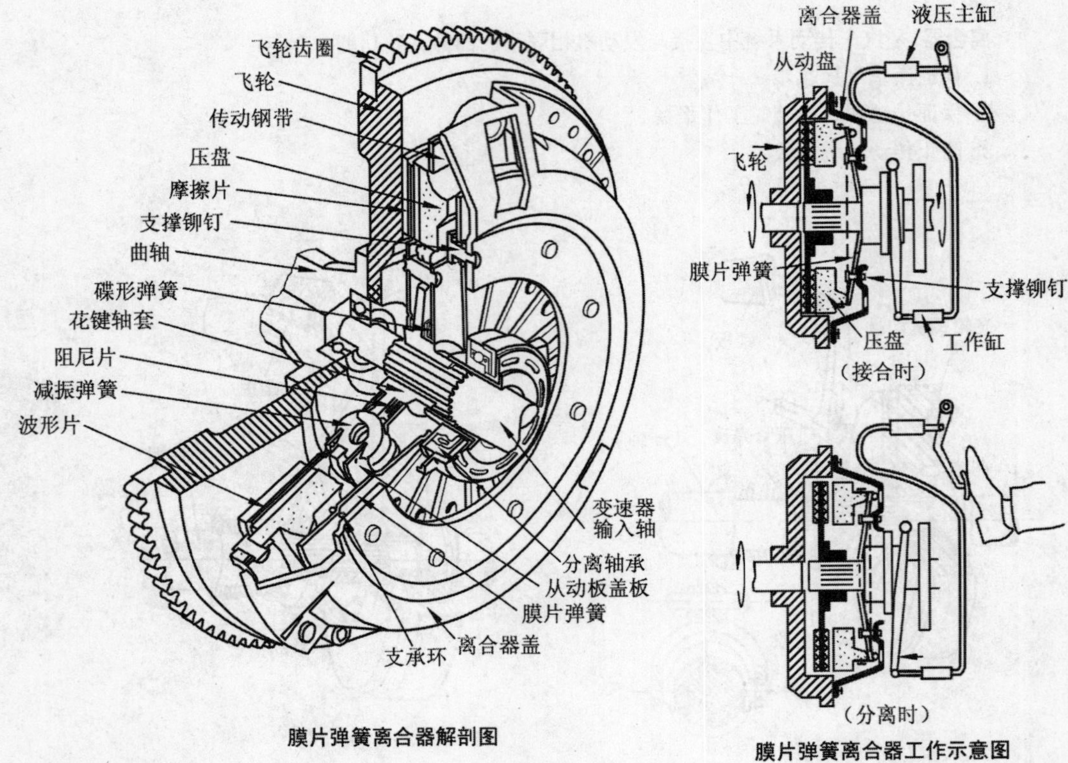

膜片弹簧离合器解剖图

膜片弹簧离合器工作示意图

目前世界各国的轿车已全部采用**膜片弹簧离合器**。因为它具有如下的优点：

/ 转矩容量大且较稳定。/ 操纵轻便。/ 结构简单且较紧凑。/ 高速时平衡性好。/ 散热通风性能好。/ 摩擦片使用寿命长。

近年来，很多中型和重型汽车也开始采用膜片弹簧离合器。

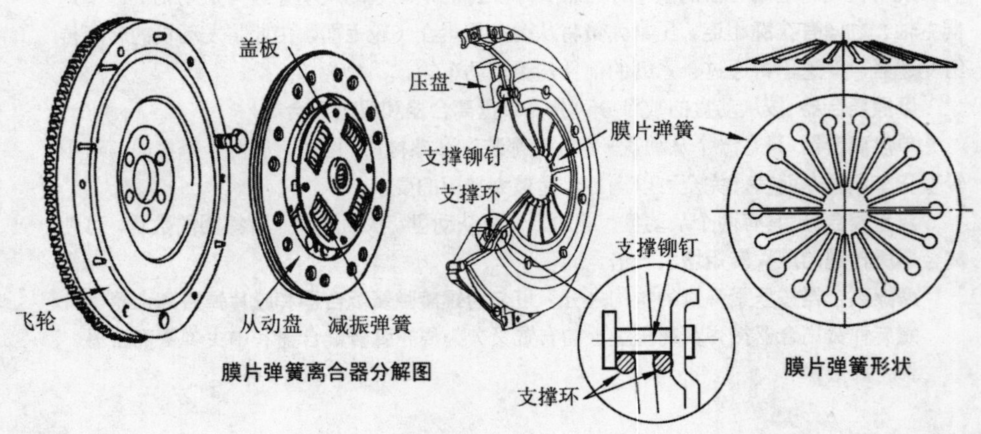

膜片弹簧离合器分解图

膜片弹簧形状

离合器操纵机构 是驾驶员借以使离合器分离，而后又使之柔和接合的一套机构。

操纵机构一般分为**人力式**和**气压助力式**两种。

人力式操纵机构 按所用传动装置的形式分有机械式和液压式两种。机械式又分为杆系传动装置和绳索传动装置两种。右图为绳索式传动装置示意图。为减轻驾驶员的强度，在踏板臂的上部装有助力弹簧。

液压式操纵机构 主要有主缸、工作缸及管路系统组成。液压操纵机构具有摩擦阻力小、质量轻、布置方便、接合柔和等优点，并且不受车身车架变形的影响，因此应用较为广泛。

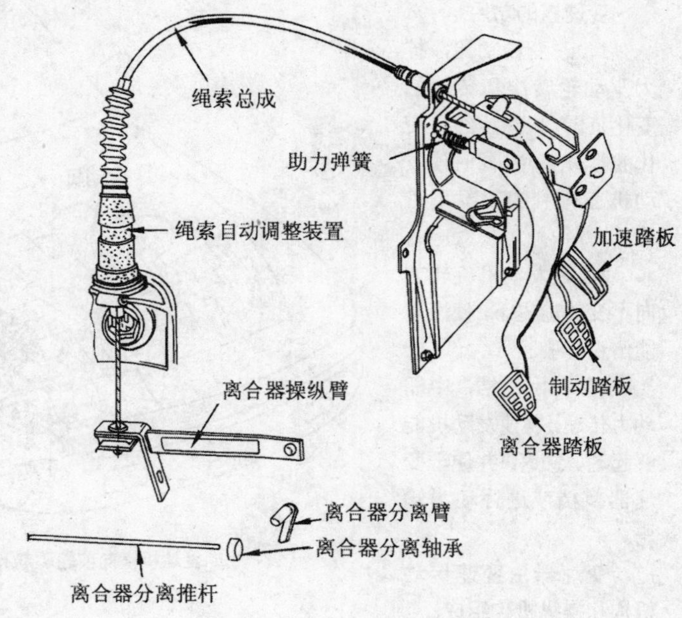

离合器绳索式传动装置

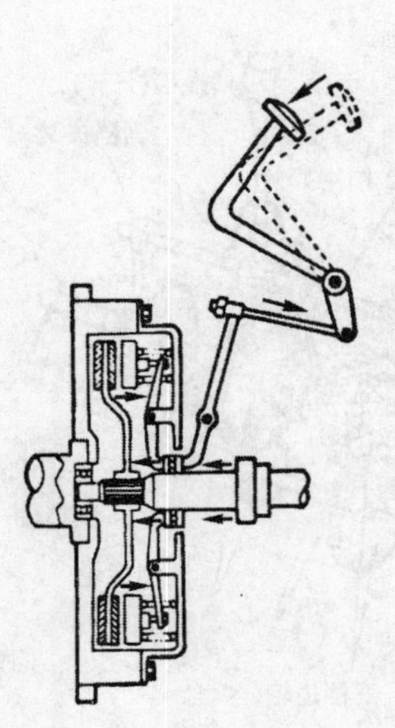

杆系传动操纵机构

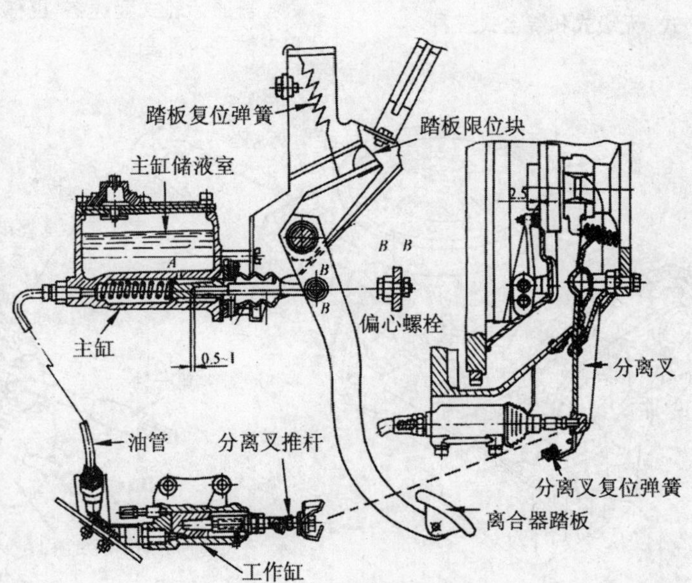

离合器液压式操纵机构

变速器的功用

1. 改变传动比，扩大驱动轮转矩和转速的变化范围，以适应经常变化的行驶条件，同时使发动机在有利的工况下工作。

2. 在发动机旋转方向不变的前提下，使汽车能倒退行驶。

3. 利用空档，中断动力传递，以使发动机能够起动、怠速，并便于变速器换档或进行动力输出。

变速器由**变速传动机构和操纵机构组成**。

按传动比变化方式，汽车变速器可分为**有级式、无级式和综合式**三种。

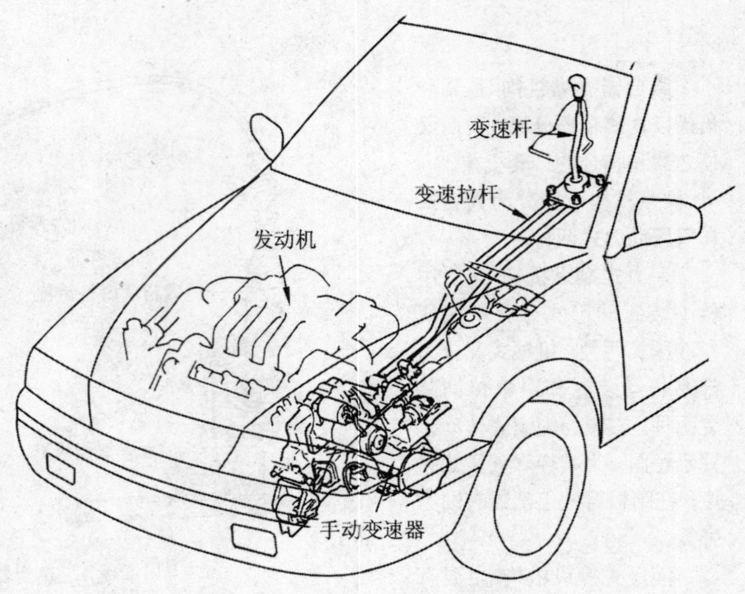

发动机横向前轮驱动布置时变速器的位置

有级式变速器应用最广，它采用齿轮传动。一般汽车通常有 3 ～ 5 个前进档和一个倒档。

普通齿轮式变速器 也称轴线固定式变速器，有两轴式和三轴式两种变速器。

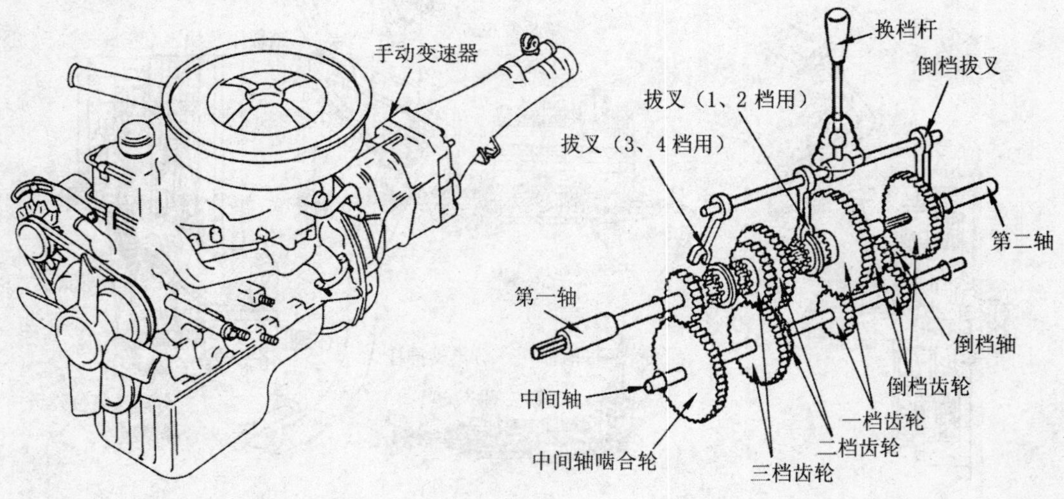

发动机前置后轮驱动形式的变速器位置

普通齿轮式变速器构造

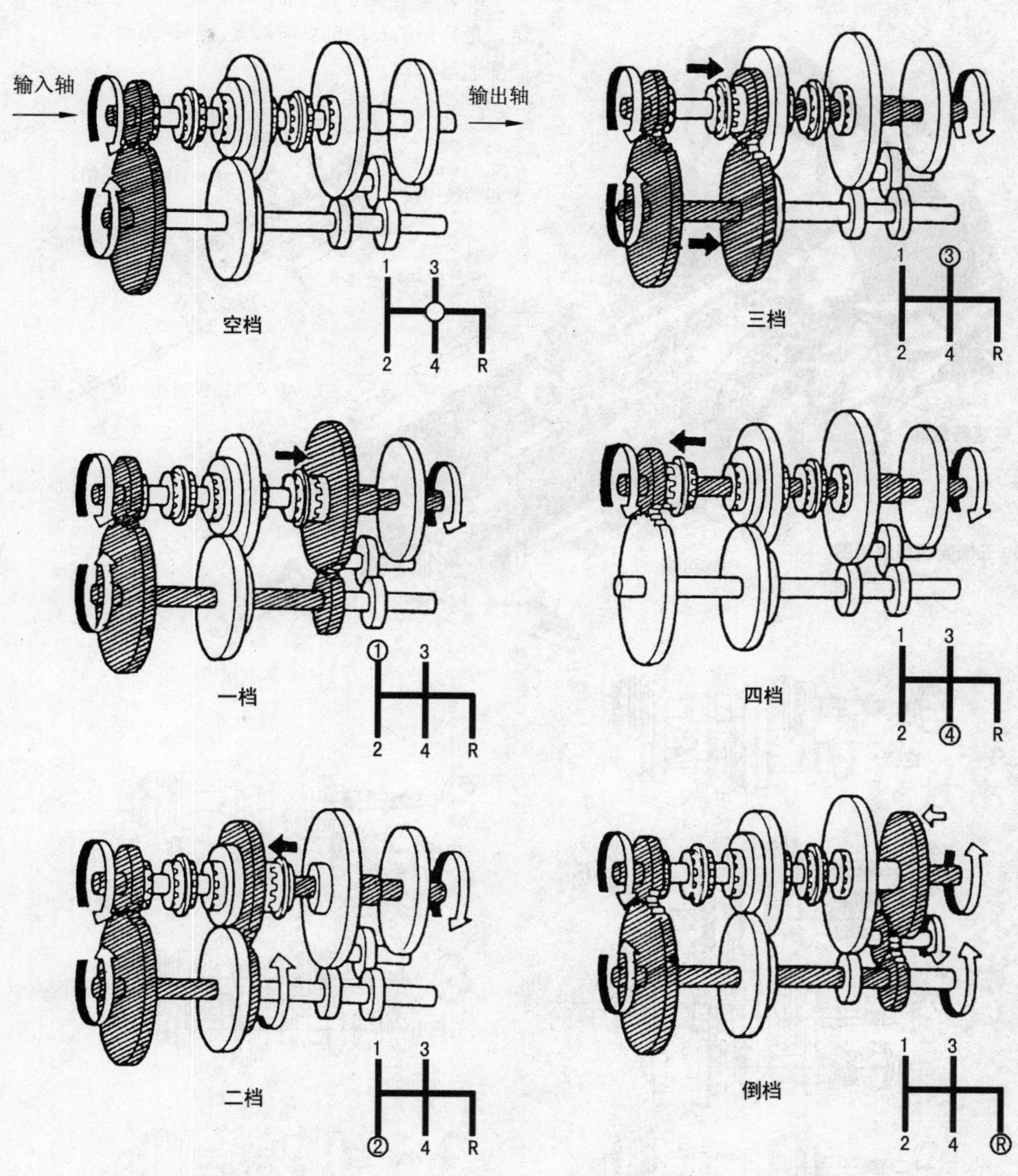

变速器各档齿轮啮合位置示意图

330 型是桑塔纳 2000 GSi 型轿车变速器，是典型的发动机纵向前置，前轮驱动式的变速器结构。

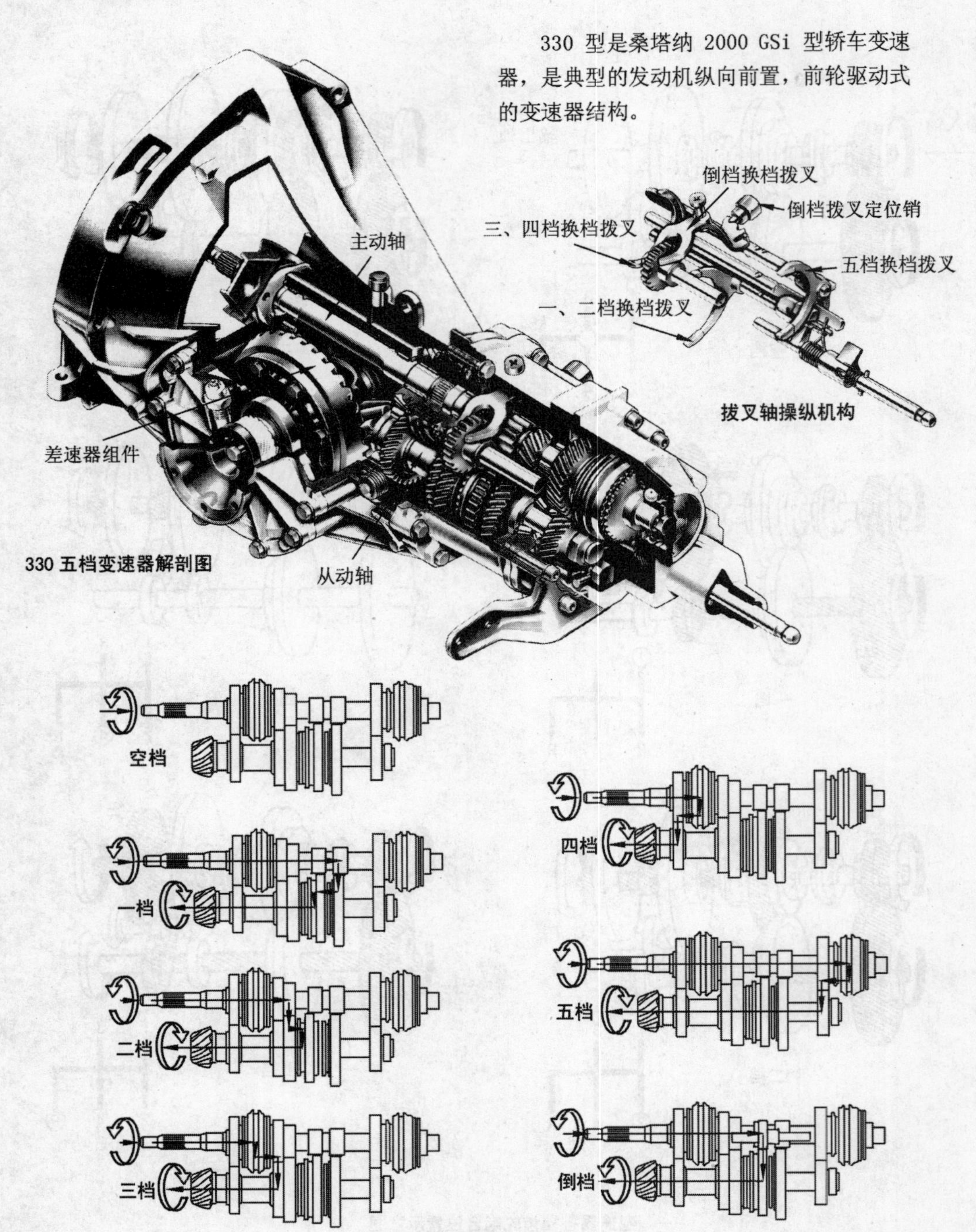

330 五档变速器解剖图

330 五档变速器动力传动图

同步器 是变速器内能使一对齿轮（或接合套与齿圈）平顺啮合的机构。同步器基本都是利用摩擦原理实现同步的。另外从结构上保证接合套与待接合的花键齿圈在达到同步之前不可能接触，以免使两啮合齿发生冲击而损坏。

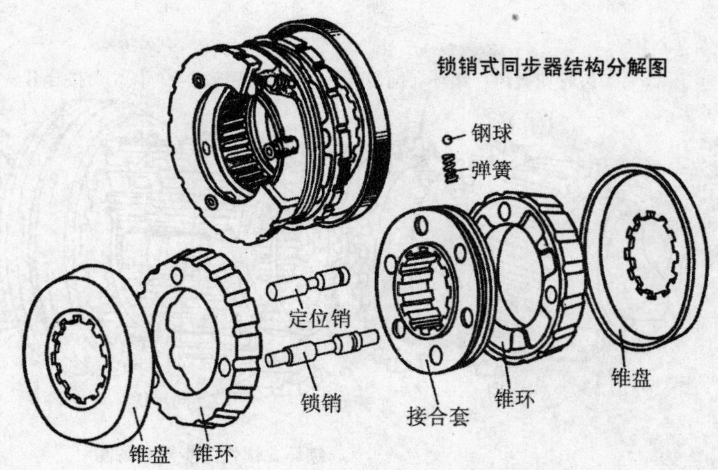

锁销式同步器结构分解图

同步器有常压式、惯性式、自行增力式等类型，目前广泛应用的是惯性式同步器。

锁销式惯性同步器结构

锁销式惯性同步器的工作原理

接合套受到拨叉的轴向推力作用，通过钢球和定位销带动摩擦锥环向左移动，使之与对应的摩擦锥盘接触。具有转速差的摩擦锥环与摩擦锥盘一经接触，靠接触面的摩擦使锥环连同锁销一起相对接合套转过一个角度，因而锁销的轴线相对接合套上销孔的轴线偏移，于是锁销中部倒角与销孔端的倒角互相抵触，以阻止接合套继续前移。此时锁止面上的法向压紧力N的轴向分力F_1，作用在锥环上并使之与锥盘压紧，因而接合套与待接合的花键齿圈迅速达到同步。只有达到同步时，起锁止作用的齿轮的惯性力矩消失，作用在锁销上的切向分力F_2，才能通过锁销使摩擦锥环、摩擦锥盘和齿轮一同相对于接合套转过一个角度，使锁销重新与销孔对中，于是接合套便能轻易地克服钢球的阻力，而沿锁销移动，直至与齿轮的花键齿圈接合，实现挂档。

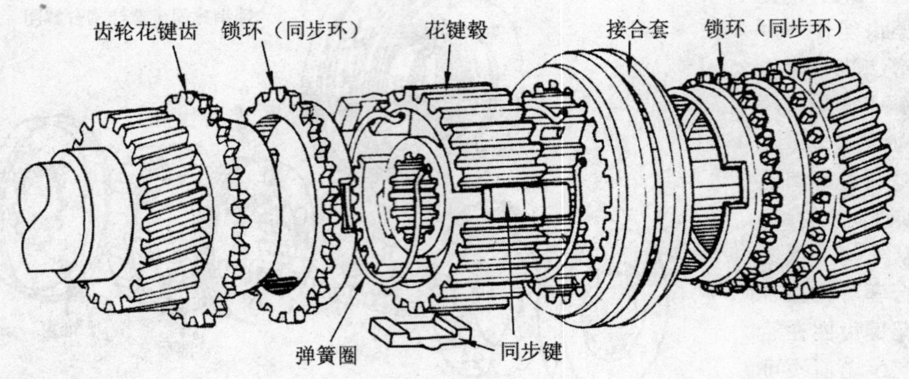

锁环式惯性同步器分解图

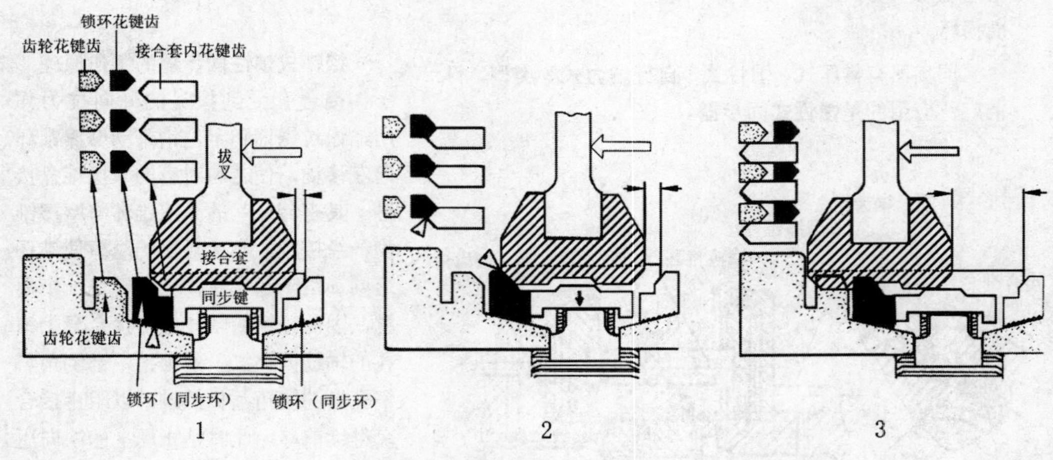

锁环式惯性同步器工作过程

锁环式惯性同步器工作过程：

1. 变更换档杆时拔叉使接合套左移，此时同步键随接合套动作，同时使锁环左移，锁环底部的倾斜面被推压在被啮合齿轮的锥形倾斜处（a 图中三角箭头指示处）。

2. 当接合套进一步移动，此时接合套与锁环的齿成 45° 的面接触（b 图中三角箭头指示处），停止接合套的动作，进行同步旋转。此时同步键脱离接合套，被顶压在环形弹簧处。

3. 同步作用使旋转差消失，锁环影响接合套惯性力也消失，接合套与齿轮的花键齿相啮合。整个同步动作完成。

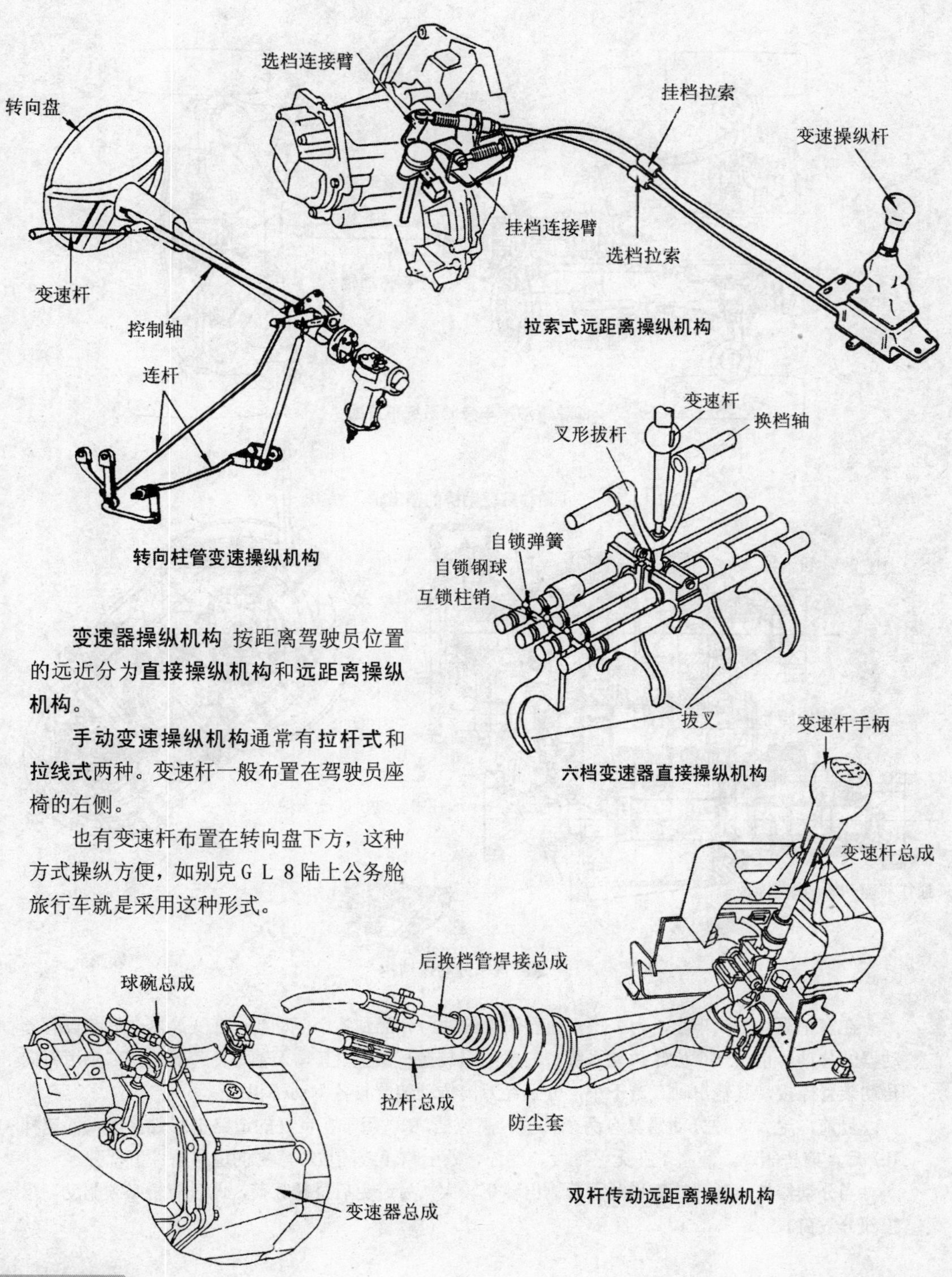

拉索式远距离操纵机构

转向柱管变速操纵机构

六档变速器直接操纵机构

双杆传动远距离操纵机构

变速器操纵机构 按距离驾驶员位置的远近分为**直接操纵机构**和**远距离操纵机构**。

手动变速操纵机构通常有**拉杆式**和**拉线式**两种。变速杆一般布置在驾驶员座椅的右侧。

也有变速杆布置在转向盘下方，这种方式操纵方便，如别克ＧＬ８陆上公务舱旅行车就是采用这种形式。

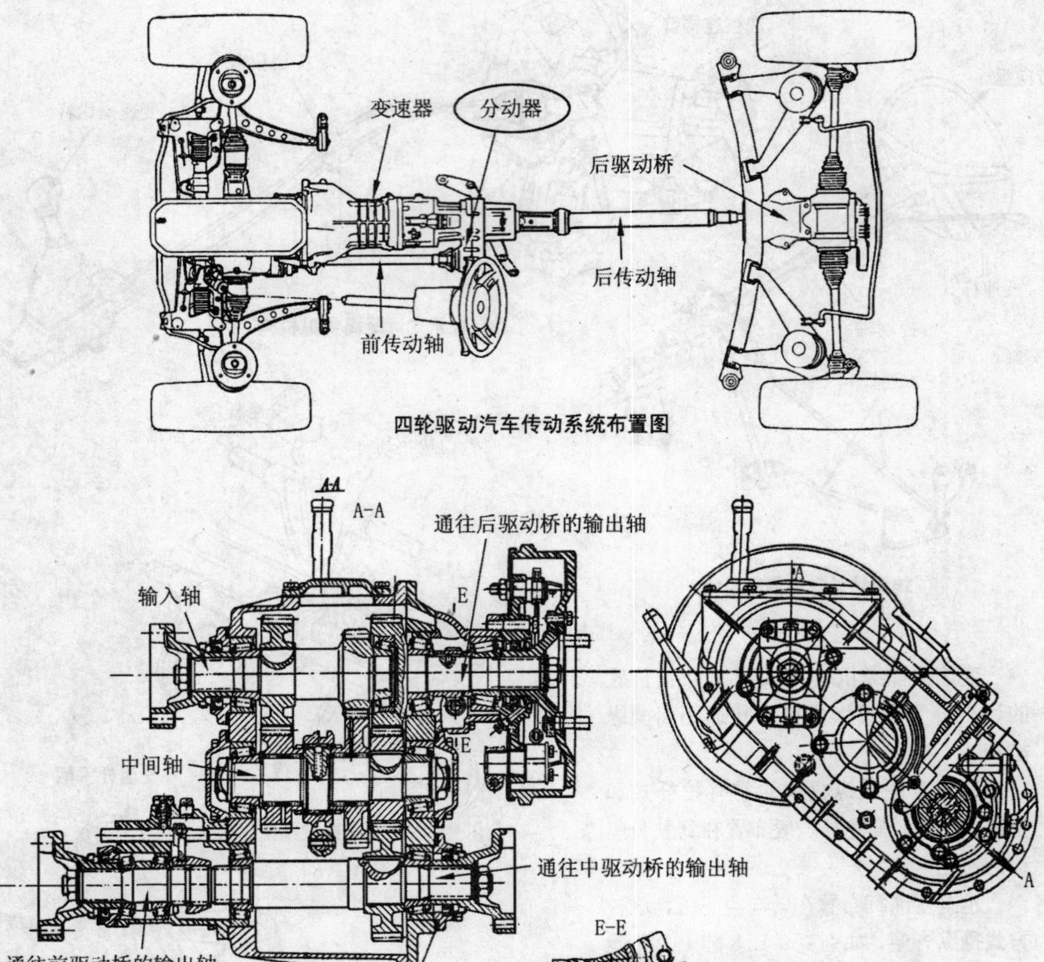

四轮驱动汽车传动系统布置图

越野汽车分动器结构

在多轴驱动的汽车上，为了将变速器输出的动力分配到各个驱动桥，在变速器之后装设有分动器。分动器也是一个齿轮传动系统。它单独固装在车架上，其输入轴与变速器的第二轴用万向传动装置连接，其输出轴有若干个，分别经万向传动装置与各驱动桥相连。

目前，绝大多数分动器具有两个档位。高速档 (H) 用于在良好的道路上行驶，挂入低速档 (L) 后，前桥驱动，适用于在无路地段、泥泞、砂土路段或陡坡等恶劣的道路条件下行驶。

当分动器挂入低速档工作时，其输出转矩较大，为避免后桥超载荷，此时前桥必须驱动，承担部分载荷。

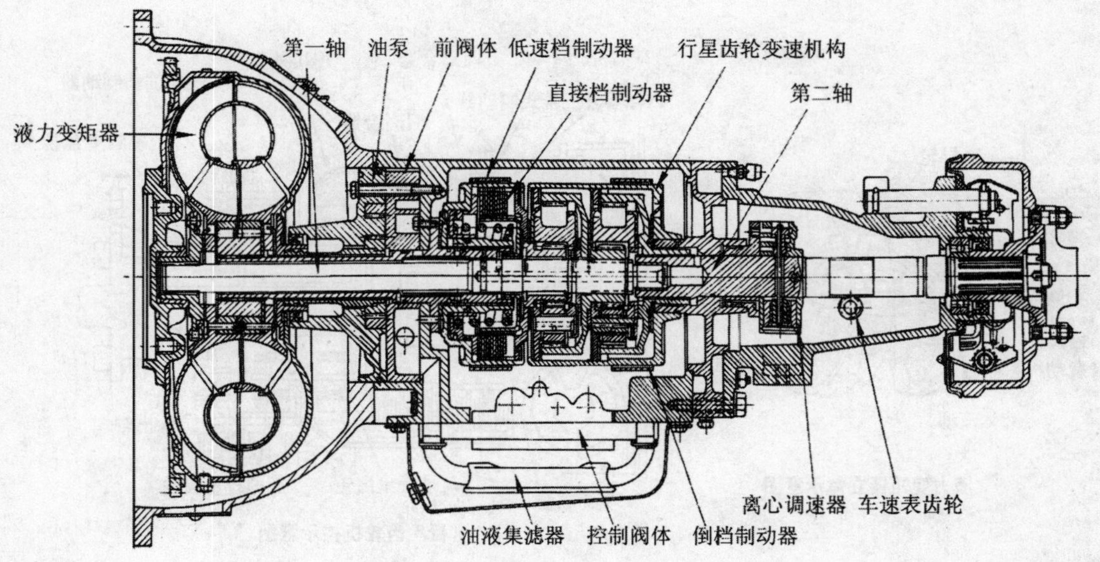

液控液压两档自动变速器结构

汽车自动变速器可根据发动机负荷和车速等工况自动变换传动系统的传动比，使汽车获得良好的动力性和燃油经济性，并有效地减少发动机排放污染，显著地提高了车辆行驶的安全性、舒适性和操纵轻便性。

目前汽车上广泛采用的是液力变矩器与齿轮式变速器组成的液力机械式自动变速器。与变矩器配合使用的齿轮式变速器多数是行星齿轮变速器。液力机械式自动变速器主要由**液力变矩器**、**行星齿轮变速器**和**液压操纵**及**控制系统**组成。

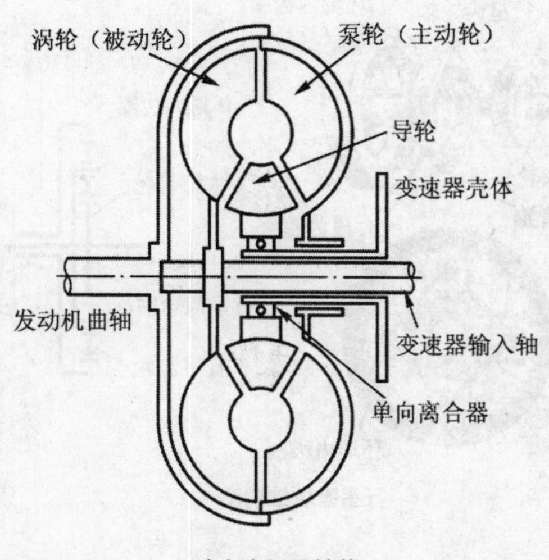

液力变矩器结构

液力变矩器工作原理 泵轮与发动机曲轴相连，涡轮与输出轴相连，导轮位于泵轮和涡轮的内周中央，并装有单向离合器，即只能与泵轮同方向旋转，而不能反方向旋转。发动机带动泵轮旋转，泵轮旋转产生的离心力，使油向外周飞溅，推向涡轮旋转。涡轮旋转后使油沿叶轮的曲线形状流向导轮，流出时的反作用力足以使涡轮叶片继续旋转。

涡轮旋转时，从涡轮甩出的油还有相当大的能量，如果使这种能量再次撞击泵轮的背面，可以增大转矩，完成这一使命的就是导轮。要想使导轮将涡轮甩出的油高效地撞击泵轮的背面，必须极其准确精密地设计泵轮、涡轮和导轮叶片的形状及其定位。

自动变速器中的行星齿轮机构

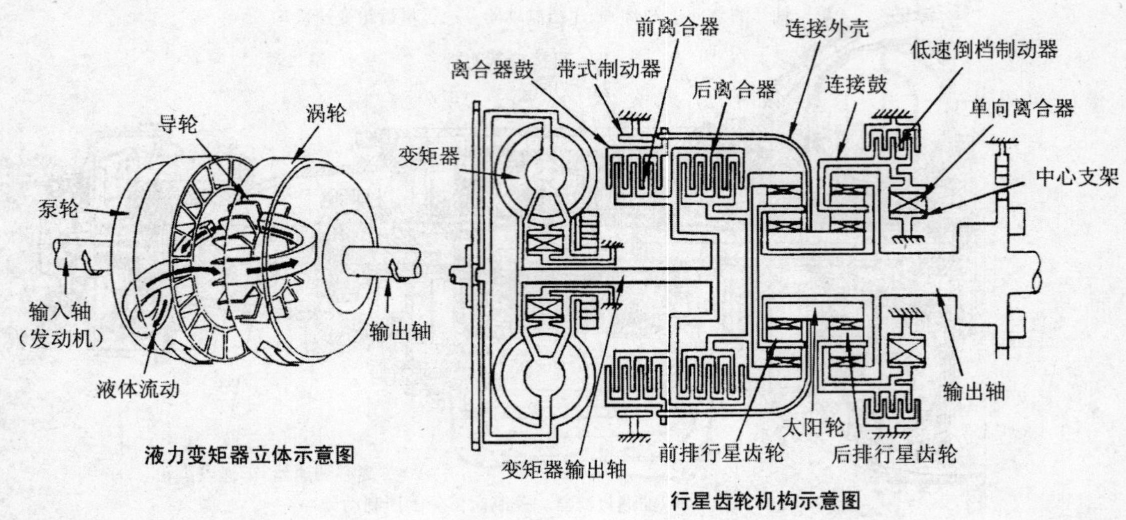

液力变矩器立体示意图

行星齿轮机构示意图

在液力变矩器的后部排列着2～3组行星齿轮。行星齿轮是能进行公转与自转的。因小齿轮围绕中间的太阳齿轮转动而得名的。行星齿轮的不可思议的地方是，只将诸齿轮中的某一个齿轮固定即可进行高速及低速旋转，当然也包括反转。它有灵活的特点，并且是作为辅助部件装配在液力变矩器后面。各齿轮或固定或转动都是通过计算机或根据车速指令自动靠油压完成的。在液力变矩器传动和驱动系切断时，则靠装在与行星齿轮同一轴的湿式多片离合器完成。所谓湿式是指里面有油并能顺利地实现离合器的离合。根据行星齿轮的组配出现了3～4档速度的变化。

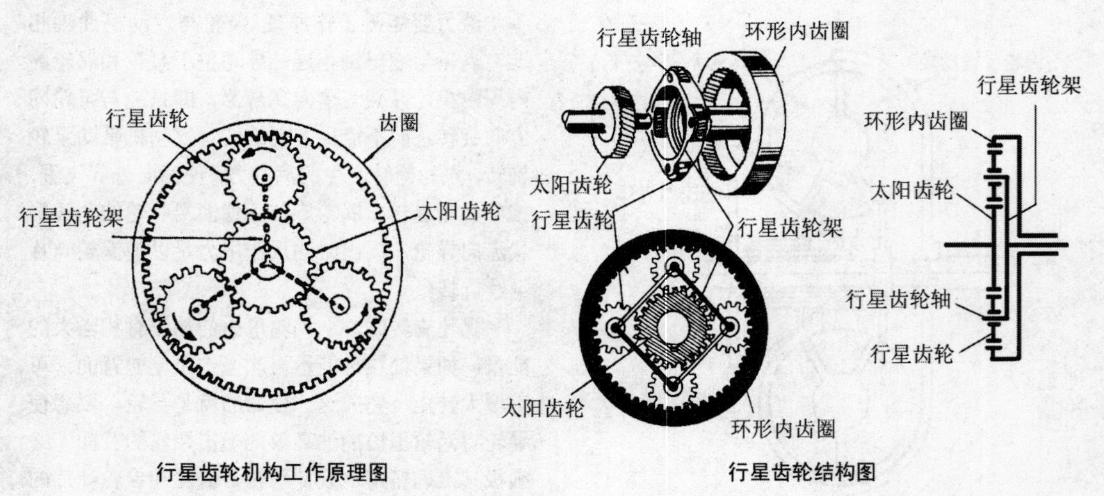

行星齿轮机构工作原理图

行星齿轮结构图

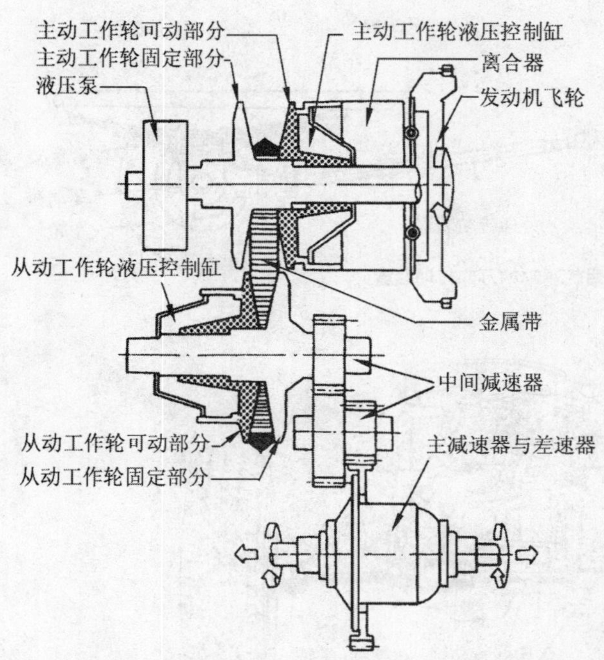

金属带式无级变速器的组成和工作原理图

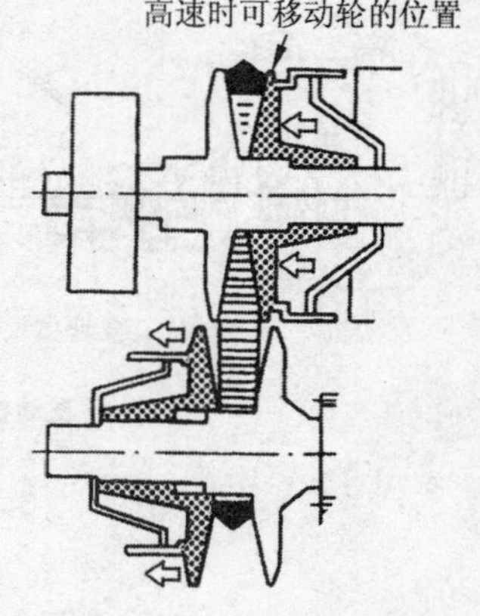

可移动工作轮与金属带的工作情况

金属带式无级变速器（VDT-CVT）是由金属带、主、从动工作轮、液压泵、起步离合器和控制系统等组成。其动力传递路线是发动机发出的动力经飞轮、离合器、主动工作轮、金属带、从动工作轮后，传给中间减速器，再经主减速器与差速器，最后传给驱动车轮。

该变速传动系统中的主、从动工作轮是由固定部分和可动部分（阴影轮）组成。工作轮的固定部分和可动部分之间形成 V 形槽。金属带在槽内与工作轮相啮合。当工作轮的可动部分作轴向移动时，即可改变金属带与主、从动工作轮的工作半径，从而改变金属带传动的传动比。主、从动工作轮的可动部分的轴向移动是根据汽车的行驶工况，通过液压控制系统进行连续地调节而实现无级变速传动的。

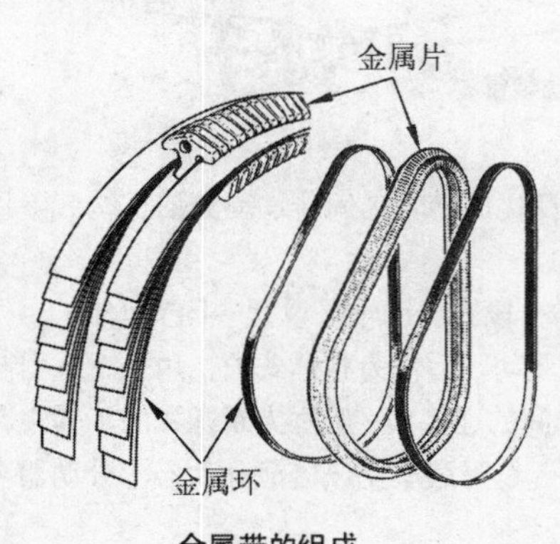

金属带的组成

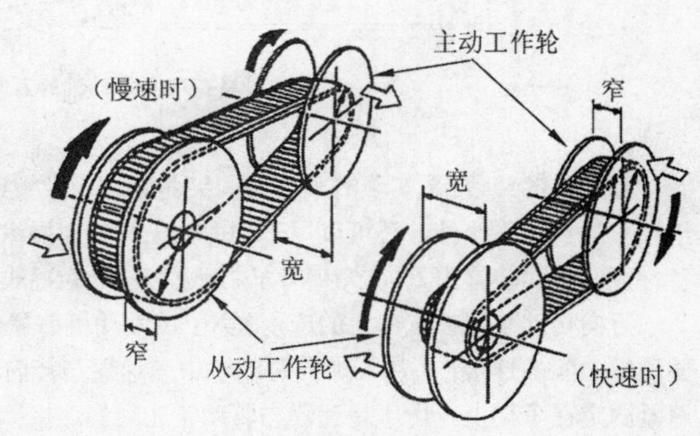

金属带式无级变速器变速示意图

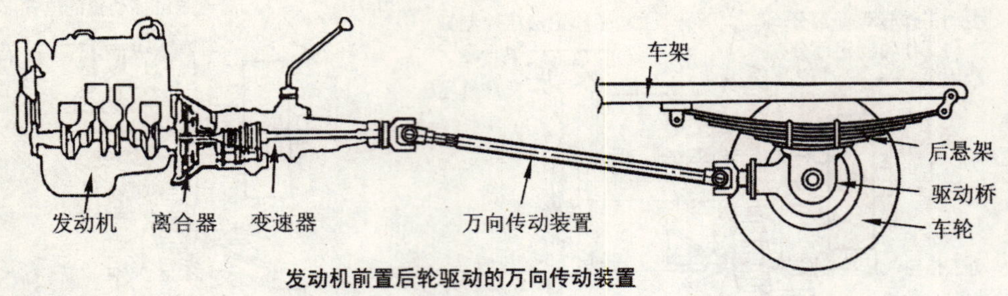

发动机前置后轮驱动的万向传动装置

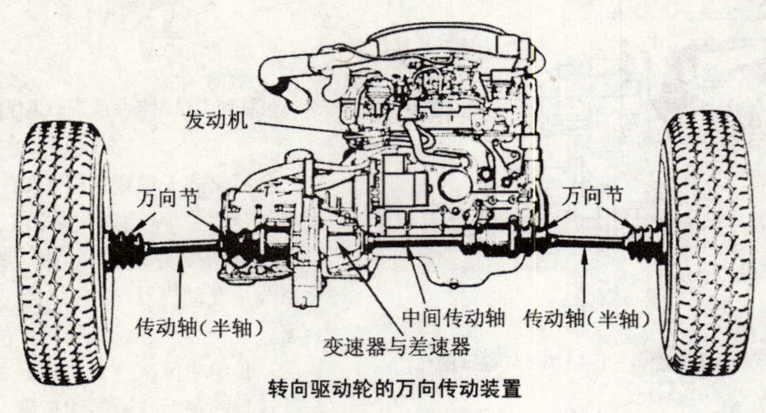

转向驱动轮的万向传动装置

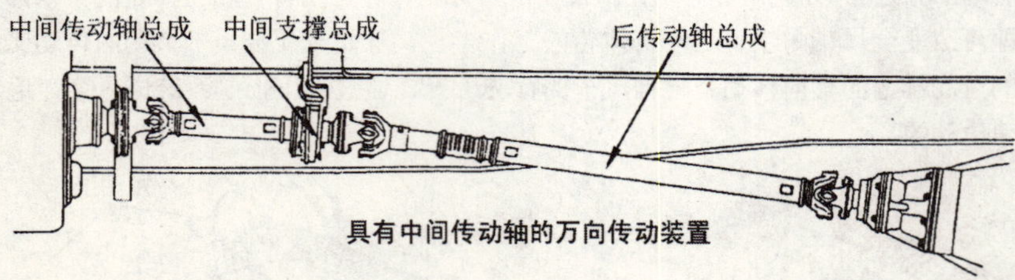

具有中间传动轴的万向传动装置

万向传动装置 是实现汽车上轴间夹角和相对位置经常变化的转轴之间传递动力的机构。除用于汽车的传动系统外，还可以用于动力输出和转向操纵机构。

万向传动装置由万向节和传动轴组成，传动距离较远的分段式传动轴还设置中间支承。

万向传动装置在汽车上的应用类型：/ 发动机前置后轮驱动，后桥为整体式的，用于变速器与驱动桥之间的连接；/ 用于转向驱动桥中差速器与转向轮之间的连接；/ 后桥为断开式的，其主减速器固定在车架上，用于差速器与驱动轮之间的连接；/ 用于越野汽车变速器至分动器，分动器至前、后驱动桥之间的连接。

万向节 按其在扭转方向上是否有明显的弹性可分为刚性万向节和挠性万向节。在前者中，动力是靠零件的铰链式连接传递的，而在后者中则靠弹性零件传递，且有缓冲减振作用。刚性万向节又可分为不等速万向节（常用的为十字轴式），准等速万向节（双联式、三销轴式等）和等速万向节（球叉式、球笼式等）。

十字轴式刚性万向节 因其结构简单，工作可靠，传动效率高，且允许相邻两传动轴之间有较大的交角（15° ～20° ），故普遍应用于各类汽车的传动系统中。

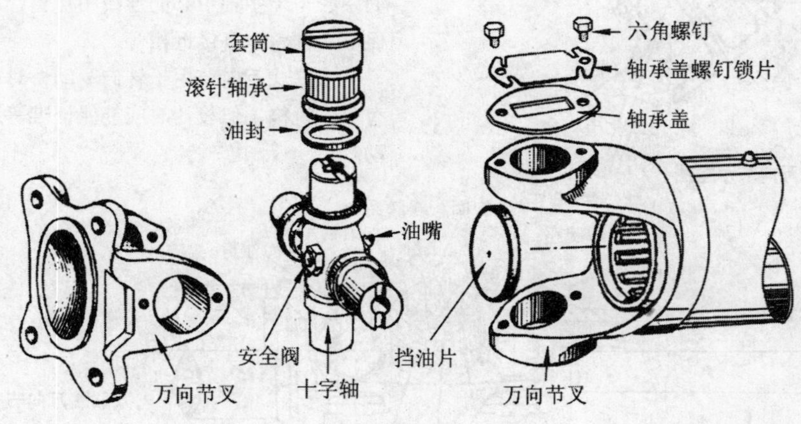

十字轴式万向节结构

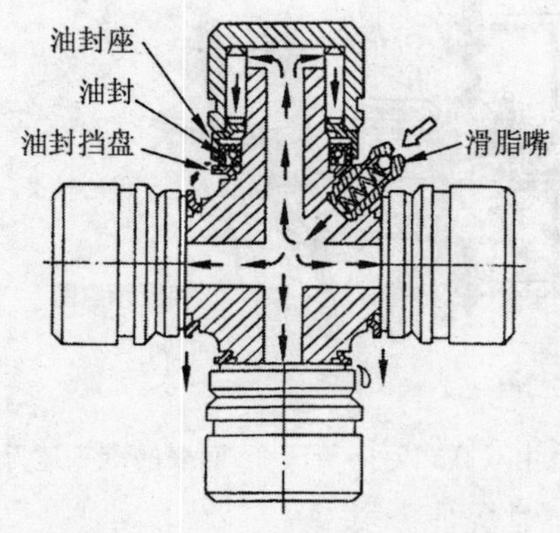

十字轴润滑油道及密封装置

十字轴式万向节的结构 ：两个万向节叉上的孔分别套在十字轴的 4 个轴颈上，在十字轴轴颈与万向节叉孔之间装有滚针和套筒，用带有锁片的螺钉和轴承盖来使之轴向定位，为了润滑轴承，十字轴内钻有油道，且与滑脂嘴、安全阀相通。

为避免润滑油流出及尘垢进入轴承，十字轴轴颈的内端套装带金属壳的毛毡油封（或橡胶油封）。安全阀的作用是当十字轴内腔润滑脂压力超过允许值时，阀打开润滑脂外溢，使油封不会因油压过高而损坏。现代汽车多采用橡胶油封，多余的润滑油从油封内圆表面与十字轴轴颈接触处溢出，故无需安装安全阀。

万向节轴承的常见定位方式，除上述盖板式外，还有内、外弹性卡环固定式。

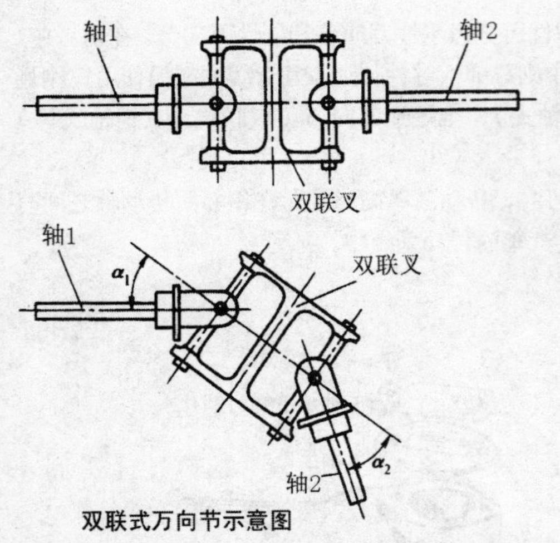

双联式万向节示意图

双联式万向节 实际上是一套传动轴长度减缩到最小的双万向节传动装置。欲使轴1和轴2的角速度相等（$\alpha_1=\alpha_2$），为此双联式万向节中装有分度机构。

下图为双联式万向节的结构实例。万向节叉*B*装有球头，与球碗的内圆面配合，球碗座镶嵌在万向节叉*A*的内端。球头与球碗的中心与十字轴中心的连线中点重合。从而保证两轴角速度接近相等。

双联式万向节用于转向驱动桥时可以没有分度机构。但设计时应能保证准等速度传动。

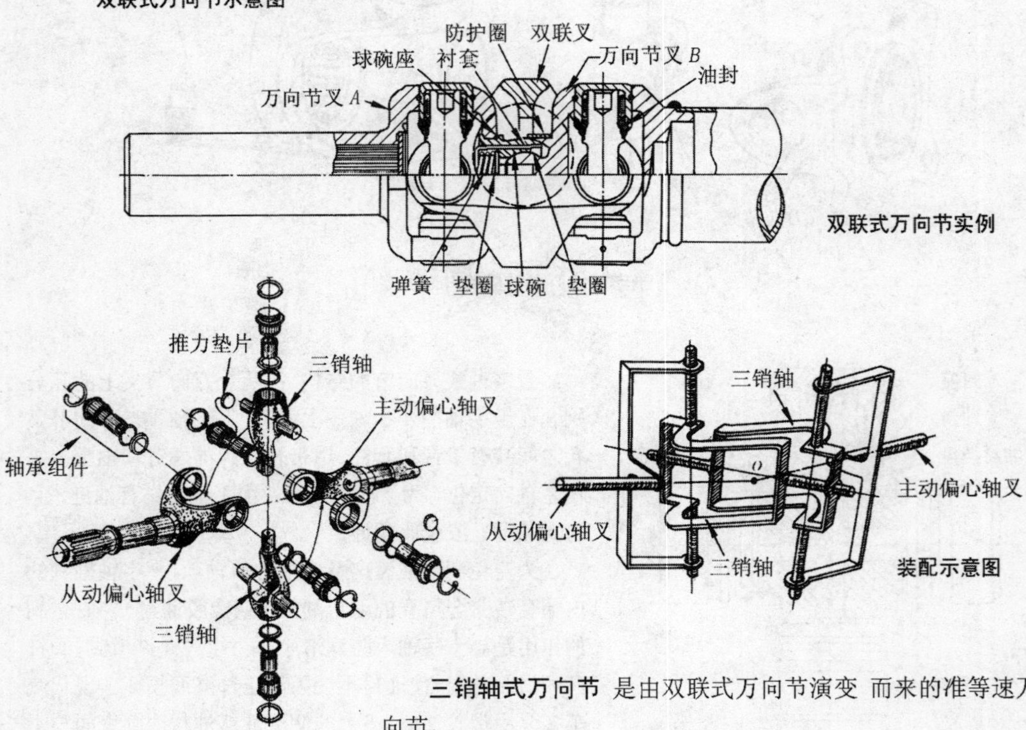

双联式万向节实例

装配示意图

三销轴式准等速万向节分解图

三销轴式万向节 是由双联式万向节演变而来的准等速万向节。

此万向节的最大特点是允许相邻两轴有较大的交角，最大可达 45°。在转向驱动桥中采用这种万向节可使汽车获得较小的转弯半径，提高了汽车的机动性。

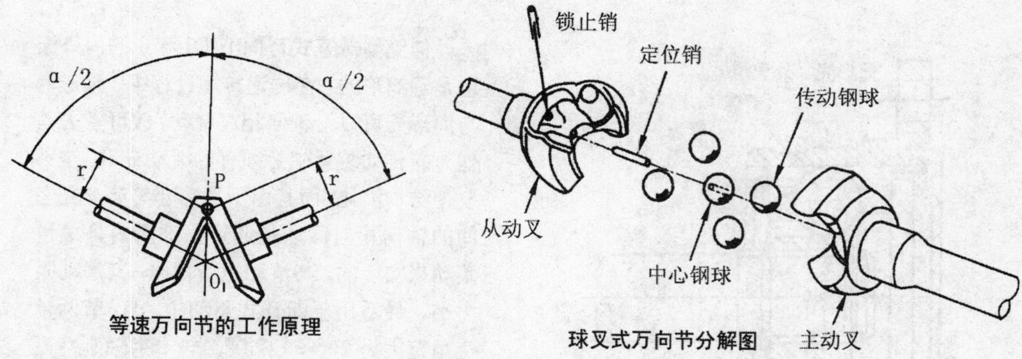

等速万向节的工作原理

球叉式万向节分解图

等速万向节 的基本原理是从结构上保证万向节在工作过程中，其传力点永远位于两轴交点的平分面上。球叉式万向节和球笼式万向节均根据这一原理制成。

球叉式万向节 主动叉和从动叉分别与内外半轴制成一起，两叉内各有 4 个曲面凹槽，装合后，形成两个相交的环形槽，4 个传动钢球放在槽中，和凹槽面滚动接触，中心钢球放在两叉的中心处，以定中心。球叉式万向节允许最大交角为 32° ～ 33° ，一般应用在转向驱动桥中。

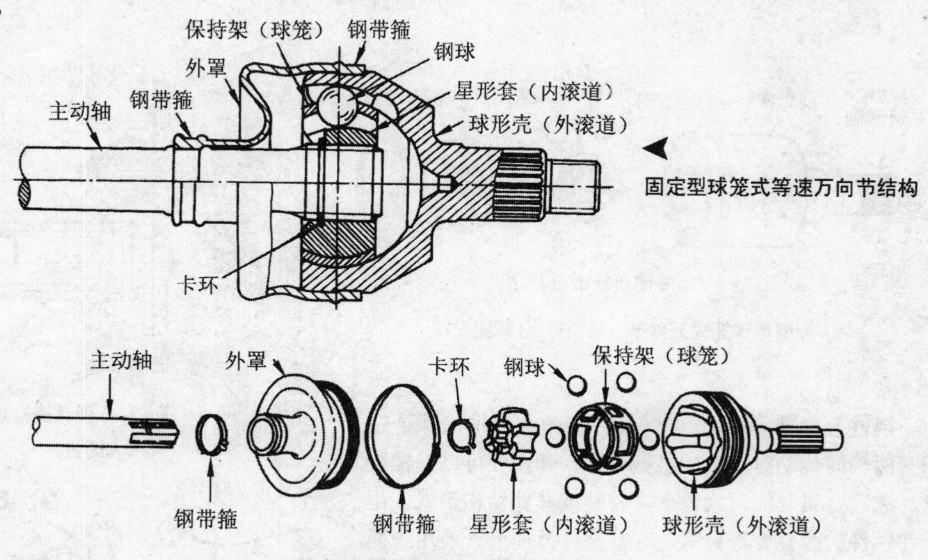

固定型球笼式等速万向节结构

固定型球笼式等速万向节分解图

固定型球笼式万向节 星形套的内花键与主动轴连接，其表面有 6 条凹机槽，形成内滚道。球形壳的内表面有相应的 6 条凹槽，形成外滚道。6 个钢球分别装在各条槽中，并由保持架使之保持在一个平面内。动力由主动轴经钢球、球形壳输出。

此万向节两轴允许交角达到 45° ～ 50° 。无论传动方向如何，6 个钢球全部传力。因此应用越来越广泛。目前国内外多数轿车的前转向驱动桥在转向节处均采用这种万向节。

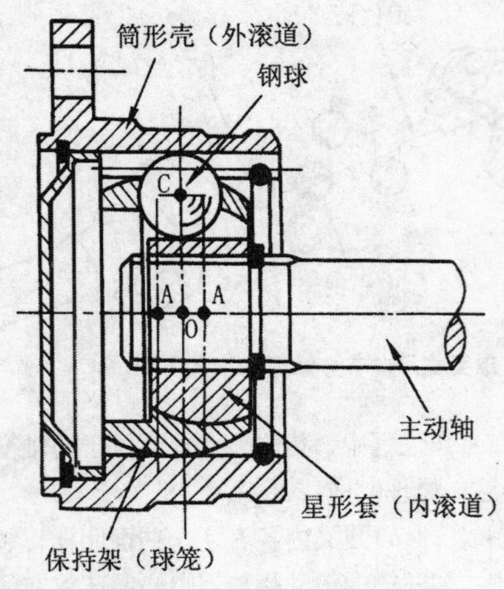

伸缩型球笼式万向节结构

伸缩型球笼式万向节（VL节）的内外滚道是圆筒形的，在传递转矩过程中，星形套与筒形壳可以沿轴向相对移动，故可省去其他万向传动装置中必须有的滑动花键。这不仅使结构简化，而且由于星形套与筒形壳之间的轴向相对移动是通过钢球沿内外滚道滚动来实现的，与滑动花键相比，其滑动阻力小，最适用于断开式驱动桥。VL 节两轴交角范围为 20° ～ 25°，较十字轴刚性万向节相邻两轴的交角范围大，但小于球叉式和RF节。

VL 节在轿车的转向驱动桥中均布置在靠主减速器处（内侧），而轴向不能伸缩的固定型球笼式万向节（RF节），则布置在靠近车轮处（外侧）。

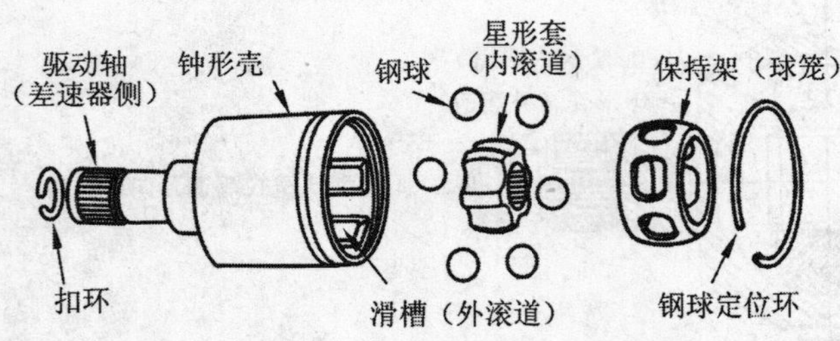

伸缩型球笼式万向节（VL 节）分解图

挠性万向节 依靠其中弹性件的弹性变形来保证在相交两轴间传动时不发生机械干涉。弹性件可以是橡胶盘、橡胶金属套筒、六角形橡胶圈或其他结构形式。由于弹性件的弹性变形量有限，故挠性万向节一般用于两轴间夹角不大（3° ～5° ）和只有微量轴向位移的万向传动场合。例如，常用来连接固定安装在车架上的两个部件（如发动机与变速器或变速器与分动器）之间，以消除制造安装误差和车架变形对传动的影响。此外，它还具有能吸收传动系统中的冲击载荷和衰减扭转振动、结构简单、无需润滑等优点。

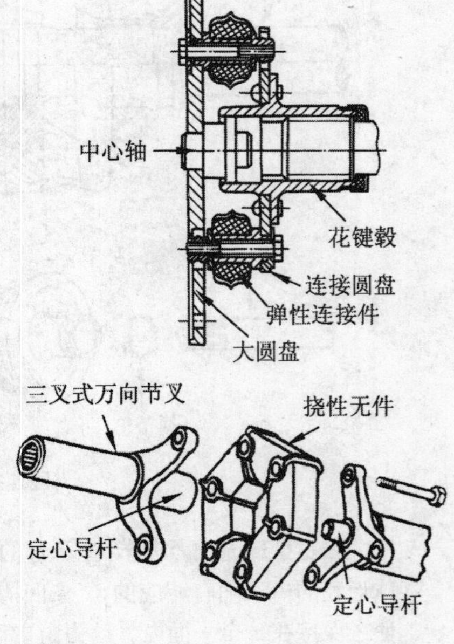

挠性万向节结构

传动轴 是汽车动力传输的主要部件，通常用来连接变速器和驱动桥。由于传动轴所连接的两部分的相对位置经常变化，传动轴除万向节能改变传输角度外，其长度也必须发生变化，传动轴采用花键轴在花键套轴中的移动来实现这一要求。传动轴的长度、断面尺寸、轴间夹角、大小、形状以及轴平衡情况都会影响到传动的性能和安全性。载货汽车的万向传动装置通常由 2 ～ 3 个万向节、中间传动轴、传动轴和中间支撑等组成。

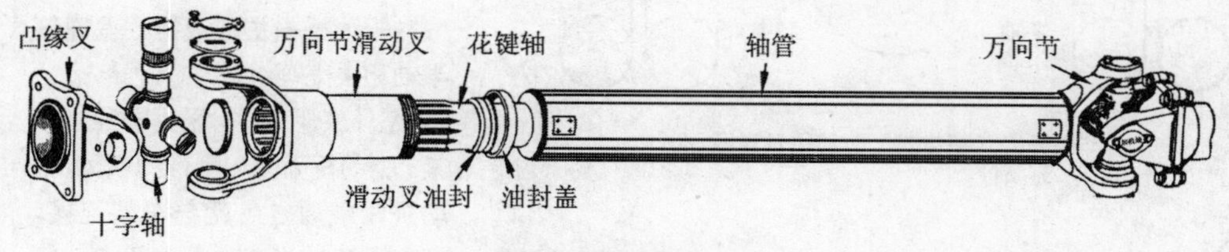

传动轴总成立体图

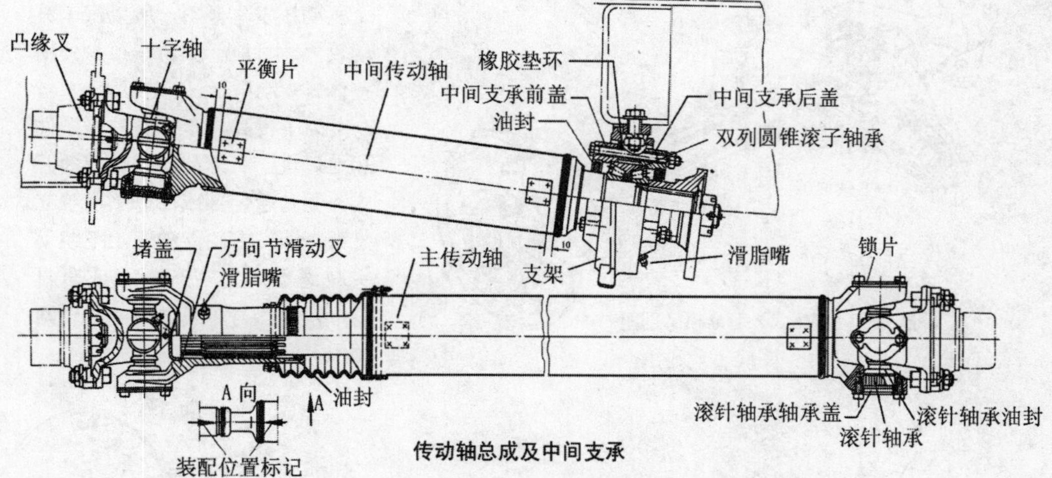

传动轴总成及中间支承

中间支承 是支承传动轴的装置，并能补偿传动轴轴向和角度方向的安装误差，以及车辆行驶过程中由于发动机窜动或车架变形等所引起的位移。

中间支承通常安装在车架横梁上，由轴承、轴承座、橡胶垫及油封等装置组成。

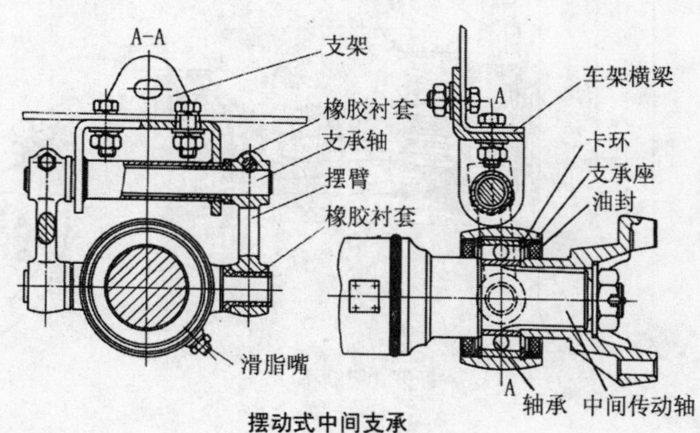

摆动式中间支承

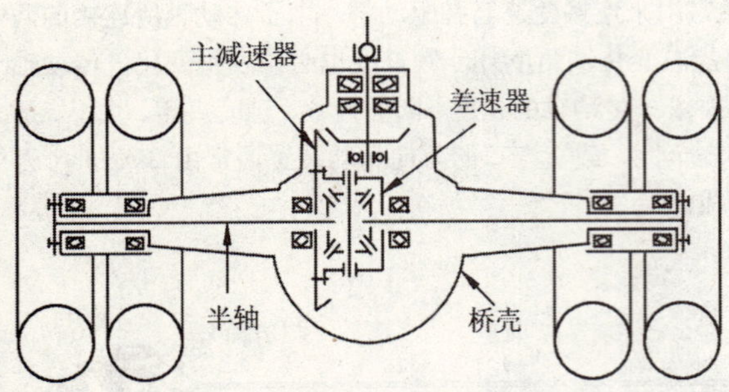

非断开式（整体式）驱动桥示意图

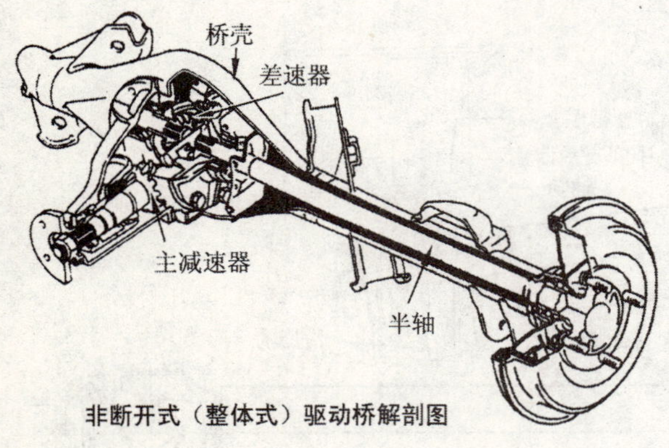

非断开式（整体式）驱动桥解剖图

驱动桥 的功用是将万向传动装置输入的发动机动力，实现降速增大转矩，在改变动力传递方向后，分配到左右驱动轮，使汽车以正常速度行驶，同时允许左右车轮以不同的转速旋转。

驱动桥由**主减速器**、**差速器**、**半轴**和**桥壳**等组成。

整体式驱动桥，采用非独立悬架。驱动桥壳为一刚性的整体，驱动桥两端通过悬架与车架连接，左右半轴始终在一条直线上，任何一侧车轮的上下跳动都会使整个驱动桥发生倾斜，所以汽车波动较大。目前一般轿车很少使用整体式驱动桥。

为了提高汽车行驶的平顺性和通过性，将驱动桥设计成断开式，驱动轮全部或部分采用独立悬架，即左右轮能独立上下跳动。主减速器固定在车架上或车身上，差速器与轮毂之间的半轴两端用万向节连接。

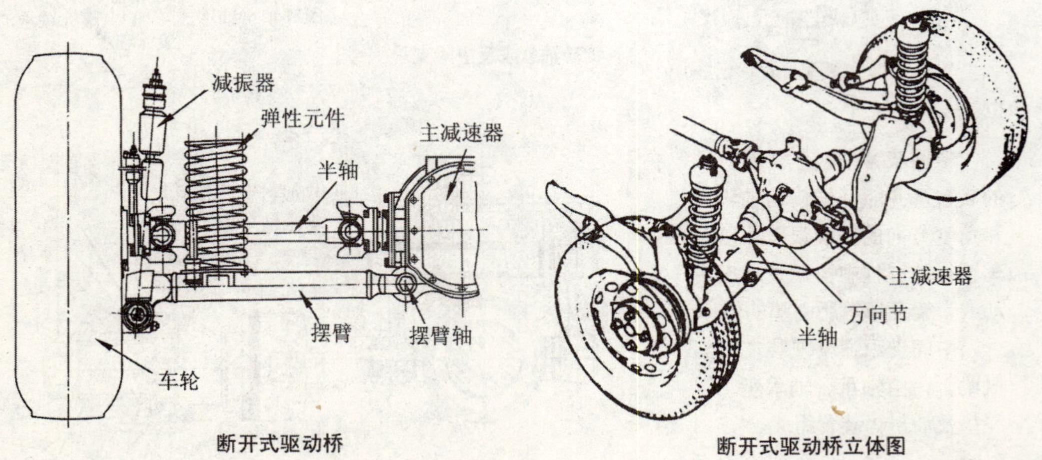

断开式驱动桥

断开式驱动桥立体图

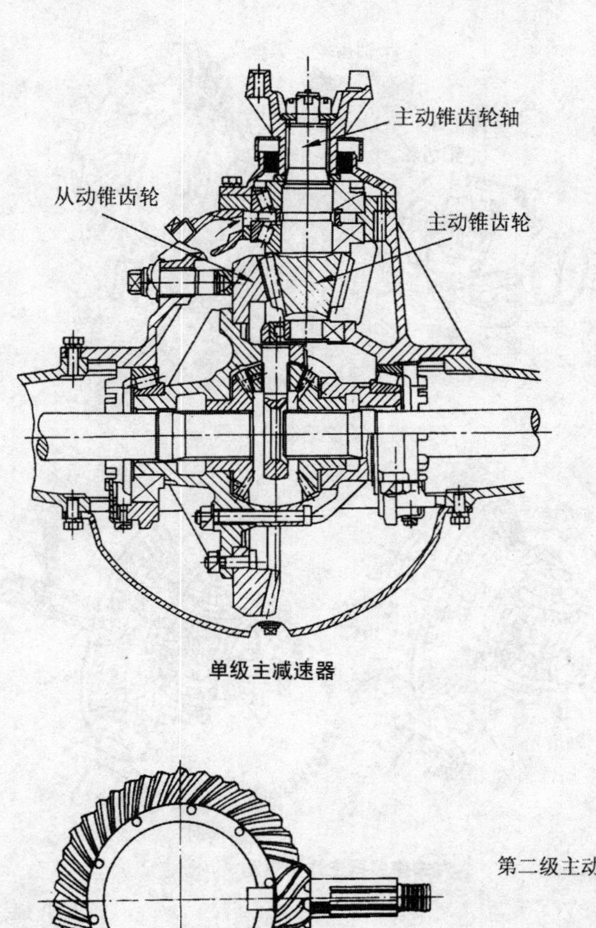

单级主减速器

主减速器 的功用是将经变速器、万向传动装置传来的发动机动力，减速增加转矩后传给差速器。当发动机纵向布置时，主减速器将转矩方向改变90°，使与驱动轮的旋转方向一致。

从动齿轮齿数与主动齿轮齿数之比称为主减速器的传动比，或称主传动比。例如从动齿轮数为 40，主动齿轮数为 6，主传动比为 6.67。

主减速器的形式很多，主要有单级主减速器、双级主减速器等。

按齿轮结构分有圆锥齿轮式、圆柱齿轮式和准双曲面齿轮式主减速器。

曲线齿锥齿轮传动

准双曲面齿轮传动，轴线偏移。

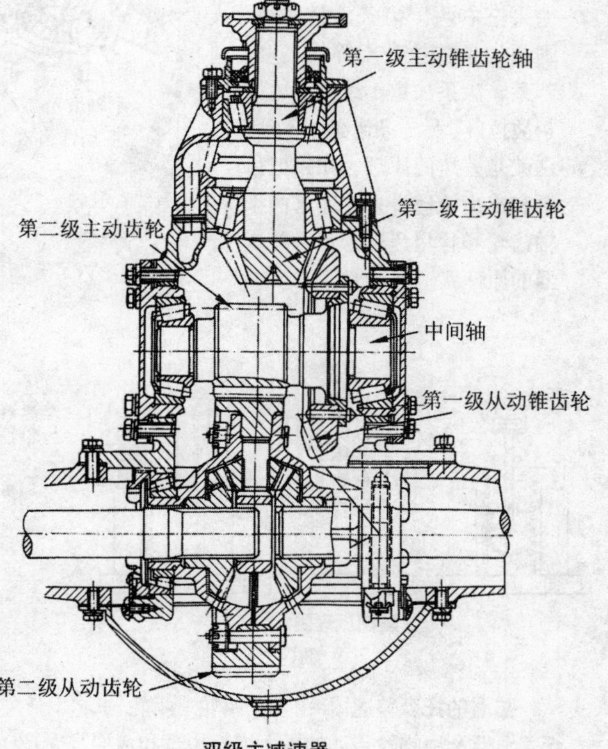

双级主减速器

普通齿轮差速器 / 防滑差速器

差速器 的功用是当汽车转弯或在不平路面上行驶时，使左右驱动车轮以不同的转速滚动，保证两侧驱动车轮作纯滚动运动。

普通齿轮式差速器有锥齿轮式和圆柱齿轮式两种。锥齿轮式差速器目前应用最为广泛。

行星锥齿轮差速器它由四个行星锥齿轮、十字形行星锥齿轮轴、两个半轴锥齿轮、差速器壳等组成。装配关系参见右上图。小型、轻型货车或轿车因传递的转矩较小，也可用两个行星齿轮和一根直轴。

差速器的原理：下图所示。如果左右两侧齿条重量相等，则两齿条被拉升相等的高度，若某一齿条加重，结果一边齿条被拉升，另一条齿条则不动，这就是差速的原理。如果把齿条和小齿轮理解为差速器的半轴齿轮和行星齿轮，那么差速器的原理就不难理解了。

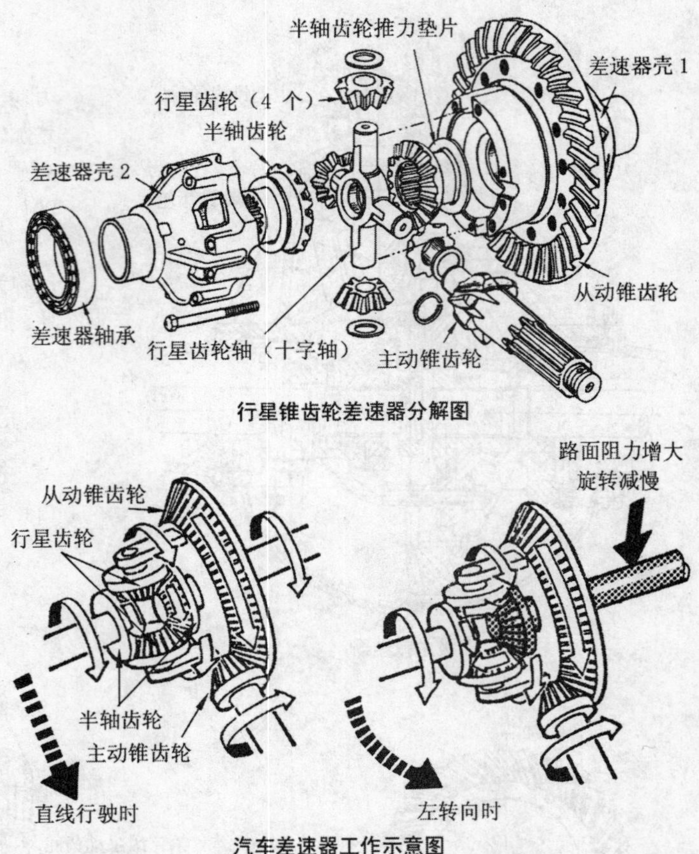

行星锥齿轮差速器分解图

汽车差速器工作示意图

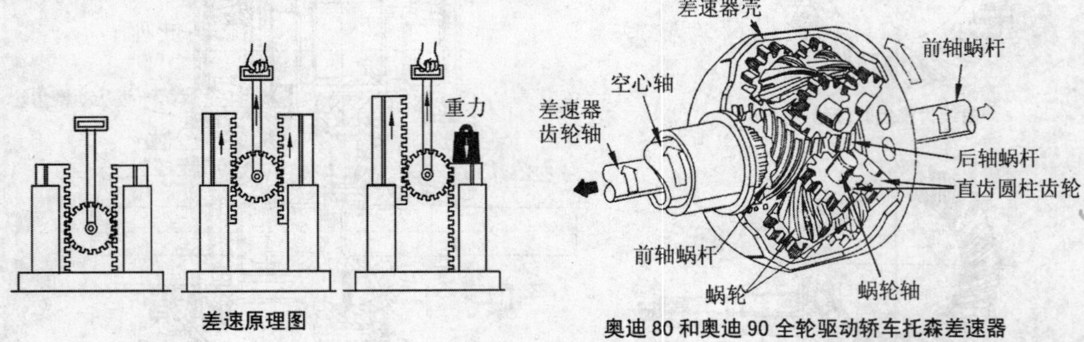

差速原理图

奥迪 80 和奥迪 90 全轮驱动轿车托森差速器

防滑的托森差速器 由 6 个蜗轮、蜗轮轴、12 个直齿圆柱齿轮、后轴蜗杆及差速器壳体组成。托森差速器利用蜗轮传动的不可逆性原理和齿面高摩擦条件，使差速器根据其内部差动转矩大小自动锁死或松开，即转矩小时起差速作用，而过大时自动将差速器锁死，有效地提高了汽车的通过性。

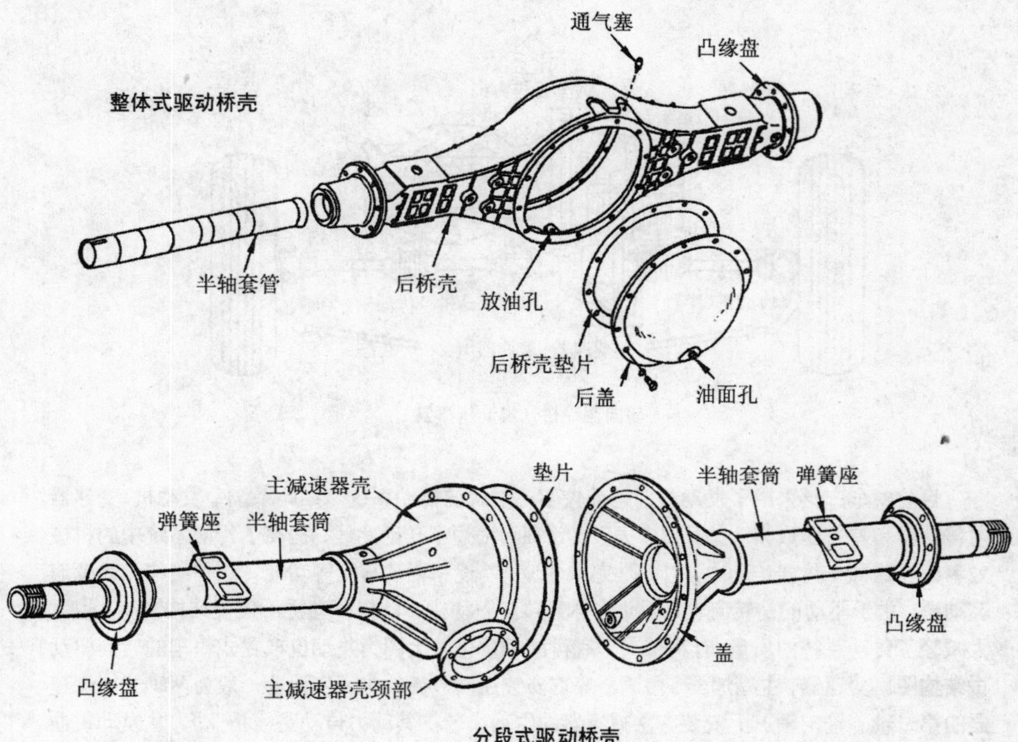

分段式驱动桥壳

驱动桥壳 既是传动系的组成部分，同时也是行驶系的组成部分。作为传动系的组成部分，其功用是安装并保护主减速器、差速器和半轴。作为行驶系的组成部分，其功用是安装悬架或轮毂，和从动桥一起支承汽车悬架以上各部分质量，承受驱动轮传来的反力和力矩，并在驱动轮与悬架之间传力。因此要求桥壳应具有足够的强度和刚度，质量小，便于主减速器的拆装和调整。

整体式桥壳具有较大的强度和刚度，且便于主减速器的装配、调整和维修，因此被广泛应用于各类汽车上。分段式桥壳比整体式桥壳易于铸造，加工简便，但维修不便，目前应用较少。

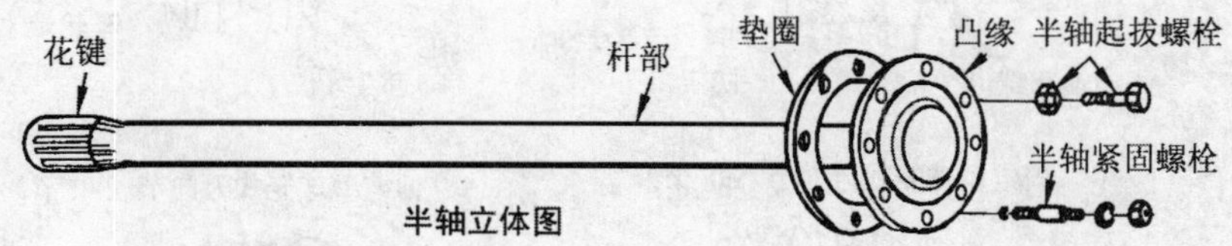

半轴立体图

半轴 是在差速器与驱动轮之间传递动力的实心轴，其内端用花键与差速器的半轴齿轮连接，而外端则用凸缘与驱动轮的轮毂相连。半轴齿轮的轴颈支承于差速器壳两侧轴颈的孔内，而差速器壳又以其两侧轴颈借助轴承直接支承在主减速器壳上。半轴与驱动轮的轮毂在桥壳上的支承形式，决定了半轴的受力状况。现代汽车基本上采用全浮式半轴支承和半浮式半轴支承两种支承形式。

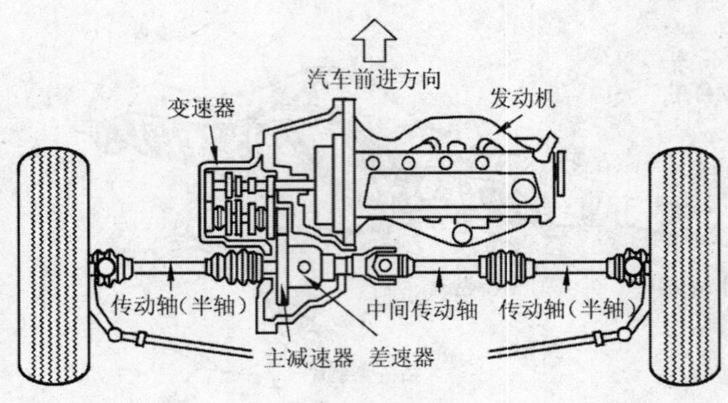

转向驱动桥（发动机横置）

目前轿车广泛采用了发动机前置前轮驱动形式的传动系统。在此系统中发动机、变速器、主传动器和差速器成为一体式，省去了传动轴，缩短了传动路线，提高了传动系统中的机械效率。在这种一体式传动中，它同时完成变速、差速和驱动车轮等功能。这种结构称为变速驱动桥，由于驱动的是转向轮，因此也称为转向驱动桥。转向驱动桥不仅使结构紧凑，也大大减轻了传动系统的质量，有利于汽车底盘的轻量化。上图为发动机横置式轿车的转向驱动桥结构图。变速器、主减速器、差速器等均安置在同一壳体中。变速器一般为两轴式。变速器的第二轴（输出轴）上安装有主减速器的主动齿轮。其动力传动路线是：动力从发动机曲轴、飞轮输入给第一轴，通过一定档位的齿轮变速后，把动力传给第二轴。再经第二轴上的主减速器的主动齿轮传给主减速器的从动齿轮和差速器、差速器中的行星齿轮轴、行星齿轮、半轴齿轮及等角速万向节，最后经左右传动轴，传给左右驱动车轮。

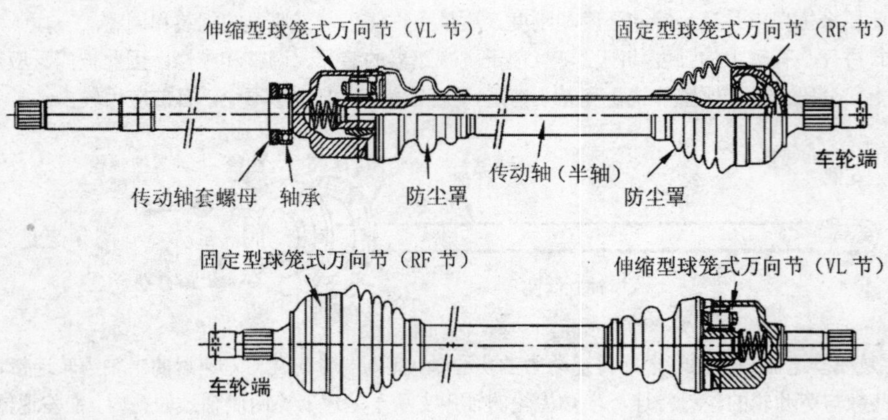

东风雪铁龙毕加索轿车转向驱动桥中的传动轴

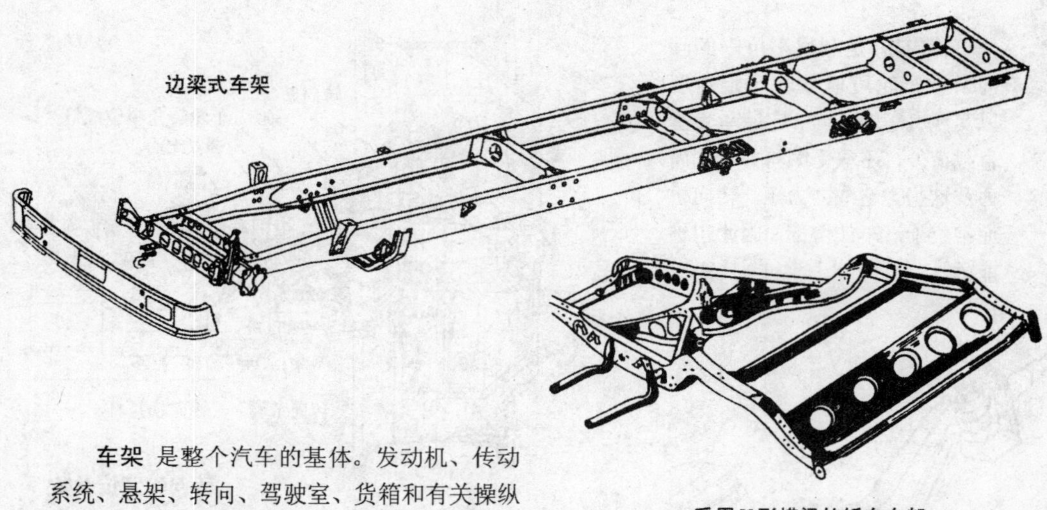

边梁式车架

采用X形横梁的轿车车架

车架 是整个汽车的基体。发动机、传动系统、悬架、转向、驾驶室、货箱和有关操纵机构都是通过车架来固定其位置的。并承受来自车内外的各种载荷。

车架的结构形式首先应满足汽车总布置的要求。汽车的行驶过程其受力情况是复杂多变的，车架应具有足够的强度和适当的刚度。为了使整车轻量化，要求车架质量尽可能小。此外，降低车架高度，以使汽车重心位置降低，有利于提高汽车的行驶稳定性。这一点对轿车和客车来说尤为重要。

目前，汽车车架的结构形式基本上有三种：边梁式车架、中梁式车架（或称脊骨式车架）和综合式车架。其中以边梁式车架应用更广。

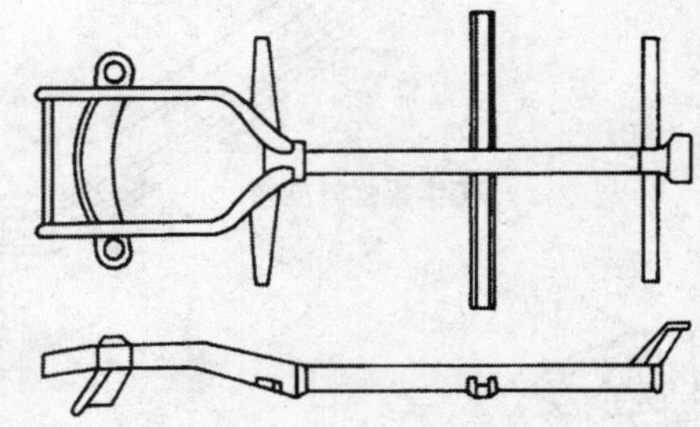

综合式车架（前部为边梁式后部为中梁式）

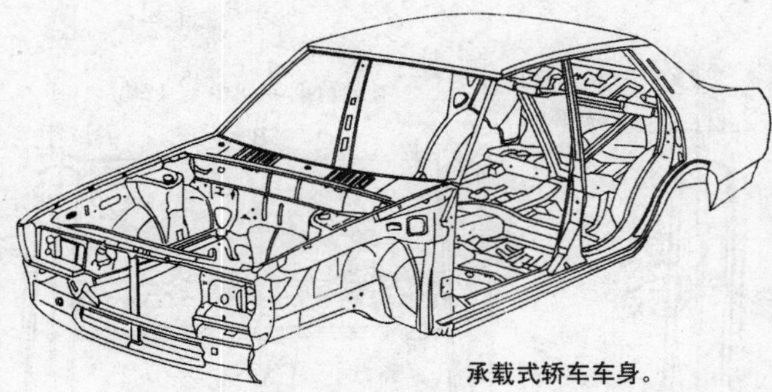

承载式轿车车身。

部分轿车和大型客车没有车架，将所有部件固定在车身上，所有的力也由车身来承受。这种车身称为**承载式车身**。目前大多数轿车都是采用承载式车身。承载式车身由于无车架，可以减轻整车质量；可以使地板高度降低，使上、下车方便。但是传动系和悬架的振动与噪声会直接传入车内，为此，应采取隔音和防振措施。

转向桥 是利用车桥中的转向节使车轮可以偏转一定角度以实现汽车的转向。它除承受垂直载荷外，还承受纵向力和侧向力及这些力造成的力矩。转向桥通常位于汽车的前部，因此也称前桥。

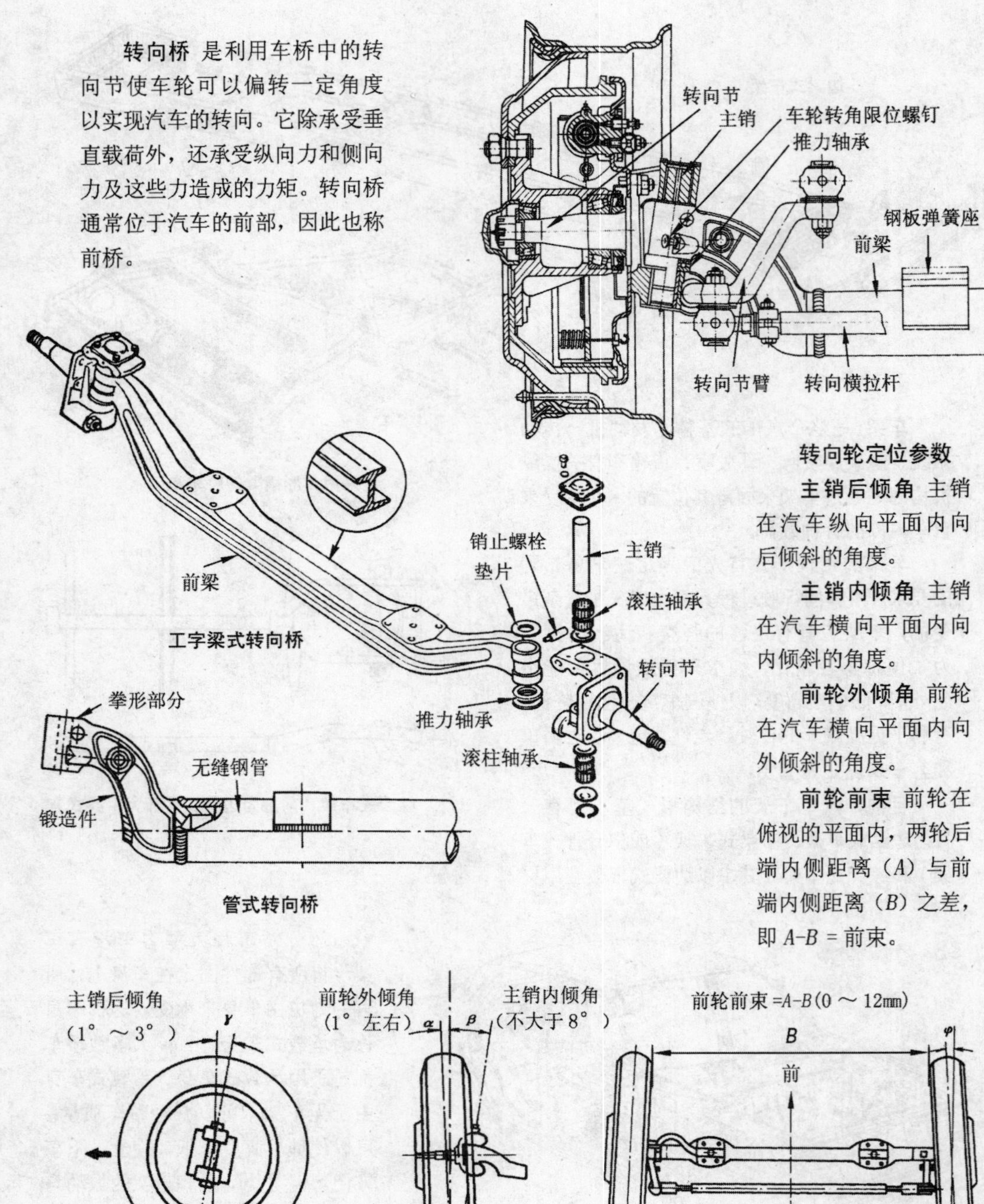

工字梁式转向桥

管式转向桥

转向轮定位参数

主销后倾角 主销在汽车纵向平面内向后倾斜的角度。

主销内倾角 主销在汽车横向平面内向内倾斜的角度。

前轮外倾角 前轮在汽车横向平面内向外倾斜的角度。

前轮前束 前轮在俯视的平面内，两轮后端内侧距离（A）与前端内侧距离（B）之差，即 $A-B$ = 前束。

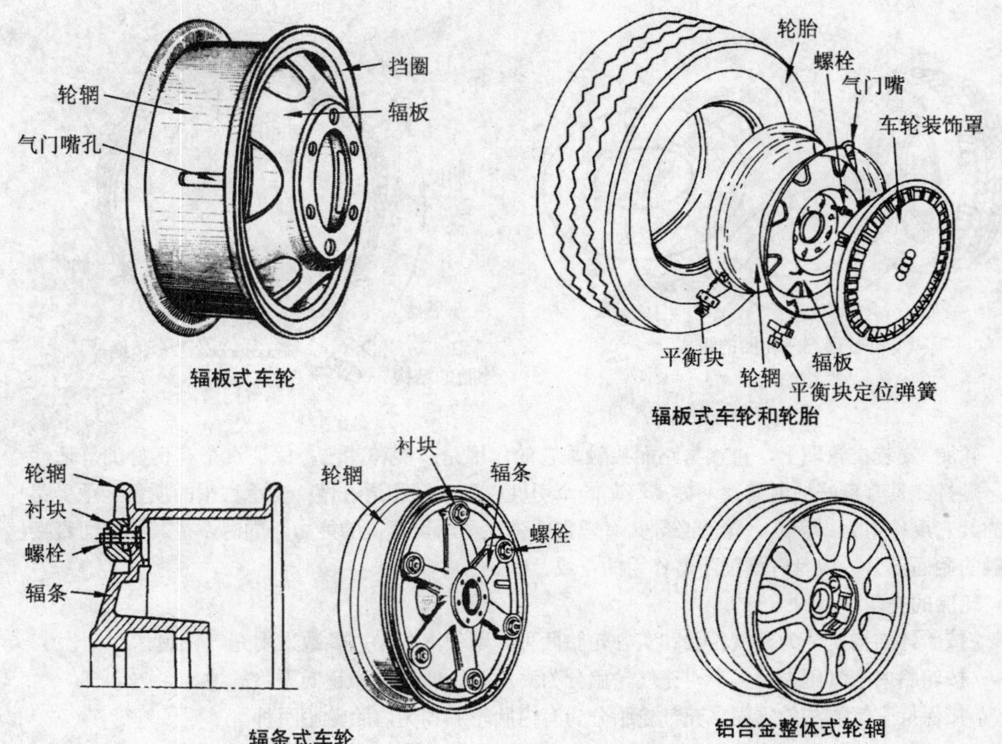

辐板式车轮

辐板式车轮和轮胎

辐条式车轮

铝合金整体式轮辋

载货汽车双式车轮

车轮 与轮胎是汽车行驶系统中重要部件。车轮是介于轮胎和车轴之间承受负荷的旋转组件。通常由轮辋和轮辐组成。

轮辋是在车轮上安装和支承轮胎的部件，轮辐是在车轮上介于车轴和轮辋之间的支承部件。轮辋和轮辐可以是整体式的、永久连接式的或可拆卸式的。

按轮辐的结构不同，车轮可分为辐板式和辐条式两种。

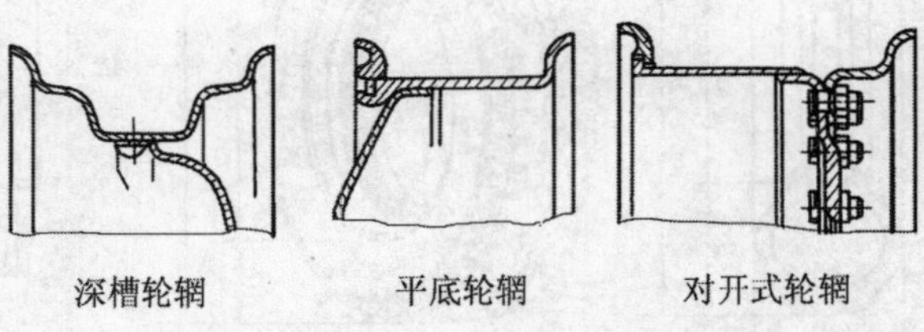

轮辋的类型

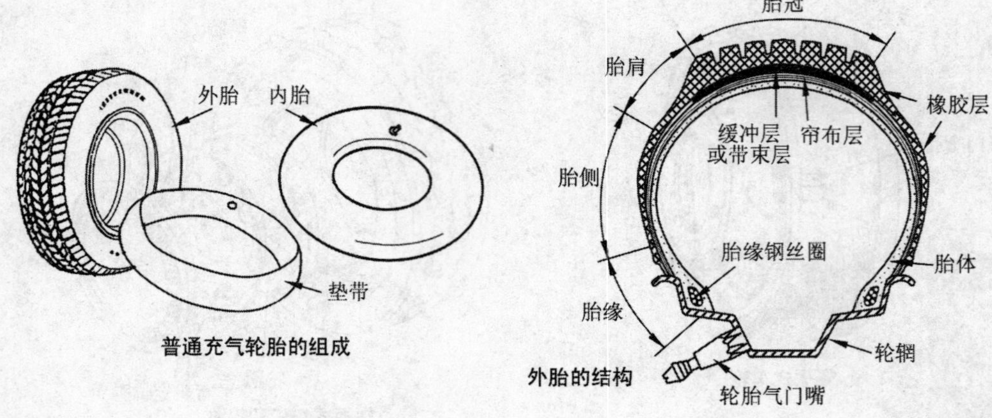

普通充气轮胎的组成

外胎的结构

轮胎 安装在轮辋上，直接与路面接触，它的作用是：缓和冲击，保证汽车有良好的舒适性和平顺性；具有良好的附着性，提高汽车的牵引性、制动性和通过性；支承汽车的质量、承受路面的其它反作用力。因此，轮胎必须具有适宜的弹性和承受载荷的能力。同时，在其与路面直接接触的胎面部分，应具有增强附着作用的花纹。

轮胎的类型

- 按胎体结构可分为充气轮胎和实心轮胎两种。现代汽车绝大多数采用充气轮胎。
- 按轮胎内空气压力的大小，充气轮胎分为高压胎、低压胎和超低压胎三种。
- 按保持空气方法的不同，充气轮胎分为有内胎轮胎和无内胎轮胎两种。
- 按胎体帘线粘接方式的不同，充气轮胎分为普通斜交轮胎（交替斜纹帘布层轮胎）、子午线轮胎和带束斜交轮胎。

斜交轮胎的规格用 *B*-*d* 表示。例如：5.65-12-4PR 表示轮胎截面宽 5.65 英寸，轮辋直径 12 英寸，4 层级。PR 为层级的代号，表示相当于几层棉布线可承受的负荷。

子午线轮胎的规格用 *BRd* 表示，*B* 使用（mm），*R* 代表子午胎，*d* 使用英寸（in）；货车的 *d* 有英制和公制两种。轿车子午线轮胎表示的含义如右下图所示：

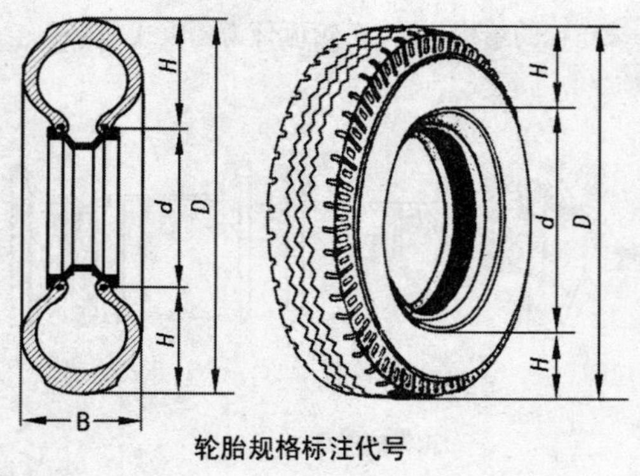

轮胎规格标注代号

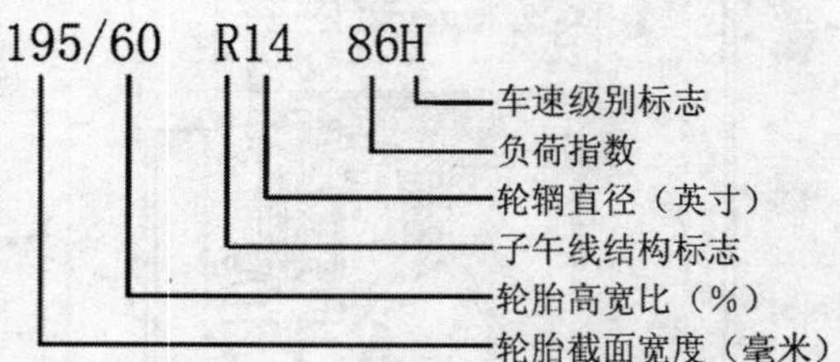

根据规定，86 为载质量 530kg，H 为最大 210km/h。

子午线轿车轮胎表示方法

子午线就是地球上连接南北极的的经线。因子午线轮胎帘布层的帘线从轮胎的一侧经过胎面到另一侧胎边，这种圆弧的分布形式像子午线，故称**子午线轮胎**。子午线胎的优点是：滚动阻力小，耐磨性好，使用寿命长，轮胎高速旋转时变形小，胎温升高慢，有利于安全行车，故得到广泛应用。它的缺点是胎侧薄，变形大，故胎侧与胎圈受外力后，容易在胎侧与轮辋接触处产生裂纹，侧面稳定性差。因此，货车一般采用斜交轮胎。

无内胎轮胎 在胎内壁上附加一层厚约 2 ～ 3mm 的橡胶密封层，用来密封气体，它是用硫化方法粘附上去的。在密封层内表面上，贴着一层由特殊混合物制成的自粘层，当轮胎穿孔时，自粘层能自行将刺穿孔粘合。

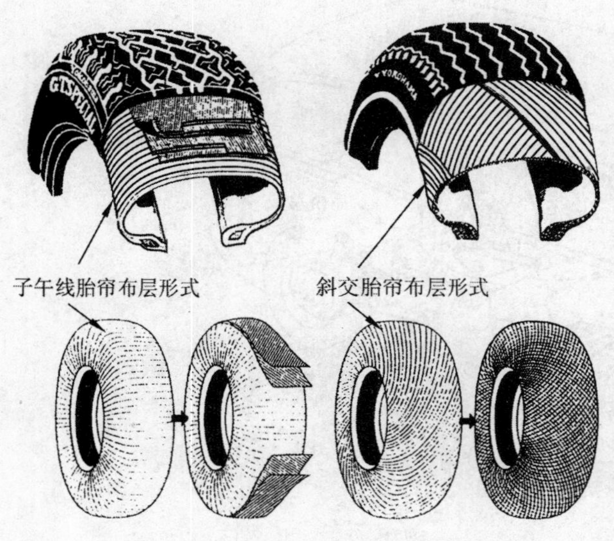

子午线轮胎与普通斜交轮胎结构比较

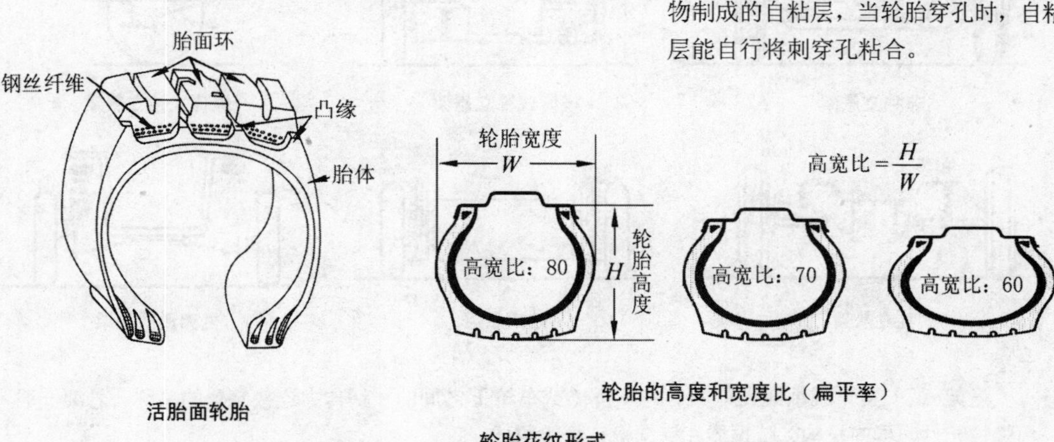

活胎面轮胎

轮胎的高度和宽度比（扁平率）

轮胎花纹形式

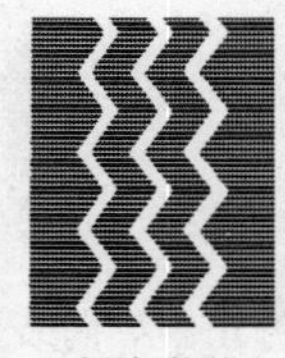

纵向花纹　横向花纹　综合花纹　越野花纹

轮胎花纹 对轮胎的性能有很大的影响。纵向花纹轿车、货车均可选用；横向花纹仅用于货车；综合花纹适用于较差的路面或山区小路；越野花纹凹部深而宽，防滑和爬坡能力强，适用于越野汽车。

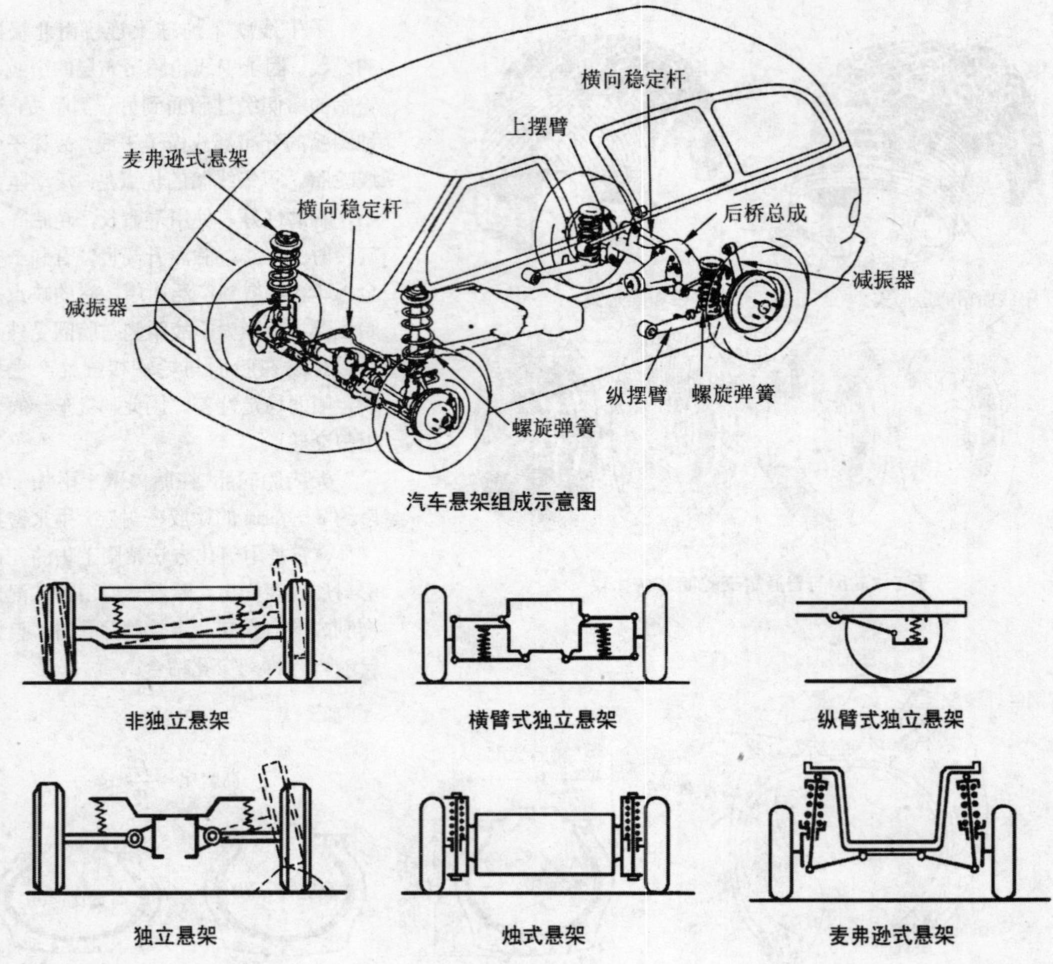

悬架 是车架（或承载式车身）与车桥（或车轮）之间的一切传力连接装置的总称。悬架一般由**弹性元件**、**导向机构**、**减振器**和**横向稳定杆**等组成。

悬架根据结构可分**非独立悬架**和**独立悬架**两种基本类型。

弹性元件 是指钢板弹簧、螺旋弹簧、扭杆弹簧、油气弹簧和空气弹簧等。

减振器 类型有筒式减振器、阻力可调式减振器和充气减振器。

导向机构 控制车轮按一定轨迹跳动，有单杆或多边杆式。

弹性元件用来承受并传递垂直负荷，缓和汽车在不平路面上行驶所引起的冲击。导向装置用来传递纵向力、侧向力和由此产生的力矩。减振装置用以迅速衰减车身和车架振动。而钢板弹簧能起到上述作用。

独立悬架又可以分成：**横臂式**、**纵臂式**和**烛式（或麦弗逊式）**三种悬架。

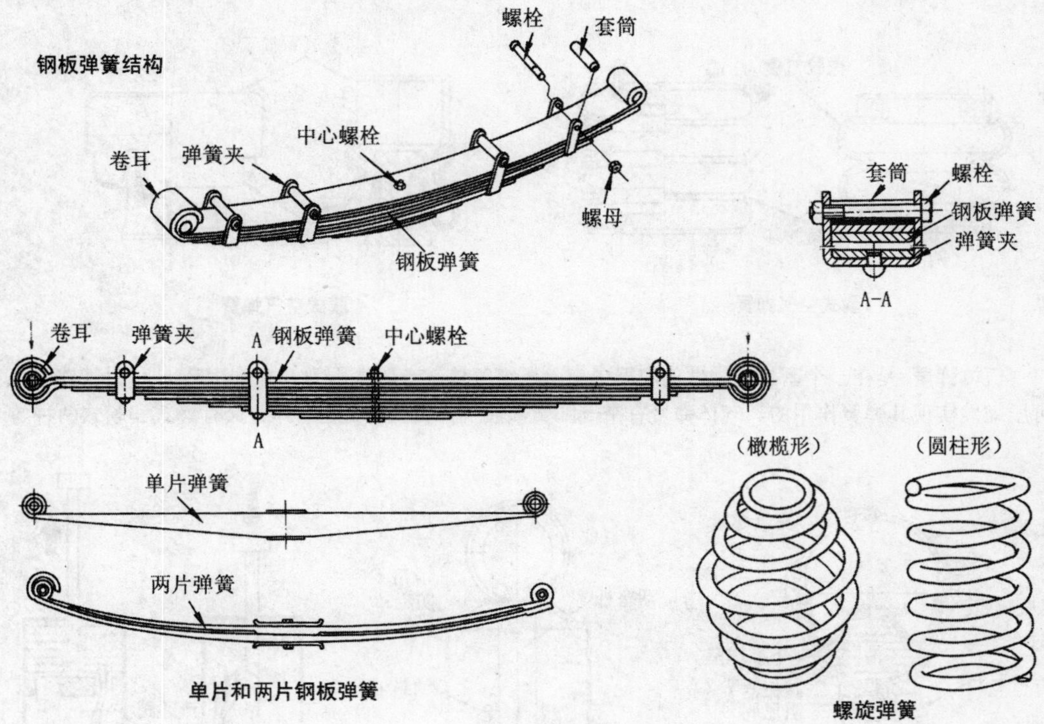

单片和两片钢板弹簧

螺旋弹簧

钢板弹簧 由一组弯曲弹簧钢片从短至长依次叠放而成，也有单片或少片钢板弹簧。近年来，单片或2～ 3片的钢板弹簧在中、轻型载货汽车上得到广泛应用。除性能较多片的优越外，还可减少40%～ 50%的质量，对节约能源和钢材大为有利。

螺旋弹簧 广泛用于独立悬架，特别是前轮独立悬架中。但有些轿车，其后轮非独立悬架也采用螺旋弹簧作为弹性元件，见右下图。

螺旋弹簧是由特殊的弹簧钢杆卷制而成，可以做成圆柱形或圆锥形，也可以做成等螺距或不等螺距。圆柱形等螺距螺旋弹簧的刚度不变，圆锥形或不等螺距螺旋弹簧的刚度是可变的。在螺旋弹簧悬架中必须另装减振器和导向机构。

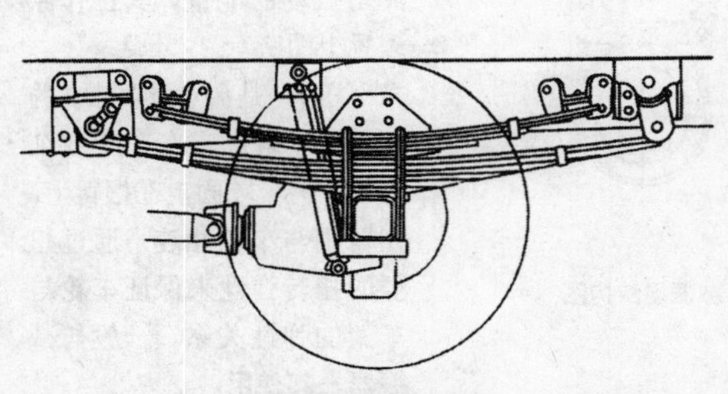

钢板弹簧应用实例

橄榄形螺旋弹簧

（赛欧轿车）

螺旋弹簧在轿车后悬架中的应用

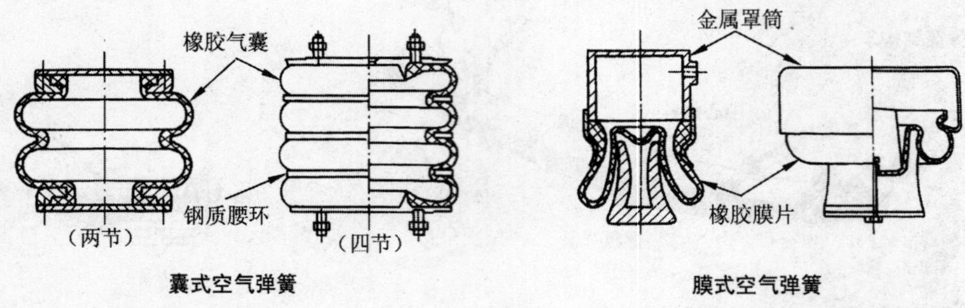

囊式空气弹簧　　　　膜式空气弹簧

气体弹簧 是在一个密封有弹性的容器中充入压缩气体，一般气压为 0.5 ～ 1MPa，利用气体的可压缩性实现其弹簧作用的。气体弹簧有空气弹簧和油气弹簧两种，空气弹簧又有囊式和膜式两种。

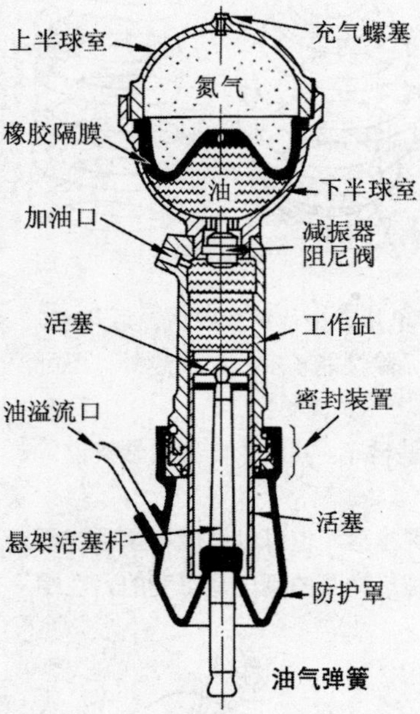

油气弹簧

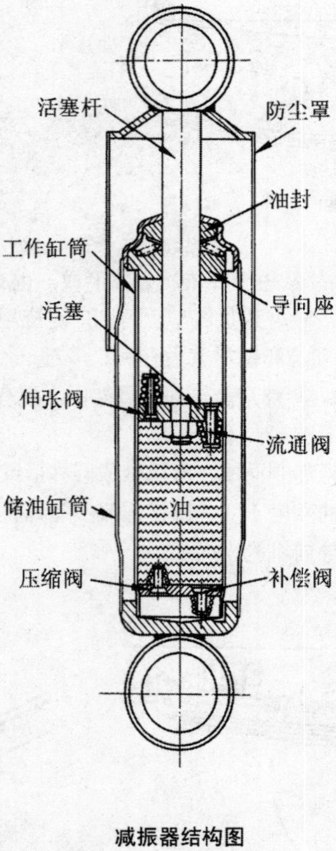

减振器结构图

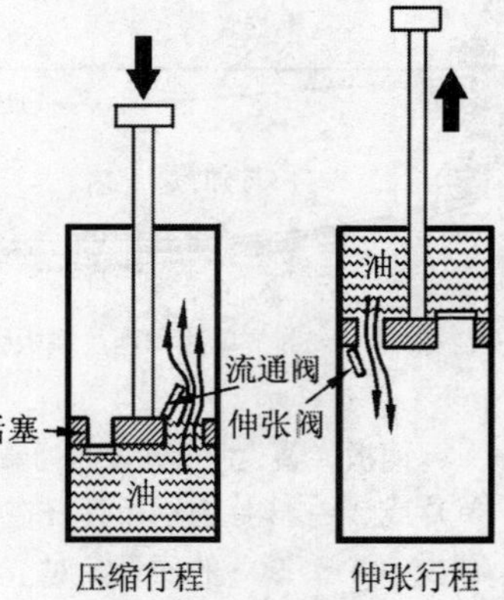

减振器工作原理示意图

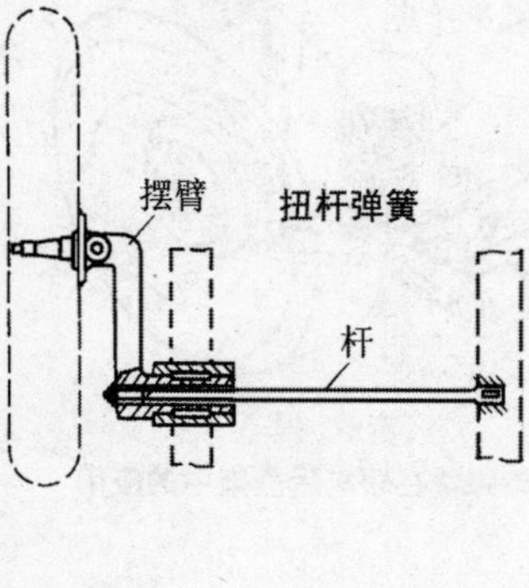

扭杆弹簧

减振器 是利用油液在阀门流动产生的阻力来消耗冲击振动的能量。其工作原理见上图所示。

扭杆 是弹簧钢制成的杆件。一端固定在车架或车身上，另一端固定在摆臂上，摆臂则与车轮相连。通过扭杆的扭转弹性来保证车轮与车架的弹性关系。一般与减振器一起使用。

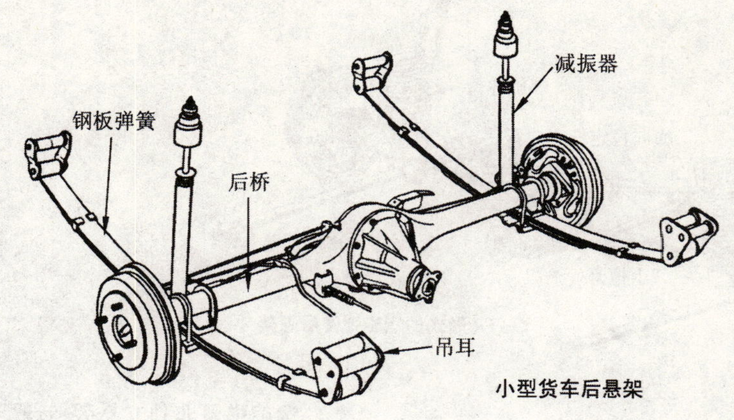

小型货车后悬架

钢板弹簧式非独立悬架 广泛应用于货车的前、后悬架。在轿车中非独立悬架一般用于后桥。

钢板弹簧在变形的时候其长度会发生变化，钢板弹簧的后端一般用吊耳连接。

为加速振动的衰减，改善乘坐的舒适性，在货车的前悬架中一般都装有减振器，而货车的后悬架则不一定装减振器。

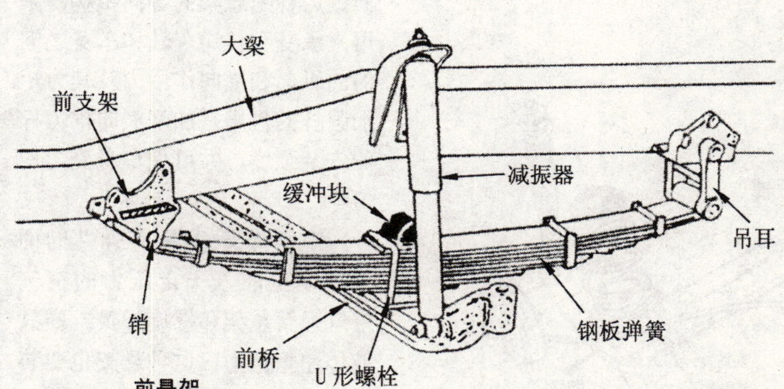

前悬架

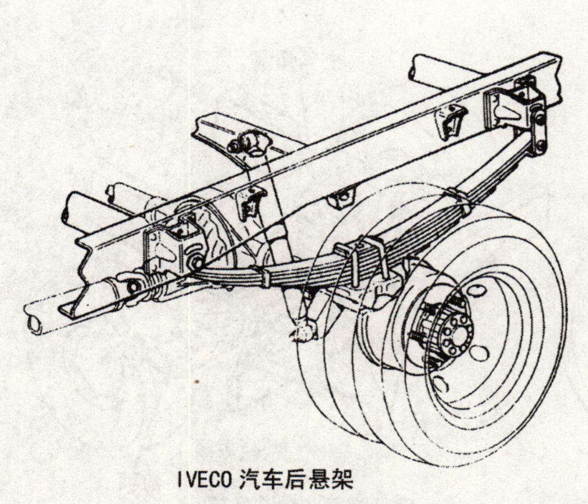
IVECO 汽车后悬架

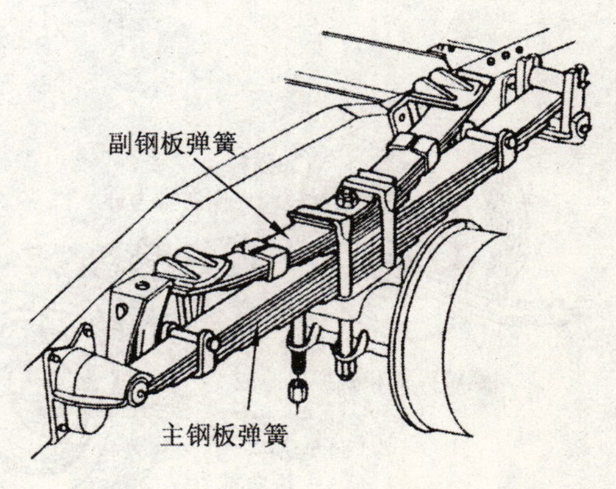

具有主、副钢板弹簧的后悬架

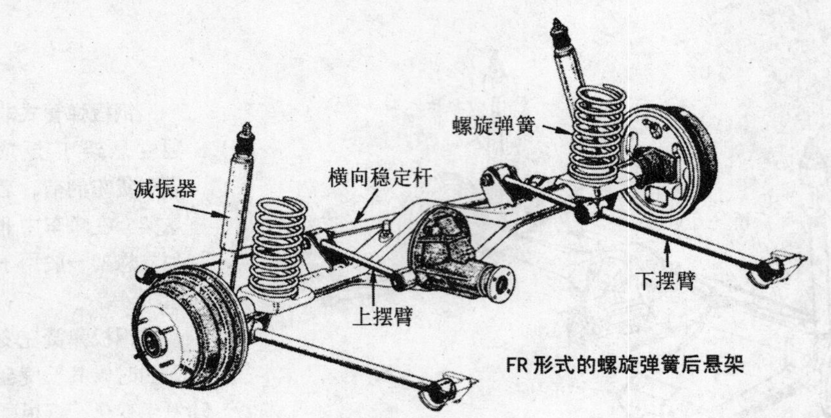

FR形式的螺旋弹簧后悬架

螺旋弹簧非独立悬架 一般只用做轿车的后悬架。其纵、横向推力杆是悬架的导向机构，是用来承受和传递车轴和车身之间的的纵向和横向作用力及其力矩。加强杆的作用是加强横向推力杆的安装强度，并可使车身受力均匀。

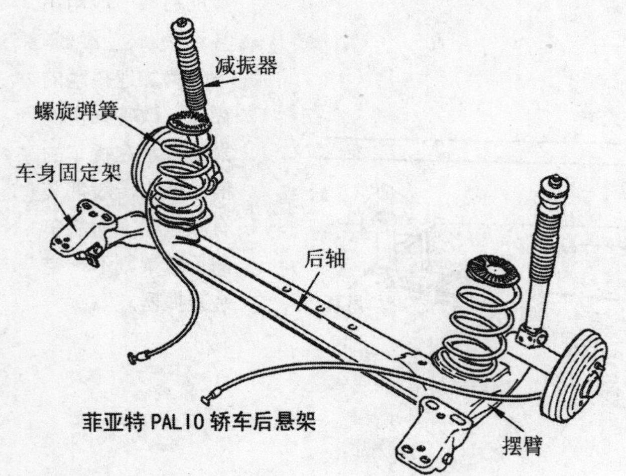

菲亚特PALIO轿车后悬架

空气弹簧 是在有弹性的桶状容器里注入一定压力的空气。空气弹簧悬架和螺旋弹簧一样只能传递垂直力，这种悬架也要装减振器。

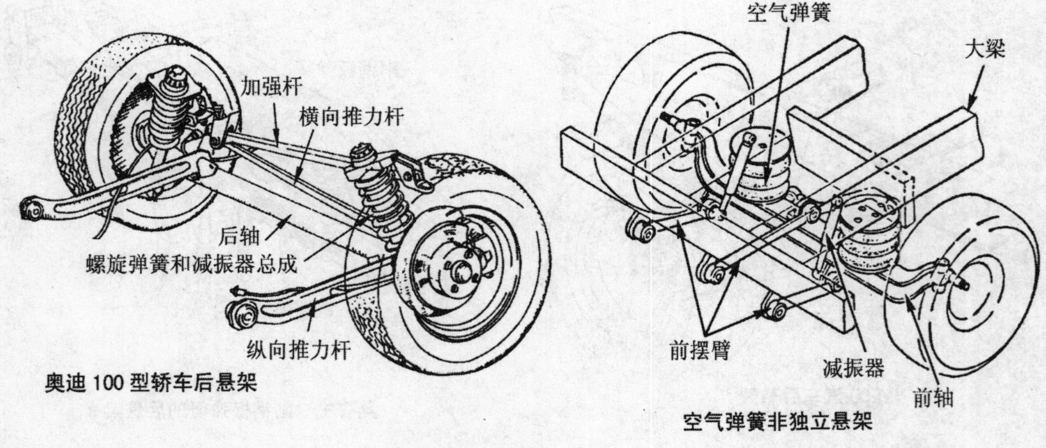

奥迪100型轿车后悬架

空气弹簧非独立悬架

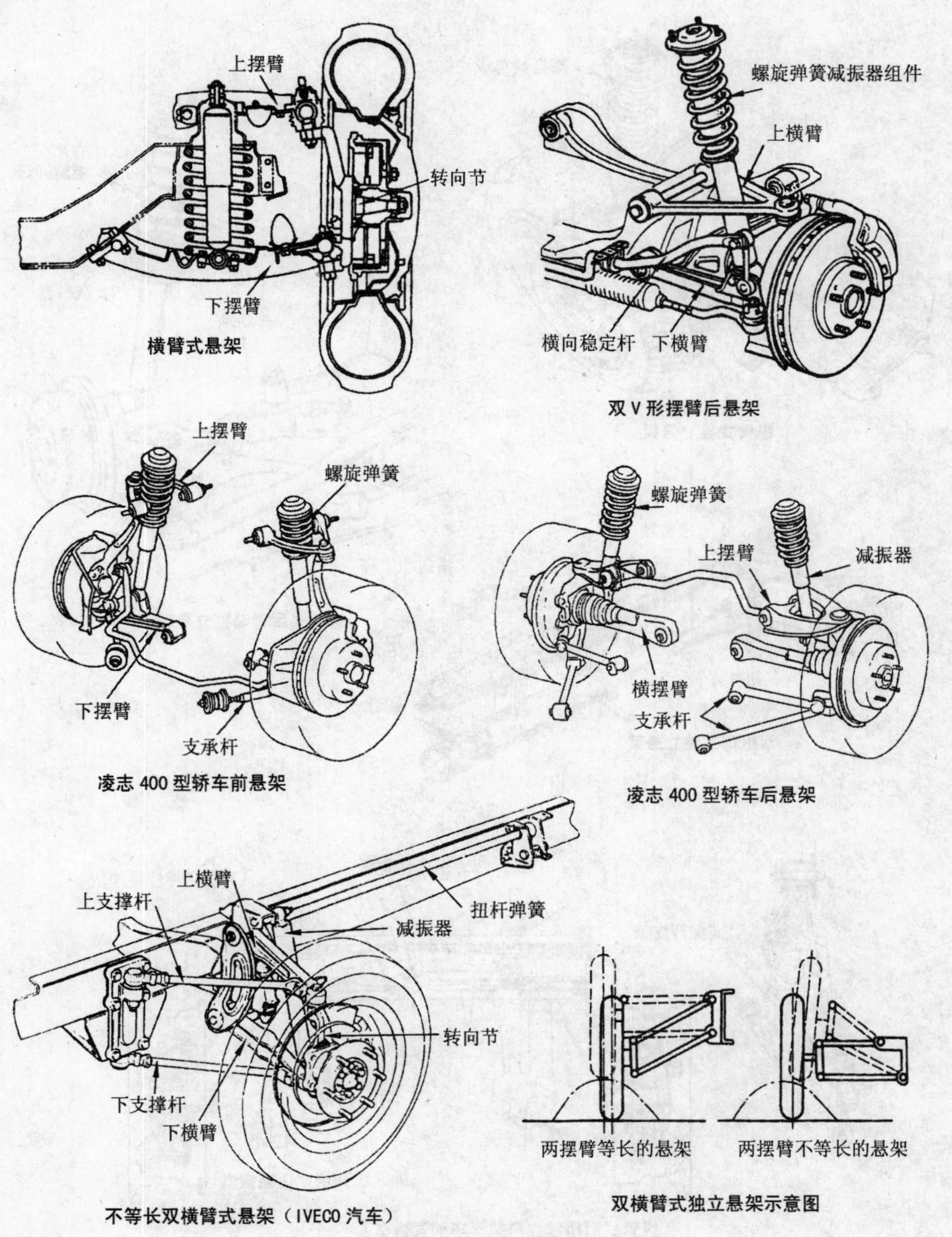

横臂式悬架

双 V 形摆臂后悬架

凌志 400 型轿车前悬架

凌志 400 型轿车后悬架

不等长双横臂式悬架（IVECO 汽车）

双横臂式独立悬架示意图

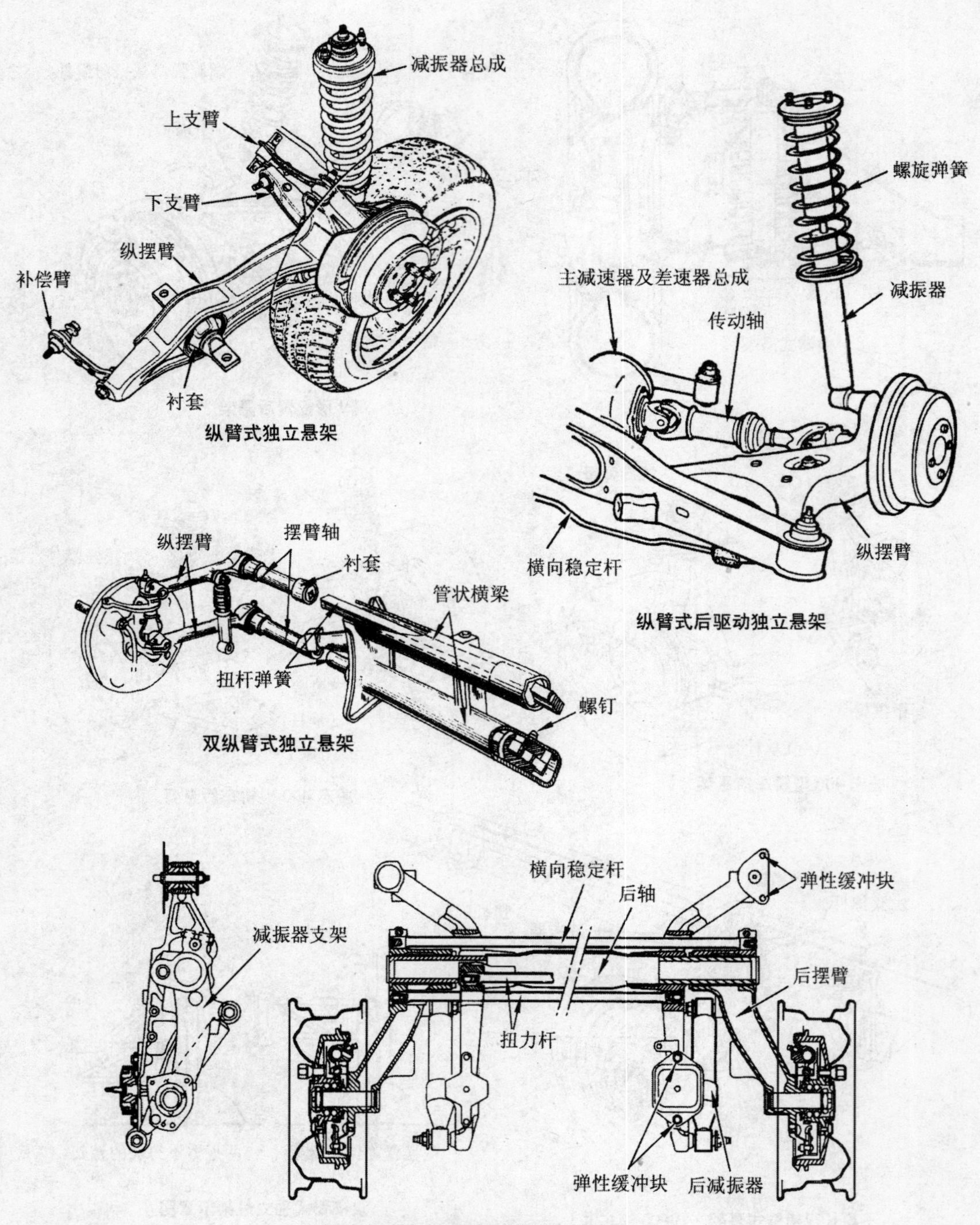

纵臂式独立悬架

纵臂式后驱动独立悬架

双纵臂式独立悬架

纵臂式后桥独立悬架（毕加索轿车）

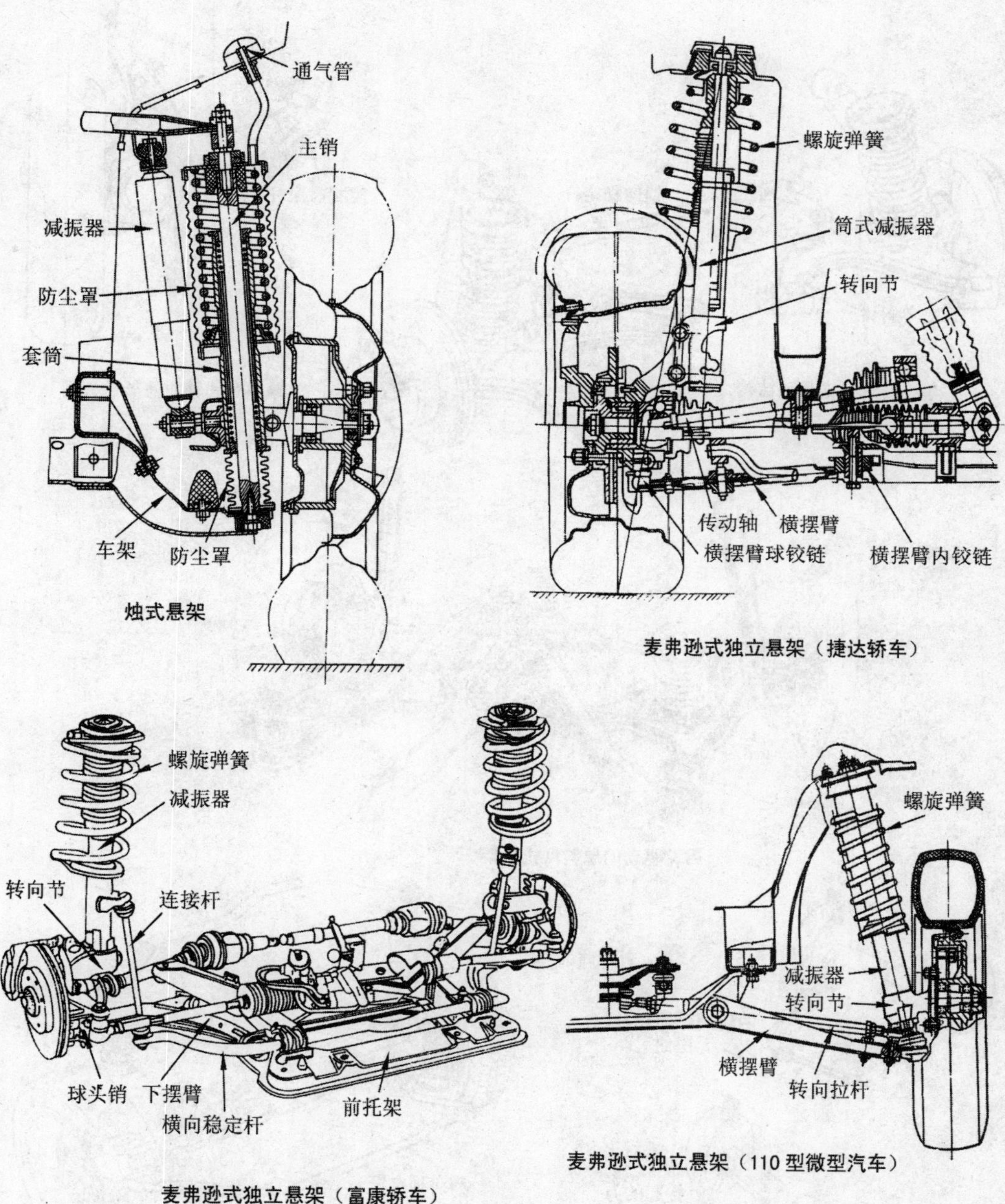

烛式悬架

麦弗逊式独立悬架（捷达轿车）

麦弗逊式独立悬架（富康轿车）

麦弗逊式独立悬架（110 型微型汽车）

烛式悬架主销上下两端刚性地固定在车架上，其外部有上下滑动的套筒，转向节和套筒固定在一起，并沿主销移动，因此主销的倾角始终不变。麦弗逊悬架没有传统的主销实体，车轮和转向节沿横摆臂的半径运动，因此当车轮上下跳动时，主销的倾角和轮距都会发生一些变化。

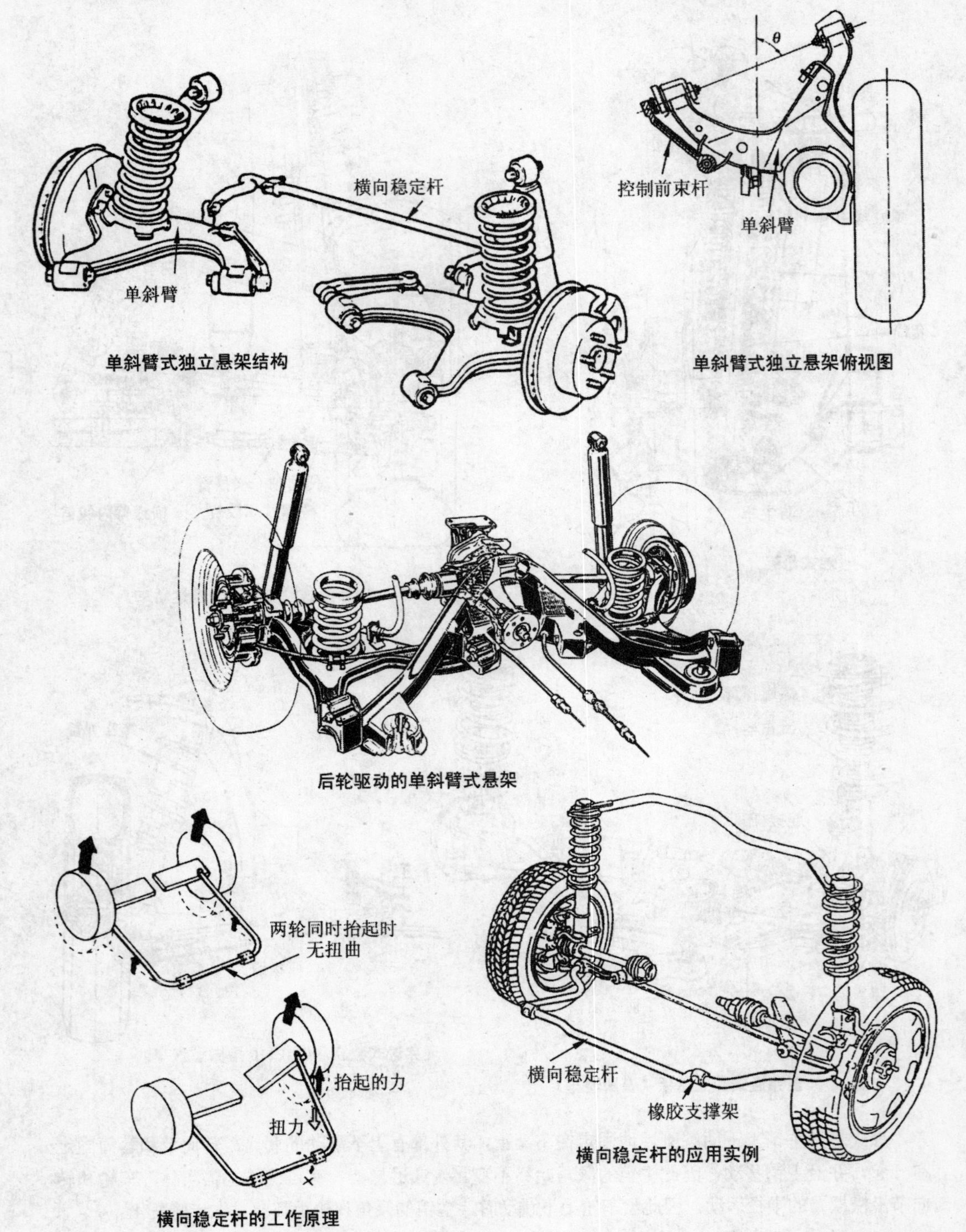

单斜臂式独立悬架结构

单斜臂式独立悬架俯视图

后轮驱动的单斜臂式悬架

横向稳定杆的工作原理

横向稳定杆的应用实例

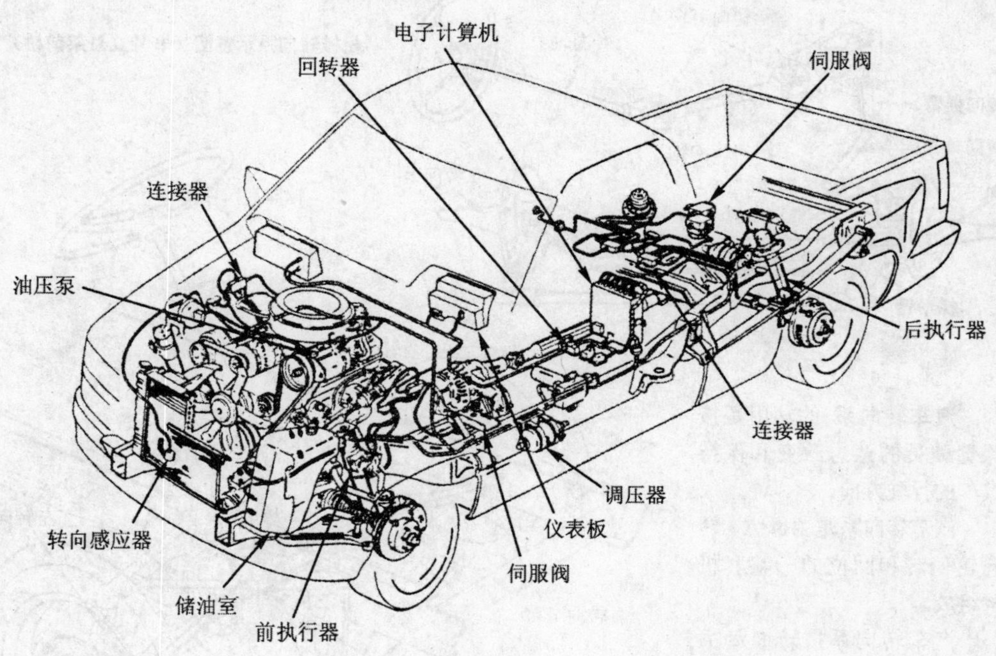

主动悬架系统的组成

全主动悬架 就是根据汽车的运动状态和路面状况，适时地调节悬架的刚度和阻尼，使其处于最佳减振状态。它是在被动悬架系统（弹性元件、减振器、导向装置）中附加一个可控制作用力的装置。它通常是由执行机构、测量系统、反馈控制系统和能源系统四部分组成。执行机构的作用是执行控制系统的指令，一般为力发生器或转矩发生器（液压缸、气缸、伺服电动机、电磁铁等）。测量系统的作用是测量系统各种状态，为控制系统提供依据，包括各种传感器。控制系统的作用是处理数据和发出各种控制指令，其核心部件是电子计算机。能源系统的作用是为以上各部分提供能量。

从 20 世纪 80 年代以来，世界各大汽车公司和生产厂家都在竞相研制开发这种新型的悬架系统。丰田、洛特斯、沃尔沃等汽车公司，已在汽车上做了较成功的试验。

半主动悬架 不考虑改变悬架的刚度，而只考虑改变悬架的阻尼，因此它是由无动力源且只有可控的阻尼元件组成。由于半主动悬架结构简单，工作时几乎不消耗车辆动力，而且还能获得与全主动悬架相近的性能，故有较好的应用前景。

半主动悬架按阻尼级又可分成有级式和无级式两种。

转向系的类型和组成

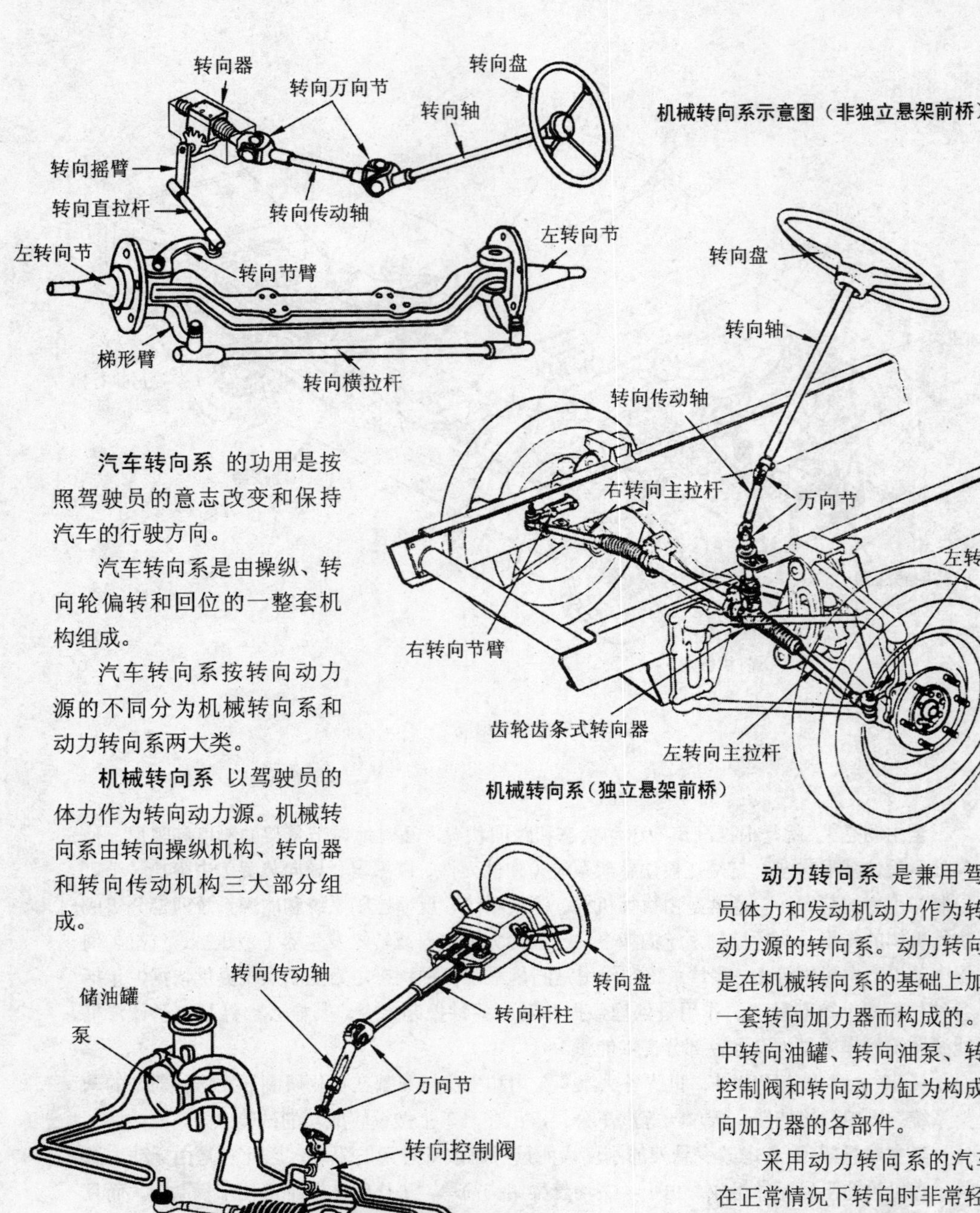

机械转向系示意图（非独立悬架前桥）

机械转向系（独立悬架前桥）

动力转向系的组成

汽车转向系 的功用是按照驾驶员的意志改变和保持汽车的行驶方向。

汽车转向系是由操纵、转向轮偏转和回位的一整套机构组成。

汽车转向系按转向动力源的不同分为机械转向系和动力转向系两大类。

机械转向系 以驾驶员的体力作为转向动力源。机械转向系由转向操纵机构、转向器和转向传动机构三大部分组成。

动力转向系 是兼用驾驶员体力和发动机动力作为转向动力源的转向系。动力转向系是在机械转向系的基础上加设一套转向加力器而构成的。其中转向油罐、转向油泵、转向控制阀和转向动力缸为构成转向加力器的各部件。

采用动力转向系的汽车，在正常情况下转向时非常轻便。而且在高速行驶状态下，能对动力加以限制，使转向不会过松，增加了高速行驶的安全性。

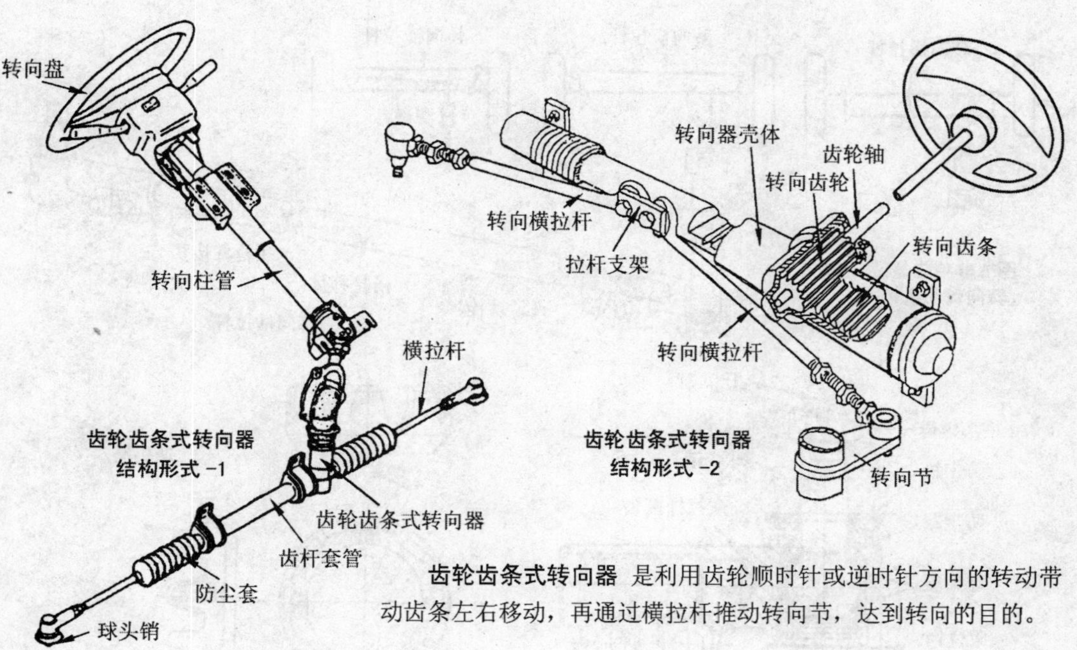

齿轮齿条式转向器
结构形式 -1

齿轮齿条式转向器
结构形式 -2

齿轮齿条式转向器 是利用齿轮顺时针或逆时针方向的转动带动齿条左右移动，再通过横拉杆推动转向节，达到转向的目的。

循环球式转向器 利用蜗杆的转动，带动转向螺母前后移动，转向螺母下端的齿条带动扇形齿轮转动，使转向垂臂摆动。钢球的作用是传递力并减少蜗杆与转向螺母的阻力。

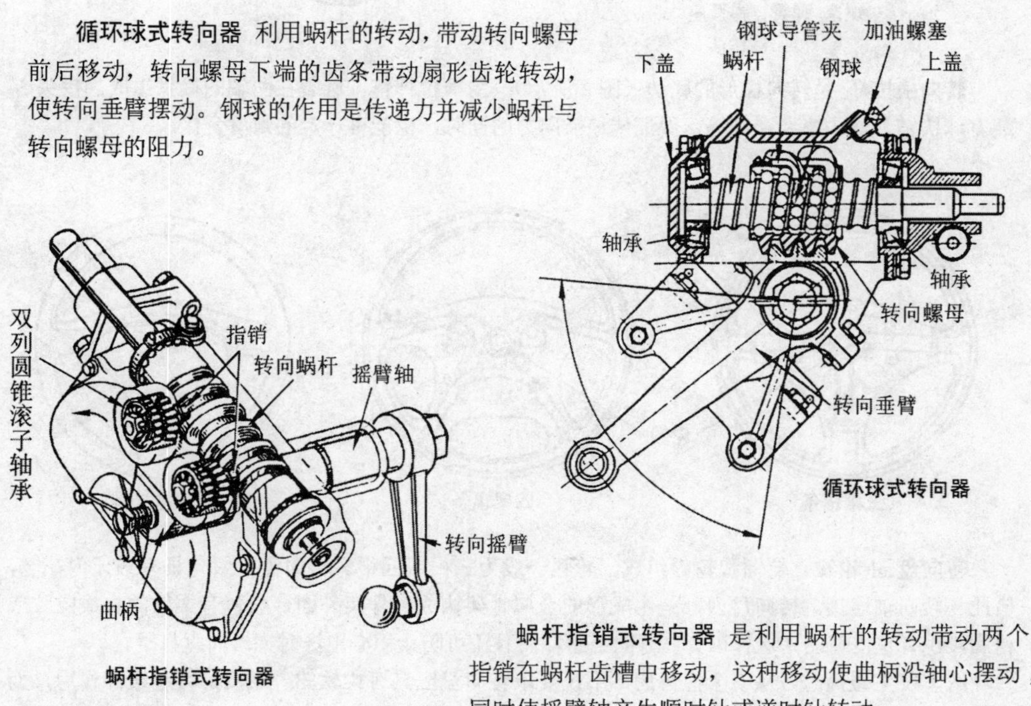

循环球式转向器

蜗杆指销式转向器

蜗杆指销式转向器 是利用蜗杆的转动带动两个指销在蜗杆齿槽中移动，这种移动使曲柄沿轴心摆动，同时使摇臂轴产生顺时针或逆时针转动。

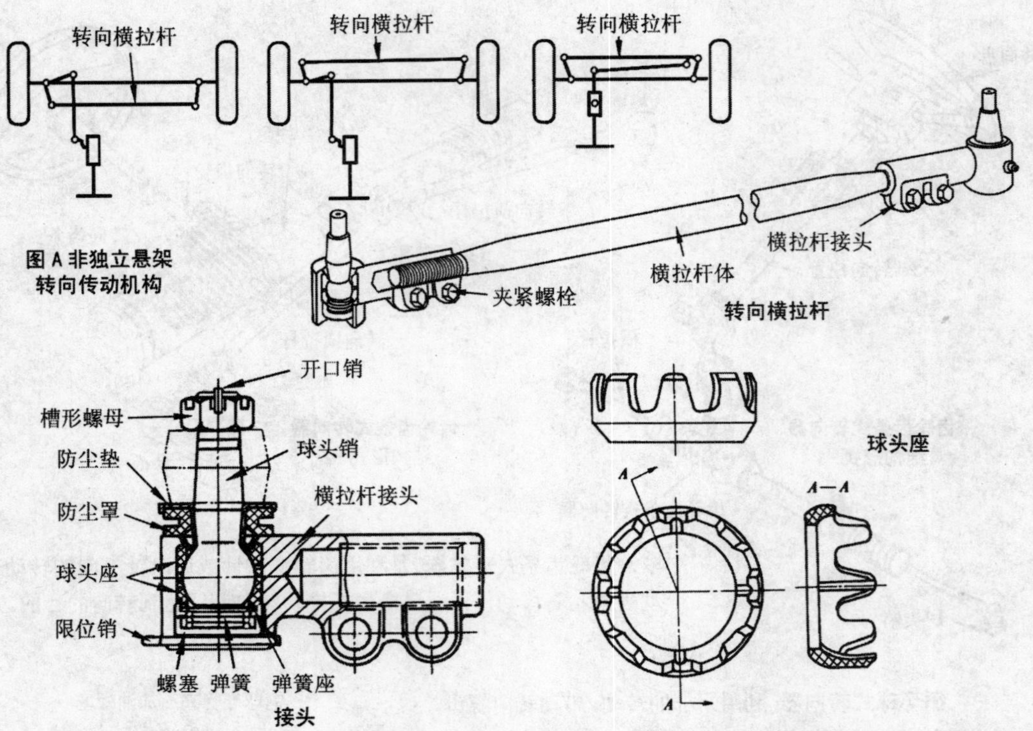

转向横拉杆 是转向梯形的底边（图A所示）。由横拉杆体、旋装在两端的接头组成。接头内装有球头销、球头座、弹簧等，保证传递横向力的同时，也能有一定的角度变化。

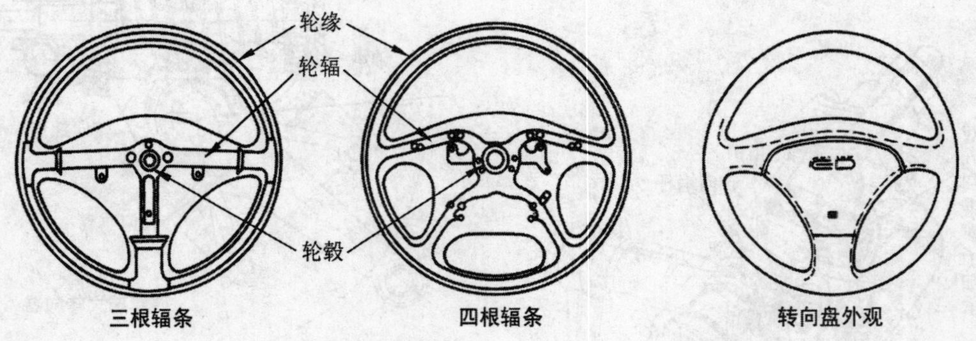

转向盘 由轮缘、轮辐和轮毂组成。轮辐一般为三根或四根。转向盘轮毂孔具有细牙内花键，借此与转向轴连接。转向盘内部是由成形的金属骨架构成。骨架外面一般包有柔软的合成橡胶或树脂，也有包皮革的，这样可有良好的手感，而且还可防止手心出汗时握转向盘打滑。

汽车发生碰撞时，从安全性考虑，不仅要求转向盘应具有柔软的外表皮，可起缓冲作用，而且还要求转向盘在撞车时，其骨架能产生变形，以吸收冲击能量，减轻驾驶员的受伤程度。

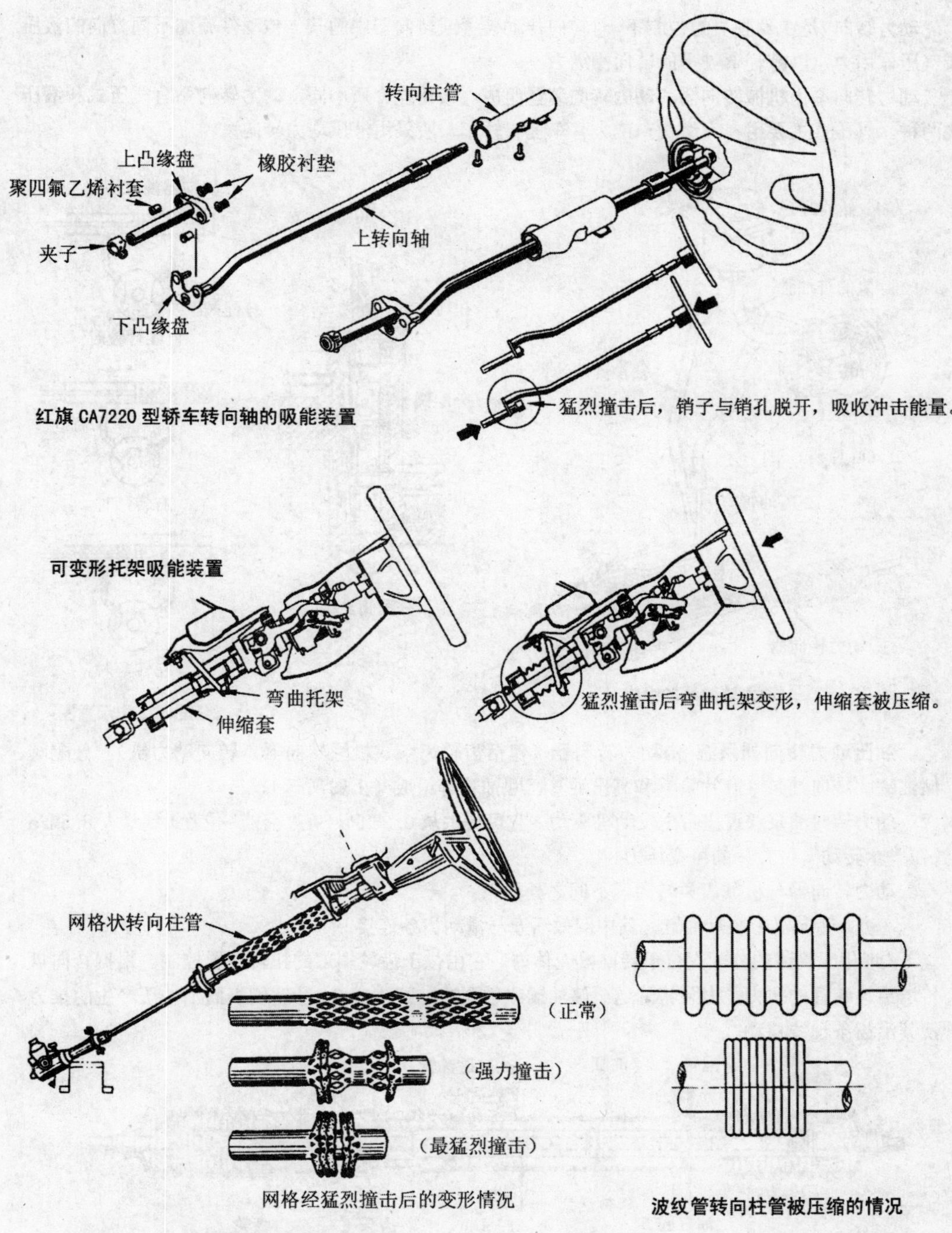

红旗 CA7220 型轿车转向轴的吸能装置

可变形托架吸能装置

网格经猛烈撞击后的变形情况

波纹管转向柱管被压缩的情况

网格状转向柱管吸能装置

动力转向 是在驾驶员的控制下，对转向传动装置或转向器中的某一传动件施加不同方向的液压或气压作用力，以减轻驾驶员的转向操纵力。

动力转向系由**机械转向器**和**动力转向装置**组成。按传能介质不同，动力转向系有**气压式**和**液压式**两种。气压式主要用在大型货车或大客车上。轿车一般采用液压动力转向系。

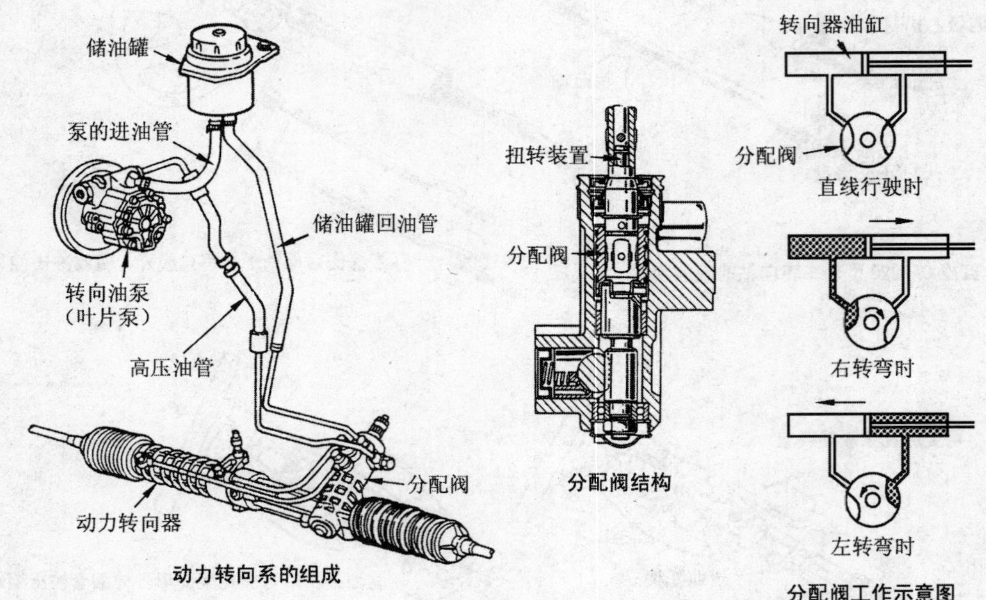

动力转向系的组成

分配阀结构

分配阀工作示意图

油压动力转向器系统 由动力转向器（包括齿轮齿条式机械转向器、转向动力缸）、分配阀、储油罐、转向油泵（叶片泵）和高压油管、回油管等组成（**上图所示**）。

动力转向油泵通过皮带由发动机驱动。它可提供从 0.35MPa（在“空档”位置）到最大 8.5MPa（在“全转动”位置）的可变压力。

动力转向器与机械齿条转向器不同之处如下：

/ 动力转向器中装有油缸，其中双效活塞与滑动齿条连接；

/ 带相应管路的分配阀位于转向器壳体内。它由位于齿轮端部的扭转装置控制。根据转向盘传送给该装置的扭力，由泵将油送至储油罐或送至油缸腔 *A* 或 *B*，活塞侧表面上油压产生的推力使其沿齿条轴线移动。

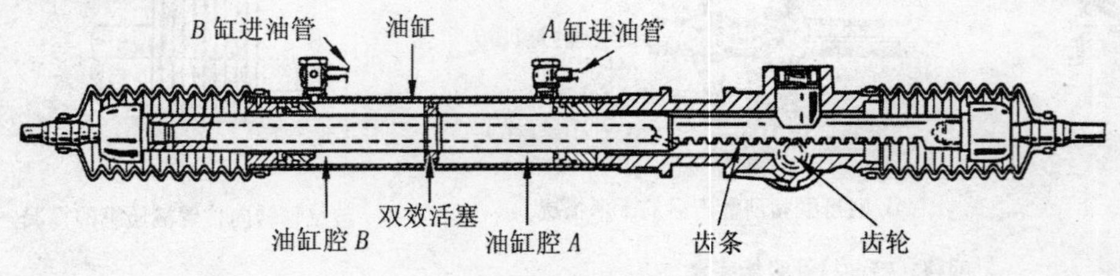

动力转向器齿条和油缸结构图

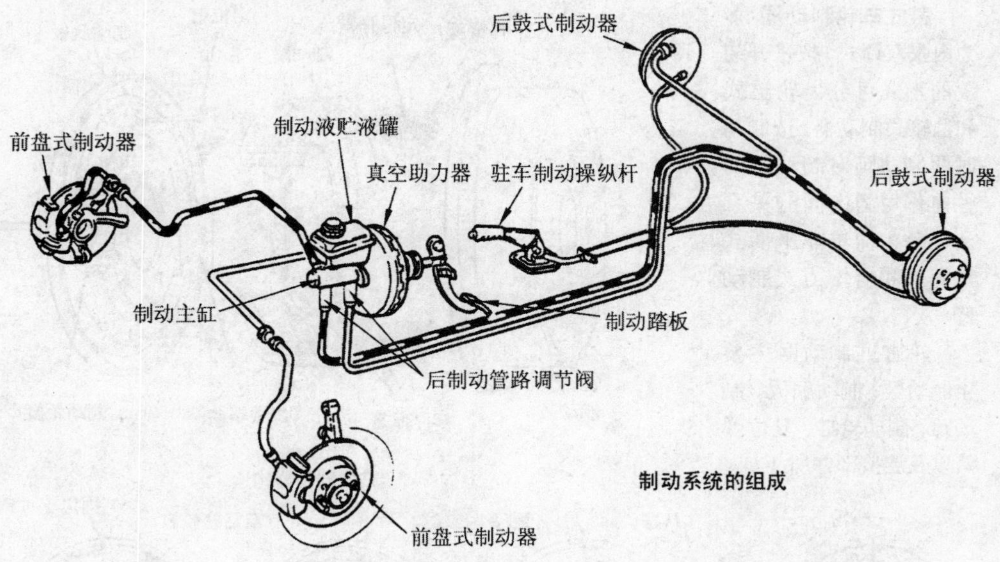

制动系统的组成

使行驶中的汽车减速甚至停车，使下坡行驶的汽车速度保持稳定，以及使已停驶的汽车保持不动，这些作用统称汽车制动。目前各类汽车的制动器都是采用摩擦制动的原理，摩擦制动器分为鼓式和盘式两大类。

汽车的制动系统主要由**制动踏板**、**真空助力器**、**制动主缸**、**连接油管**、**前盘式制动器**、**后鼓式制动器**和**驻车制动器**等组成（**上图**）。

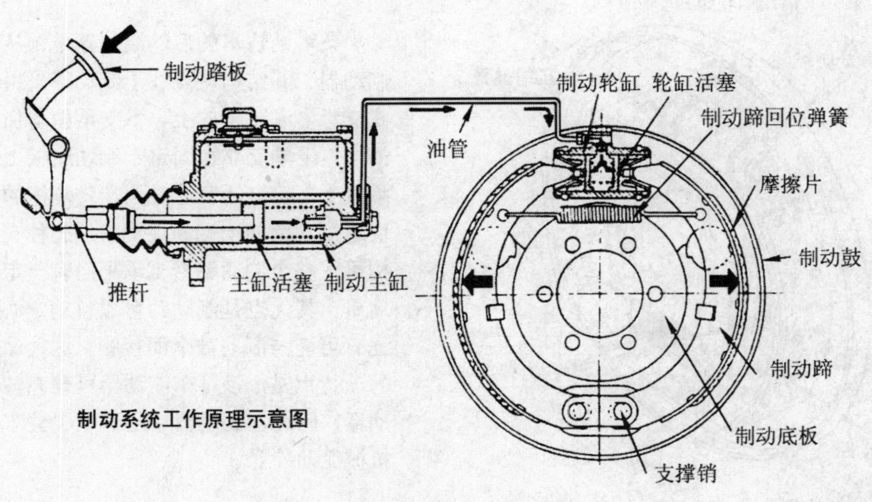

制动系统工作原理示意图

鼓式车轮制动器 多为内张双蹄式。按张开装置的形式可分为轮缸式和凸轮式制动器。按制动时两制动蹄对制动鼓的径向作用力之间的关系又可分为简单非平衡式、平衡式和自增力式制动器。

轮缸式制动器主要由制动鼓、制动底板、制动蹄、制动轮缸、复位弹簧以及连接部件所组成。

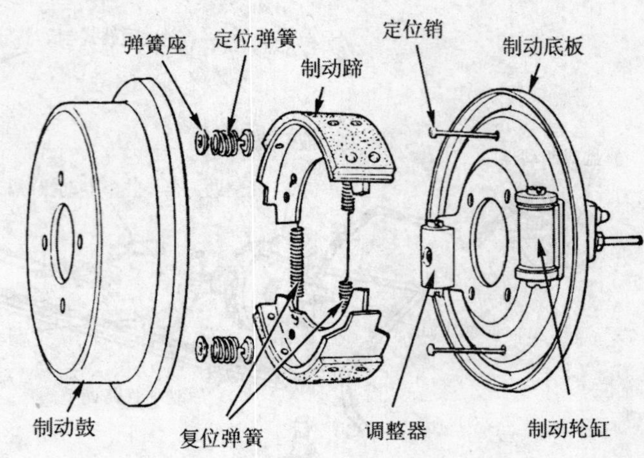

鼓式制动器构造

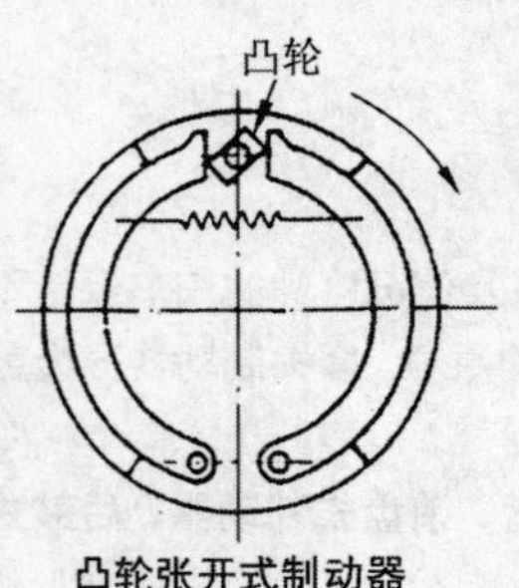

凸轮张开式制动器

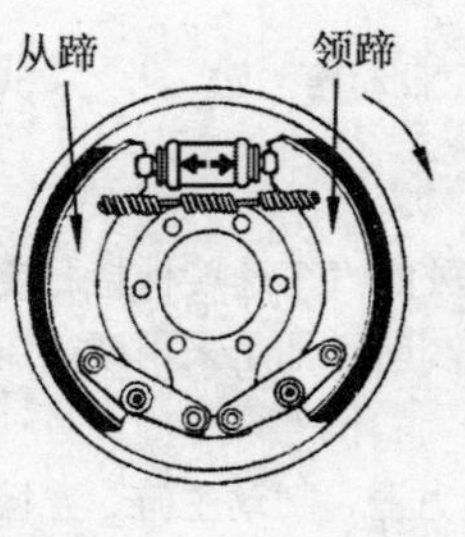

简单非平衡式

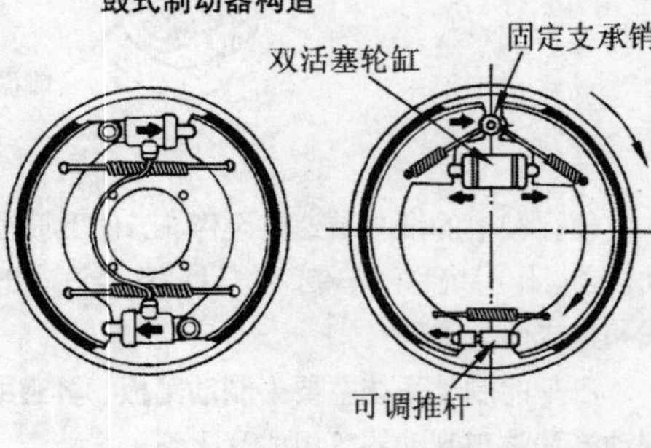

平衡式　　**自增力式**

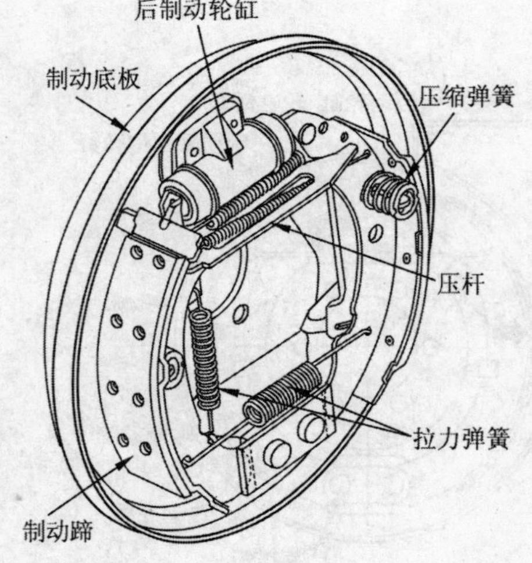

上海桑塔纳轿车后制动器结构

桑塔纳轿车的后轮制动器是领从蹄式制动器。其结构特点在于制动蹄采用了浮式支承。制动蹄的上、下支承面均加工成弧面，下端支靠在固定于制动底板上的支承板上。轮缸活塞通过两端带耳槽的支承块对制动蹄的上端施促动力。此种支承结构可使整个制动蹄沿支承平面有一定的浮动量。其优点是制动蹄可以自动定心，保证有可能与制动鼓全面接触。这种结构的另一特点是，该行车制动器可兼充驻车制动器，因此在制动器中还装设了驻车制动机械促动装置。

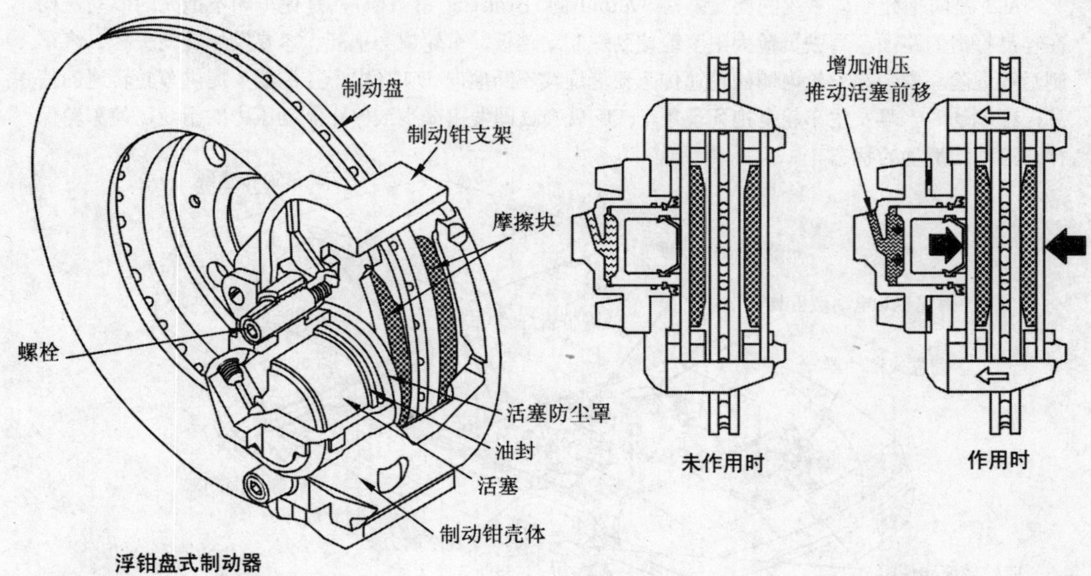

浮钳盘式制动器

盘式制动器 就像一只旋转的盘子，用两只手指一 捏，盘子就停止了转动。盘子称为制动盘，两只手指就是摩擦块。目前各级轿车和部分轻型货车的前制动采用钳盘式制动器。钳盘式制动器可分为定钳盘式和浮钳盘式两种。

定钳盘式制动器采用两个活塞，同时向制动盘压缩。由于油缸较多，制动钳尺寸过大，油缸中的制动液容易汽化等缺点，正逐渐被浮钳盘式制动器所取代。

浮钳盘式制动器的制动钳体可相对于制动盘沿滑销作轴向滑动，而且制动油缸只装在制动盘的内侧，数目只有定钳盘式的一半。缺点是刚度较差，摩擦片易产生偏磨损。

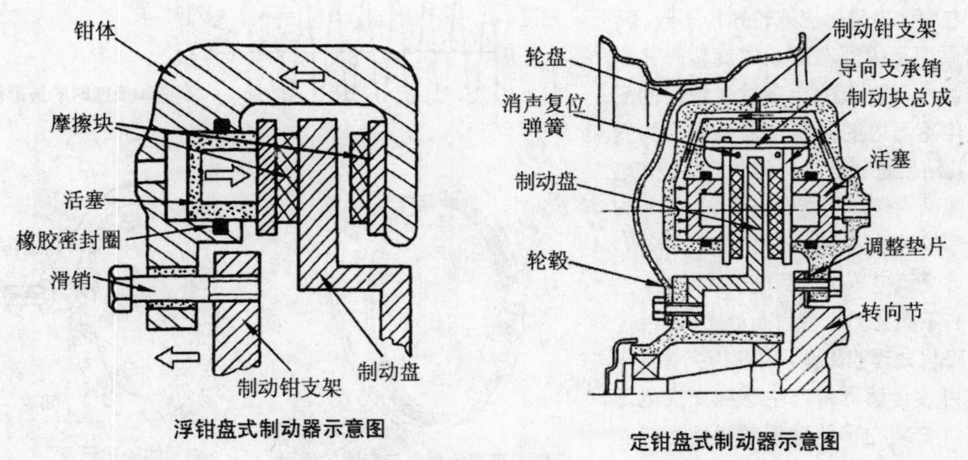

浮钳盘式制动器示意图

定钳盘式制动器示意图

ABS 是防抱死制动系统的英文缩写（Antilock Braking System），是使车轮不抱死的制动机构。在容易打滑的路面，驾驶员最大限度地使劲踩制动踏板，车轮就会抱死，容易发生转向失控、汽车侧滑等危险。安装在车轮内侧的轮速传感器能连续不断地向 ECU（电子控制器）提供车轮转速的信息，在制动时一旦发生车轮有抱死现象，ECU 就会立即发出减少或停止制动压力的指令，使车轮保持边滚动边滑动的状态。

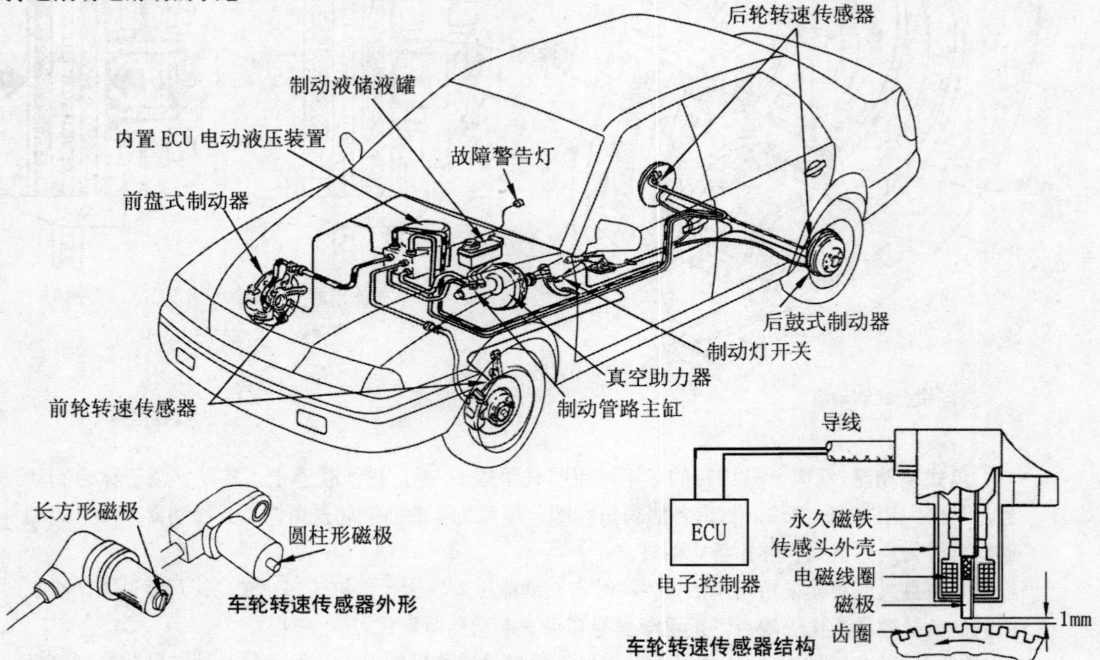

车轮转速传感器外形

车轮转速传感器结构

车轮转速传感器有电磁感应式和霍尔效应式两种。

右图为电磁感应式轮速传感器。其工作原理是齿圈在磁场中旋转时其齿顶和齿槽与磁极的距离发生瞬间的变化。传感器内的磁阻也发生相应的变化，其结果是使磁能量周期地增减，电磁线圈两端便产生交变电压信号，其频率与车轮转速成正比，（见右图波形图）并将该交流电压传送到电子控制器。

右下图为另一种齿圈形式，是经过专门磁化处理的磁圈，N、S 极交替变化。同样可使传感器内产生感应交变电压。磁圈可安装在车轮轴承密封件上或者由轮毂（后轮）来驱动。

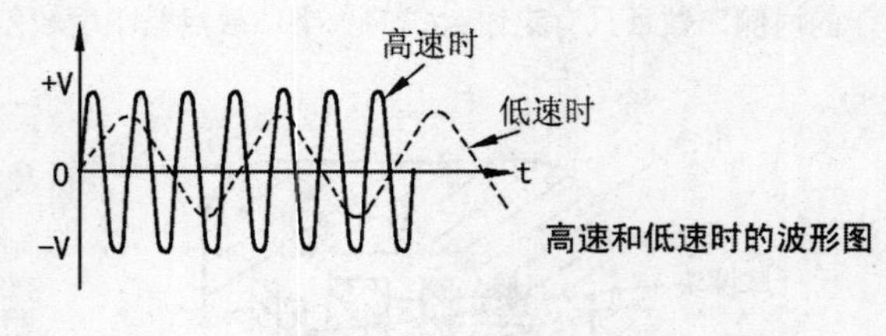

高速和低速时的波形图

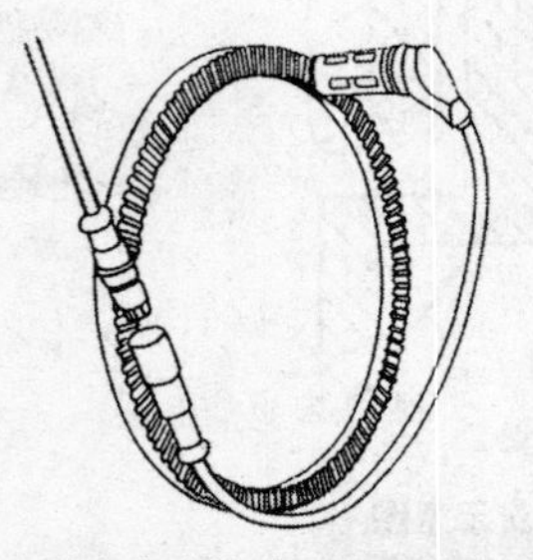

电磁式车速传感器与齿圈的外形

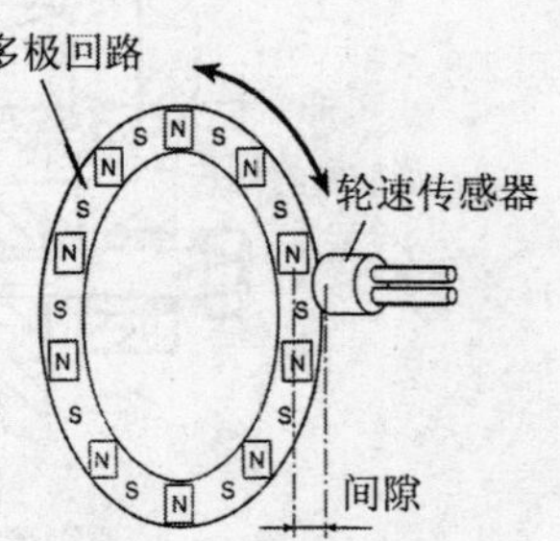

磁圈的磁化示意

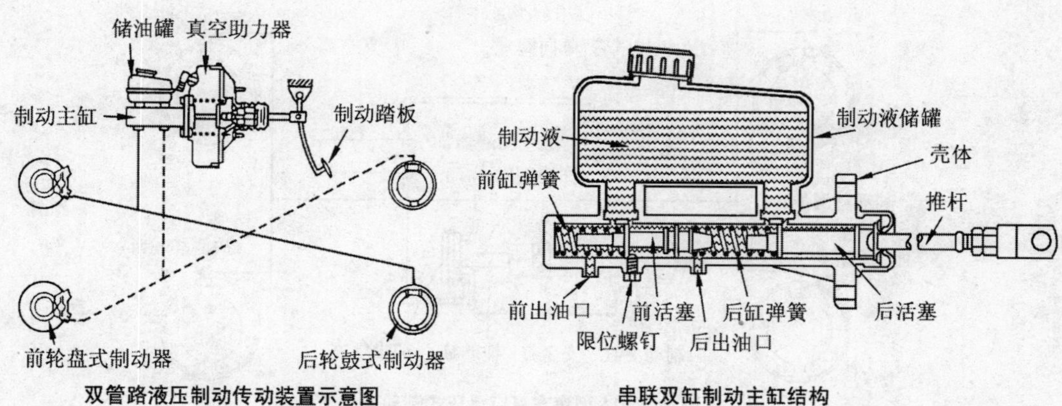

双管路液压制动传动装置示意图　　串联双缸制动主缸结构

为了提高行车的安全性，并根据交通法规的要求，现代汽车行车制动必须采用**双管路制动系统**。目前采用双管路液压制动系的几乎都是采用串联双缸制动主缸和真空助力等装置。双管路液压制动系具有两路独立的液压系统（左上图中的实线和虚线所示），每路用于一半车轮，制动时若一路发生故障，另一路不受影响，最少能保证有一半的制动力。右上图为串联双缸制动主缸的结构。

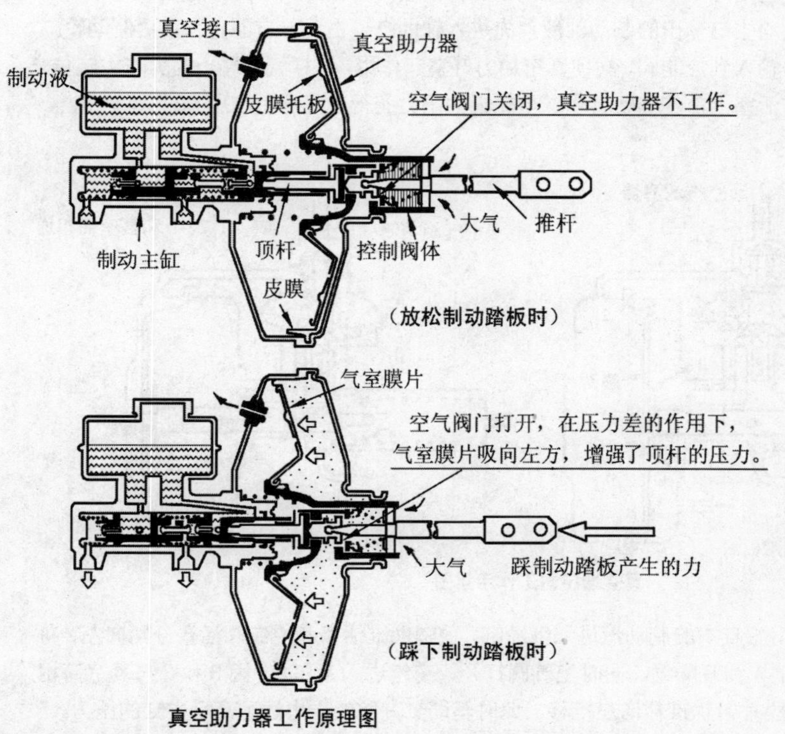

真空助力器工作原理图

真空助力器的作用是利用发动机工作时产生的真空度来提高制动踏板的压力，减轻驾驶员踩踏制动器的体力。真空助力器一般安装在制动踏板推杆与制动主缸之间。

左图为真空助力器的工作原理图。当踩踏制动踏板时，空气阀门被打开，真空助力器内的膜片在压力差的作用下，产生向左的吸力，使顶杆产生更大的压力。

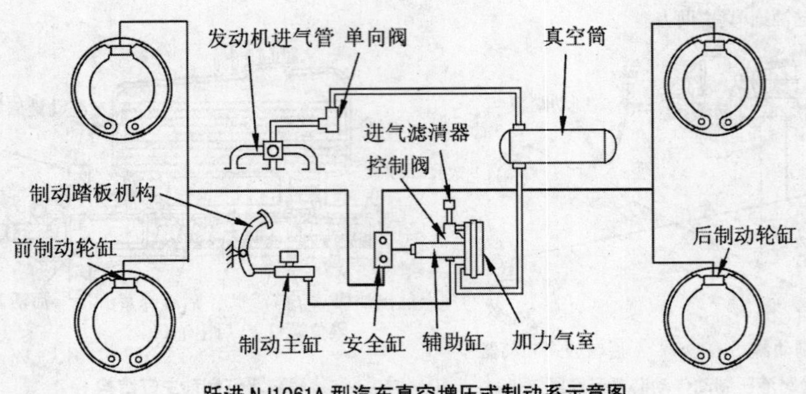

跃进 NJ1061A 型汽车真空增压式制动系示意图

发动机工作时，在进气歧管中的真空度作用下，真空筒中的空气经真空单向阀被吸人发动机，因而筒中也具有一定的真空度，作为制动加力的动力源（柴油发动机因进气管的真空度不高，需另装一真空泵作为真空源）。单向阀的作用是当进气管（或真空泵）的真空度高于真空筒的真空度时，单向阀被吸开，将真空筒及加力气室内的空气抽出；当发动机熄火或因工况变化以致使进气管的真空度低于真空筒的真空度时，单向阀即关闭，以保持真空筒及加力气室的真空度。

踩下制动踏板时，制动主缸输出的制动油液首先进入辅助缸，由此一方面传入前后制动轮缸，另一方面又作为控制压力输入到控制阀，阀使真空加力气室起作用，这样气室输出的力与主缸传来的压力一同作用于辅助缸活塞上，使辅助缸输送至轮缸的压力变得远高于主缸压力。

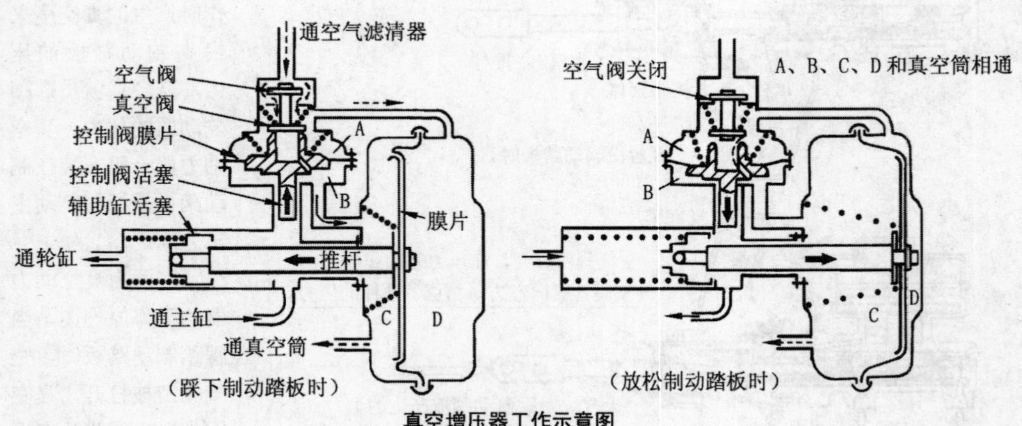

真空增压器工作示意图

踩下制动踏板以后，主缸中的制动液进入辅助缸，使辅助缸活塞和控制阀活塞分别向左、向上移动，使真空阀关闭，A 和 B 隔绝，同时空气阀打开，空气进入 A 和 D。因 B 和 C 与真空筒相通，在压力差的作用下膜片带动推杆向左推移，此时辅助缸左腔的压力远远高于主缸的压力。

气压式制动传动装置是利用压缩空气作为动力源。制动时，驾驶员通过控制制动踏板的行程，便可控制制动气压的大小，得到不同的制动强度。气压式制动传动装置一般应用在重型和部分中型汽车上。

下图为东风EQ1090E型汽车气压双回路制动系示意图。其中备有两个主储气筒。单缸空气压缩机产生的压缩空气首先通过单向阀输入湿储气筒进行油水分离，之后分成两个回路：一个回路通向前制动气室；另一个回路通向后制动气室。

当其中一个回路发生故障失效时，另一回路仍能继续工作，以维持汽车具有一定的制动能力，从而提高了汽车行驶的安全性。但这仅仅是应急措施，必需尽快修复有故障的回路。

装在制动阀至后制动气室之间的快放阀的作用是，当松开制动踏板时，使后轮制动气室放气路线和时间缩短，保证后轮制动器迅速解除制动。

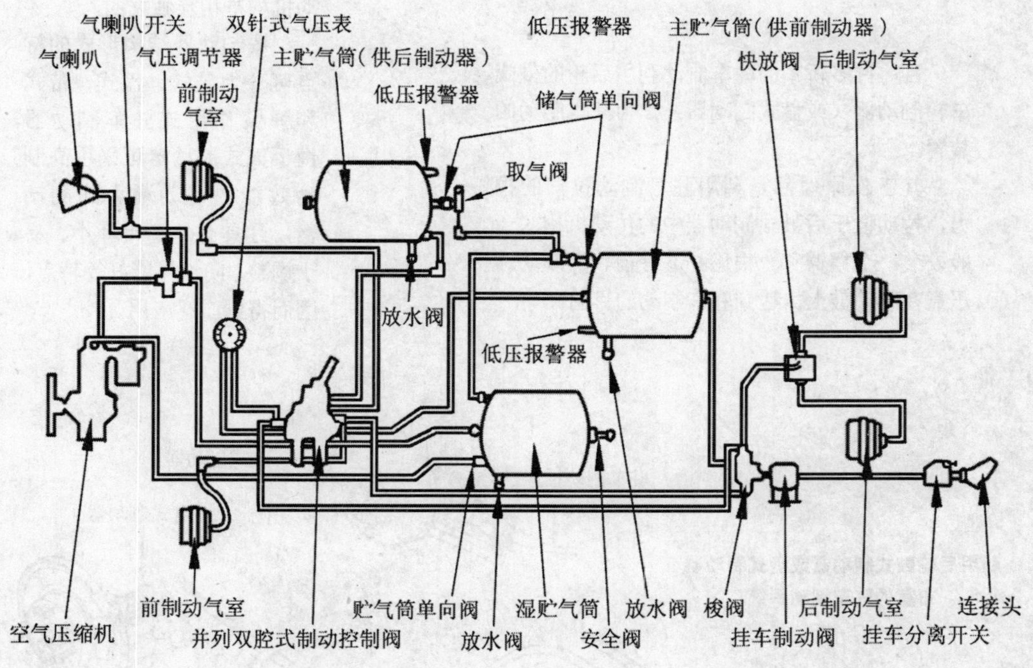

东风EQ1090E型汽车气压双回路制动系示意图

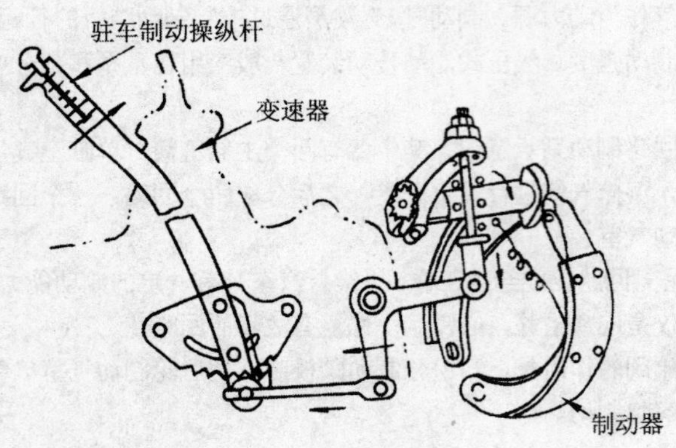

中央制动式驻车制动器

驻车制动器 的功用是：使停驶的汽车驻留原地不动；便于在坡道上起步；行车制动器失效后临时使用或配合行车制动器进行紧急制动。

驻车制动器按其安装位置可分为**中央制动式**和**车轮制动式**两种。前者的制动器安装在变速器的后面，制动力矩作用在传动轴上（左图所示）；后者与车轮制动器共用一个制动器总成，只是传动机构是相互独立的。

按制动器结构形式的特点可分为鼓式、盘式、带式和弹簧作用式驻车制动器。由于鼓式制动器可采用高制动效能的自动增力式制动器，且具有外廓尺寸小、易于调整、防沙性能好等特点，因而得到广泛应用。

目前许多轿车的驻车制动利用后轮的鼓式车轮制动器（或盘式制动器）作为驻车制动的装置。

其工作原理都是利用驻车制动拉索的拉力，拉动位于后鼓式制动器中的传动机构（一般安装一个摆臂和一根压杆）使前、后制动蹄压靠在制动鼓上，达到驻车制动的目的。

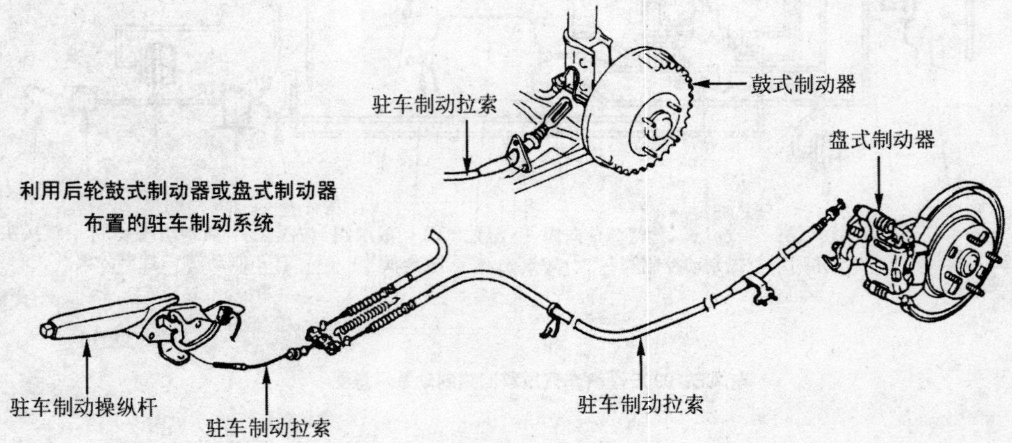

利用后轮鼓式制动器或盘式制动器布置的驻车制动系统

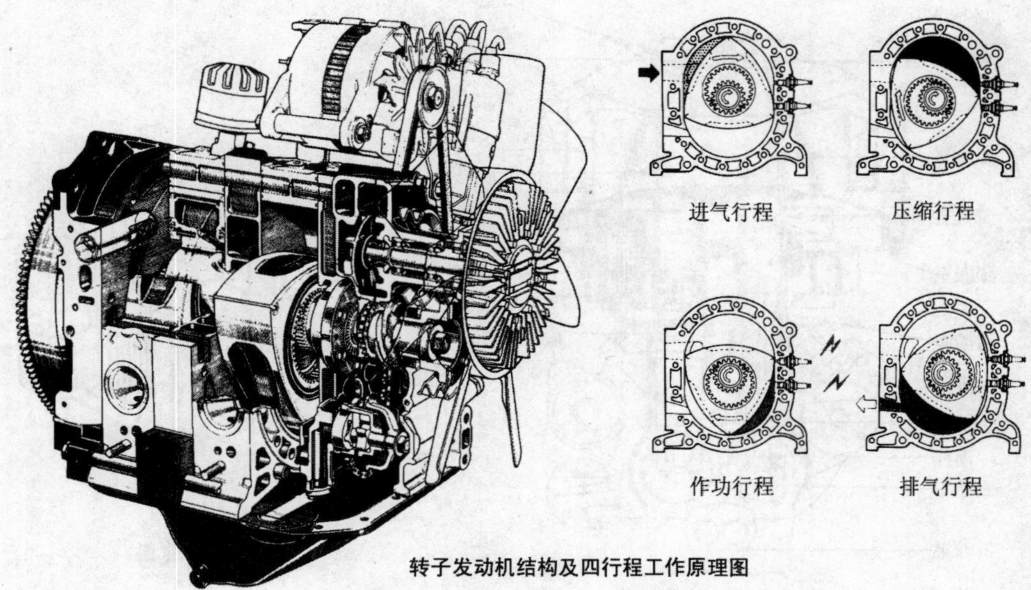

转子发动机结构及四行程工作原理图

三角活塞旋转式发动机简称转子发动机，是德国工程师F. 汪克尔发明的，所以又称汪克尔发动机。其工作原理是三角形转子的三个顶点和壳内壁接触，回转时产生容积变化，完成进气－压缩－爆发－排气四个冲程，转子的内齿带动主轴旋转，使发动机不断工作。

转子发动机与往复活塞式发动机相比具有升功率大、比质量小、振动轻微、结构简单、零件数量少，拆装方便、维修简易、制造也不困难等优点。

燃气涡轮发动机简称燃气轮机。工作原理：燃气轮机一般有两根独立的传动轴A和B。压气机和压气机涡轮同轴，动力涡轮与减速装置同轴。起动机通电后驱动压气机旋转，高压的空气经扩压管进入回热器，与回热器内的燃气余热进行热交换，高温、高压的空气再进入燃烧室，与喷油器喷出的燃油形成可燃混合气，经点火器点燃后通过喷管1提速后，推动压气机涡轮旋转，燃气再穿过喷管2后进一步提速，冲击动力涡轮，动力涡轮通过减速装置的减速来驱动汽车行驶。

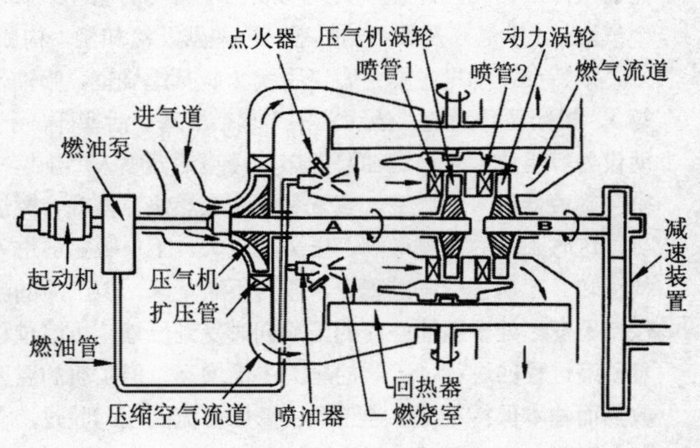

双轴汽车燃气轮机工作示意图

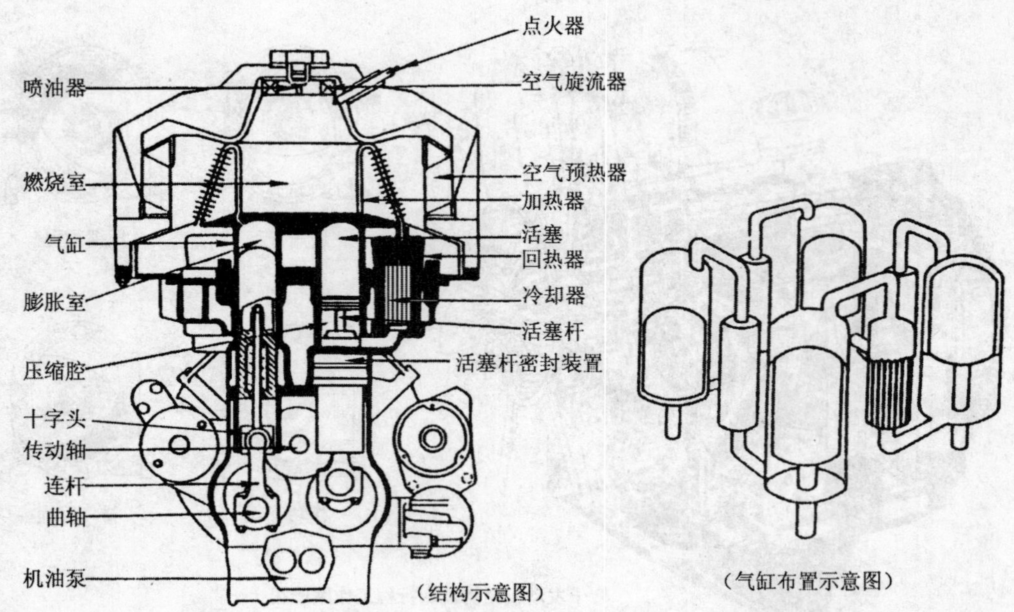

U4P-275 型平行双列 4 缸双作用式汽车斯特灵发动机结构示意图（瑞典联合斯特灵发动机公司）

斯特灵发动机是封闭循环回热式外燃机。斯特灵发动机热效率高、排气污染小、噪声低、运转特性好、寿命长、燃料消耗率低等优点。作为未来的车用发动机是极有前途的。

斯特灵发动机有单作用式及双作用式两种不同的类型，汽车斯特灵发动机无例外地都是双作用式的。双作用式斯特灵发动机的每一个气缸内只有一个作往复运动的活塞，活塞顶以上的工作腔为膨胀腔，活塞底以下的工作腔为压缩腔。膨胀腔与相邻气缸的压缩腔通过加热器、回热器及冷却器相互连通，共同构成一个封闭的循环系统。一台 4 缸双作用式斯特灵发动机有 4 个气缸、4 个活塞及 4 个加热器、回热器及冷却器，构成 4 个封闭循环系统。

斯特灵发动机主要由燃烧系统（包括燃烧室、喷油器、点火器、空气旋流器及空气预热器等）、封闭循环系统、传动机构（包括活塞、活塞杆、十字头、连杆及曲轴等）、调节装置及辅助设备等组成。来自燃油泵的燃油经喷油器喷人燃烧室，空气则经过空气预热器预热之后，经空气旋流器进入燃烧室。空气和燃油在燃烧室内混合燃烧所释放出的热量通过加热器对工质加热，这时工质的温度最高，压力也较大。工质吸热后进入气缸的膨胀腔膨胀作功，推动传动机构运转。工质在膨胀过程中，压力不断下降，但工质的温度却因为不断地从加热器吸热而基本保持不变。处于压缩腔内的工质同时受到压缩，压缩过程开始时工质的压力及温度都最低。随着压缩过程的进行，工质的压力不断增高，但工质的温度却因为工质通过冷却器不断地向环境放热而基本保持不变。当工质由膨胀腔流回压缩腔时，向回热器放热，温度降到最低，压力也随之下降。而当工质由压缩腔流回膨胀腔时，由回热器吸热，温度升至最高，压力也随之增大。综上所述，工质经历了压缩、加热、膨胀及冷却等四个过程而完成一个循环。在四个过程中，仅膨胀过程为作功过程。

电动汽车是指以蓄电池或燃料电池为动力、在市区街道或城间公路上行驶的用电动机驱动的汽车，不包括无轨电车及在车站、码头或厂区内使用的电动叉车和公园或高尔夫球场所用的低速电瓶车。

世界上第一辆电动汽车，是1873年由英国人R. 戴彼特逊用手工制作的。此后，电动汽车发展很快，自19世纪末到20世纪初，电动汽车几乎成为汽车的主流。以美国为例，在此期间的汽车保有量中，蒸汽机汽车占40%，电动汽车占38%，内燃机汽车只占22%。1915年，美国电动汽车的年产量达5000辆。但是，随着汽油机汽车的发展及普及，电动汽车便逐渐衰落了。其原因是电动汽车充电时间长，持续行驶里程短，限制了它的应用。然而，在环境污染日趋严重和石油资源面临危机的20世纪末，世界各国又兴起了研究、开发和使用电动汽车的热潮。很多国家为了鼓励生产和使用电动汽车，实行多项优惠政策。或拨出巨款对生产电动汽车的厂家和购买电动汽车的客户给予资助或补贴；或免收电动汽车用户的牌照税，养路费以及夜间充电只收一半的电费等。1990年，美国加里福尼亚州议会通过一项强制推广电动汽车的法规。这项法规要求：在1998年的汽车总销售量中，必须有2%的零排放污染汽车；到2000年，零排放污染汽车应占汽车总销售量的3%；2001年达5%；而2003年增至10%。目前，只有电动汽车能做到零排放污染。

近年来，电动汽车有了较大的发展。随着科学技术，尤其是高新技术的发展，电动汽车技术也有了长足的进步。如戴姆勒-奔驰公司生产的NECar3轿车，采用燃料电池，最高时速达到145km。持续行驶里程达到400km。

目前，在电动汽车上使用的电源，除蓄电池外还有燃料电池。燃料电池被看作是最有发展前途的动力源。氢-氧燃料电池是利用氢与氧进行化学反应生成水的同时产生电的一种清洁的发电装置。其能流密度为一般二次电池的几倍至10倍。

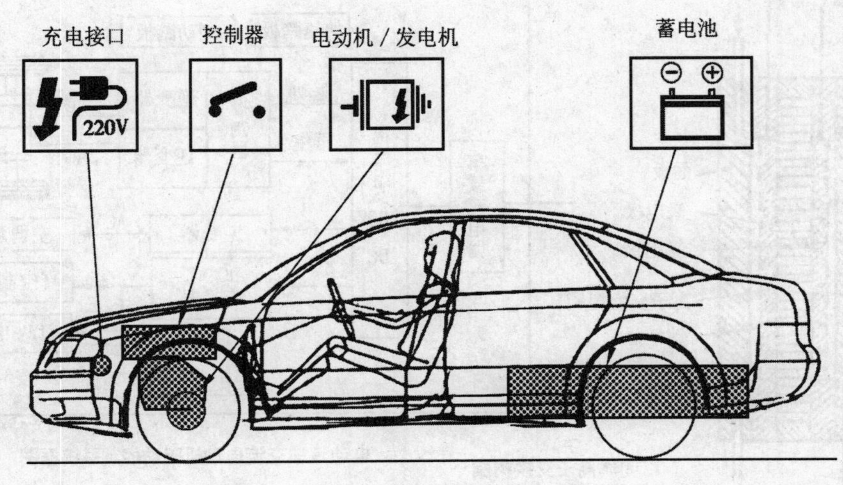

电动汽车动力部分的构成示意图

氢－氧燃料电池

氢－氧燃料电池的工作原理：使氢和氧分别吸附在用活性炭制成的电极上，并将两个电极置于 KOH 电解液中（右上图所示），若这时接通外电路，便有电流流过负载。电池中所发生的反应为

阳极反应：$2H_2 \rightarrow 4H^+ + 4e$

阴极反应：$4e + 4H^+ + O_2 \rightarrow 2H_2O$

综合反应：$\overset{4e}{\overbrace{2H_2 + O_2}} \rightarrow 2H_2O$

即两个氢分子在阳极表面变成 4 个氢离子，并释放出 4 个电子，电子由阳极导出，通过外部负载转移到阴极，氢离子则通过电解液到达阴极与电子及氧结合生成水。

用活性炭制成的电极，通过适当的催化剂（铂或钯）活化，可以加速电池反应过程。用固体离子交换树脂代替 KOH 电解液的燃料电池（左下图），有较小的外形尺寸，不过这种电池的内阻稍大。

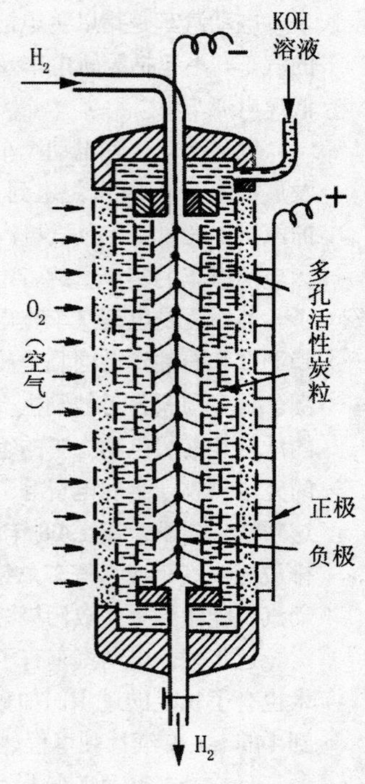

氢－氧燃料电池示意图

交流电动机

20 世纪 90 年代以前，电动汽车一般采用可控硅整流的直流电动机。随着电子技术的进步而发展起来的周波数变换技术，使原来难以变速驱动的交流电动机，已经开始用于电动汽车上。交流电动机具有体积小、效率高、基本免维护和调速范围宽等优点。交流电动机有感应电动机和同步电动机之分。

右下图为电动汽车交流电动机驱动控制系统框图。

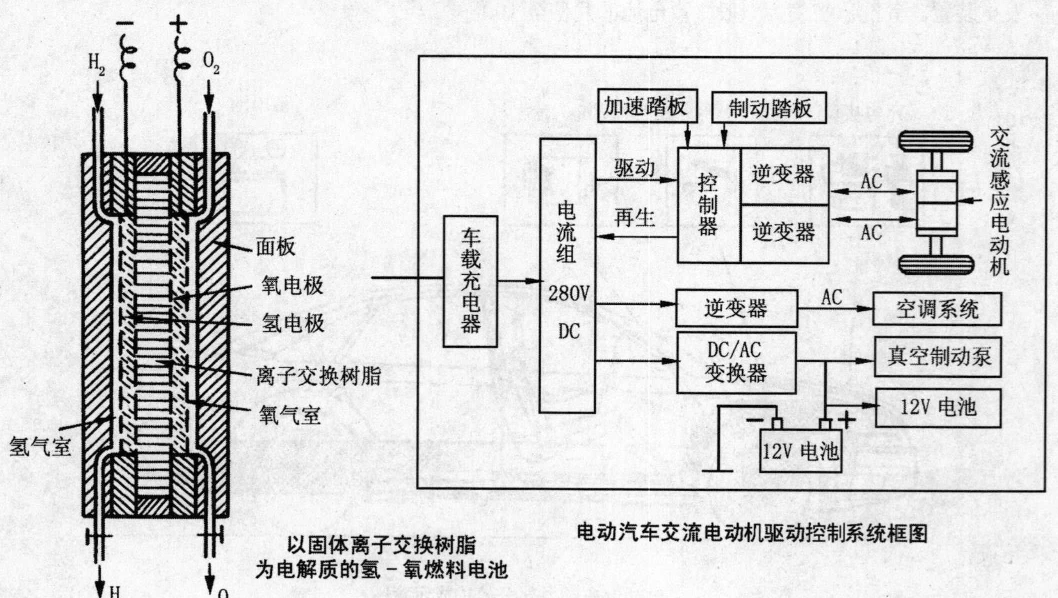

以固体离子交换树脂为电解质的氢－氧燃料电池

电动汽车交流电动机驱动控制系统框图

以压缩天然气和液化石油气为燃料的汽车，分别称为压缩天然气汽车（CNGV）和液化石油气汽车（LPGV）。

天然气是从天然气田直接开采出来的，其主要成分是甲烷，极难液化。因此，目前大都将其压缩到 20MPa 的高压，充入车用气瓶中储存和供汽车使用，即所谓的压缩天然气（CNG）。

石油气是石油催化裂化过程和油田伴生气回收轻烃过程中的产品。石油气在常温下加压到 1.6MPa 即可液化而成液化石油气（LPG）。从油田气制得的 LPG，其主要成分为丙烷、丁烷和少量的乙烷和戊烷，不含稀烃，适于作车用燃料。从炼油厂得到的 LPG，除含丙烷、丁烷外，还含有较多的烯烃，不宜作车用燃料。因为烯径在常温下化学安定性差，在储运过程中容易生成胶质，燃烧后容易积炭。

我国天然气资源十分丰富，天然气和液化石油气作为汽油和柴油的代用燃料，大力发展天然气和液化石油气汽车，既可以充分利用自然资源，又可以减少对石油的需求和减轻汽车尾气对城市环境的污染。

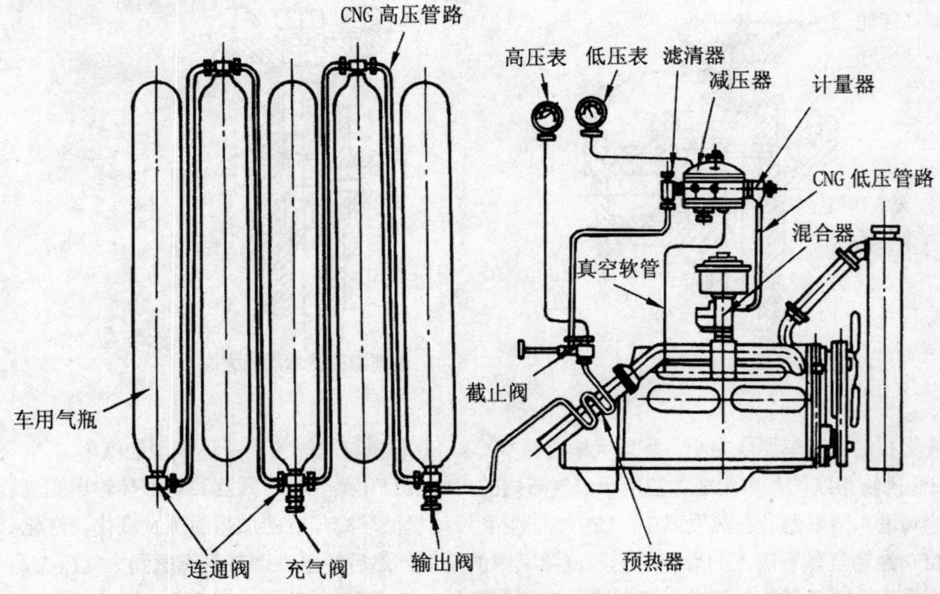

CNG 供给系统的基本组成

CNG 供给系统的基本组成如上图所示 .CNG 储存于容量为 50L 的车用气瓶内，压力为 20MPa。通过每个气瓶上的连通阀及 CNG 高压管路将各气瓶连通。CNG 从最后一个气瓶上的输出阀流出，经预热器、截止阀及滤清器进入减压器。在减压器内，CNG 的压力下降到大气压力。低压的天然气经计量器和 CNG 低压管路进入混合器，在混合器中与空气混合后进入气缸。系统中设有两个压力表，一个是高压表，指示车用气瓶及高压管路中的压力，以及车用气瓶中的储气量。另一个是低压表，用来测量一级减压后的天然气压力。充气阀是向车用气瓶充入天然气的阀门。

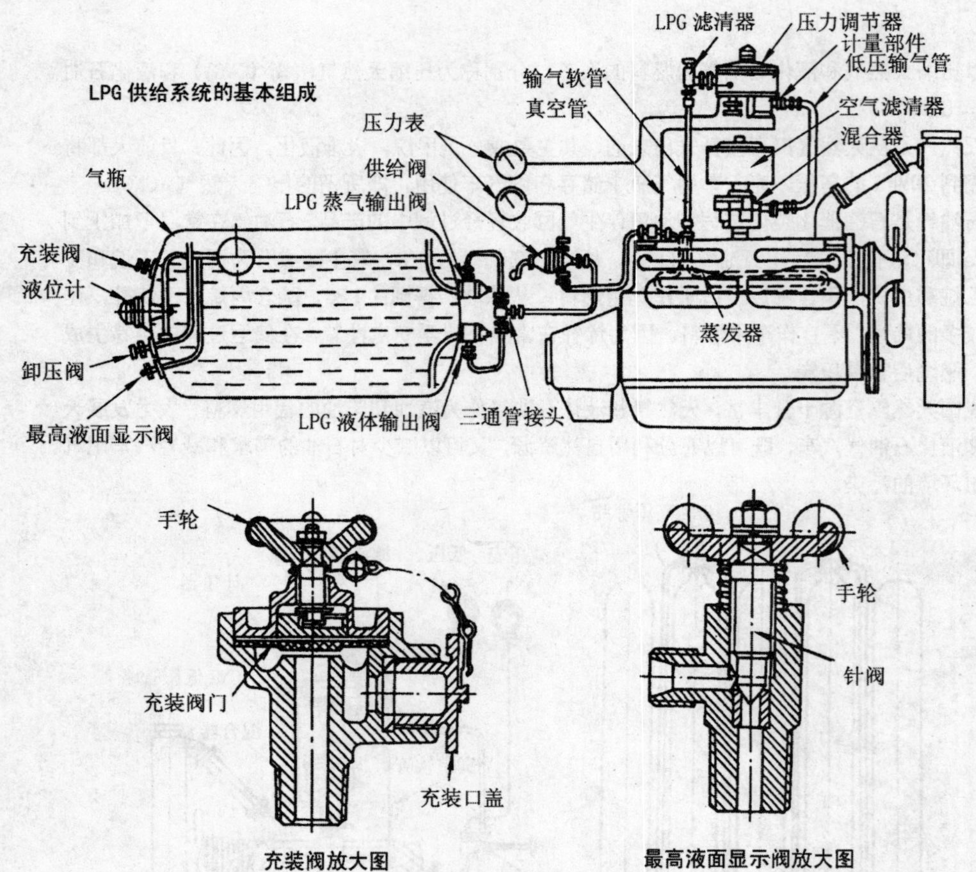

LPG 供给系统的基本组成

充装阀放大图

最高液面显示阀放大图

液化石油气汽车燃烧完全，可以大幅度减少 CO、HC 和微粒的排放，是环保型的汽车。

LPG 供给系统的基本组成如图所示。气瓶内的 LPG 从 LPG 蒸气输出阀及 LPG 液体输出阀流经供给阀进入蒸发器。在蒸发器中，LPG 由于受到发动机循环冷却液的加热而蒸发汽化。汽化后的 LPG 经输气软管进入 LPG 滤清器，滤除其中的杂质，然后经压力调节器降压到大气压力，再经计量部件和低压输气管进入混合器。在混合器中，LPG 蒸气与吸入的空气混合形成可燃混合气后进入气缸。

气瓶为金属瓶或复合材料瓶，工作压力为 1.6MPa。当瓶内压力超过 1.68MPa 时，卸压阀开启，使气瓶顶部与大气相通。气瓶一般不能充满 LPG，留出 10%的容积作为 LPG 的蒸发空间。

LPG 供给系统设有多种阀门，其中供给阀及输出阀的作用和结构均与 CNG 供给系统中相应的阀门相似。充装阀及最高液面显示阀的结构如图放大剖视图所示。当向气瓶内充入 LPG 时，先将充装口盖取下，接上充液管，再转动手轮使充装阀门开启，即可进行充液。当开始充液后，转动最高液面显示阀手轮，使针阀开启。当发现有液体从显示阀流出时，表示气瓶中的液面已达到最高位置，应立即停止充液，并转动手轮使针阀关闭。

国产汽车产品型号编制规则

按照国家标准GB/T9417—1988，国产汽车型号应能表明其厂牌、类型和主要特征参数等。该型号由拼音字母和阿拉伯数字组成，包括首部、中部和尾部三部分：

首部——由2个或3个拼音字母组成，是识别企业的代号。如：CA代表一汽，EQ代表二汽，BJ代表北京，NJ代表南京等。

中部——由4位阿拉伯数字组成，分为首位、中间两位和末位数字3个部分，其含义如下表所示。

汽车型号中部4位阿拉伯数字的含义

首位数字(1~9)表示车辆类别		中间两位数字表示各类汽车的主要特征参数	末位数字
1	表示载货汽车	数字表示汽车的总质量*(t)	表示企业自定序号
2	表示越野汽车		
3	表示自卸汽车		
4	表示牵引汽车		
5	表示专用汽车		
6	表示客车	数字×0.1m表示车辆的总长度**	
7	表示轿车	数字×0.1L表示发动机工作容积	
8	(暂缺)		
9	表示半挂车或专用半挂车	数字表示汽车的总质量(t)	

注：*汽车总质量超过100t，允许用3位数字。

**汽车总长度大于10m，数字×1m。

尾部——由拼音字母或加上阿拉伯数字组成，可表示变型车与基本型的区别或专用汽车的分类。

例如：型号CA1092表示第一汽车厂生产的货车，总质量9t，末位数字2表示在原车型CA1091的基础上改进的新型。型号CA7226L表示第一汽车厂生产的轿车，发动机工作容积2.2L，

汽车构造教学图解

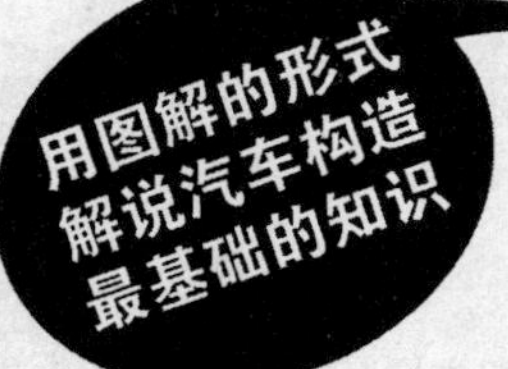

《汽车构造教学图解》是人民交通出版社最新推出的大众普及型套书，分《发动机和底盘》、《电路系统和车身》两本。

本套书系统反映汽车的典型结构，着力体现汽车结构的新变化，有助您对汽车由表及里的了解。

发动机和底盘

黄余平　编著　　168 页

本书以图解的形式介绍了汽车发动机和底盘各部分的构造及工作原理。内容全面、结构典型、深入浅出、图文并茂。本书着力体现汽车发动机和底盘的新技术、新变化，是一本紧随科技发展、简明实用的汽车普及读物。

本书可供汽车专业教学参考、汽车工程技术人员、汽车驾驶员、汽车维修工及汽车爱好者阅读参考。

简明易懂的

“入门书”

电路系统和车身

黄余平　编著　　176 页

本书以图解的形式系统介绍了汽车电路系统和车身各部分的结构及工作原理。内容全面、结构典型、深入浅出、图文并茂。本书着力体现汽车电路系统和车身的新技术、新变化，是一本紧随科技发展、简明实用的汽车普及读物。

本书可供汽车专业教学参考、汽车工程技术人员、汽车驾驶员、汽车维修工及汽车爱好者阅读参考。

推陈出新
不断提高！

交通版